新编21世纪高等职业教育精品教材
装备制造类

可编程控制器技术及应用

主　编◎周　航　刘　娜
副主编◎张　华　胡国明

中国人民大学出版社
·北京·

图书在版编目（CIP）数据

可编程控制器技术及应用 / 周航，刘娜主编．
北京 ：中国人民大学出版社，2025. 1. --（新编 21 世纪
高等职业教育精品教材）. -- ISBN 978-7-300-33131-7

Ⅰ. TP332.3

中国国家版本馆 CIP 数据核字第 2024PR5500 号

新编 21 世纪高等职业教育精品教材 · 装备制造类

可编程控制器技术及应用

主　编　周　航　刘　娜

副主编　张　华　胡国明

Kebiancheng Kongzhiqi Jishu ji Yingyong

出版发行	中国人民大学出版社		
社　　址	北京中关村大街 31 号	**邮政编码**	100080
电　　话	010－62511242（总编室）		010－62511770（质管部）
	010－82501766（邮购部）		010－62514148（门市部）
	010－62511173（发行公司）		010－62515275（盗版举报）
网　　址	http://www.crup.com.cn		
经　　销	新华书店		
印　　刷	北京昌联印刷有限公司		
开　　本	787 mm × 1092 mm　1/16	**版　　次**	2025 年 1 月第 1 版
印　　张	15.25	**印　　次**	2025 年 1 月第 1 次印刷
字　　数	348 000	**定　　价**	49.50 元

P R E F A C E

前言

党的二十大报告指出，教育、科技、人才是全面建设社会主义现代化国家的基础性、战略性支撑。教育是国之大计、党之大计。职业教育是我国教育体系的重要组成部分，肩负着“为党育人、为国育才”的神圣使命。本教材以习近平新时代中国特色社会主义思想为指导，深入贯彻落实党的二十大精神，将思想道德建设与专业素质培养融为一体，着力培养爱党爱国、敬业奉献，具有工匠精神的高素质技能人才。

本教材结合作者多年的教学和实践经验编写而成，充分考虑电气自动化专业对可编程控制器课程的定位，按照专业教学改革的思想，力求展现工程实践，体现出通俗易懂、循序渐进、实用性强等特点。

本教材以行动为导向，以人才培养模式改革和实践为基础，遵循高职学生职业能力培养的基本规律构建课程内容，由低级到高级、由简单到复杂、由单一到综合，形成能力阶梯。本教材共分为六大模块、多个典型任务，包括：可编程控制器概述；了解 S7-200 SMART 系列 PLC；S7-200 SMART PLC 基本指令的编程及应用；功能指令的编程及应用；西门子 S7-200 SMART PLC 的高级应用；网络通信的编程及应用。

根据课程本身的特点和相关专业对课程设置及改革的要求，为实现教、学、做一体化的教学模式，本教材打破以往传统教材按章节组织内容的方法，以分任务的方式构建课程内容，将 PLC 的发展、结构原理、指令系统、编程方法、典型应用等内容分别融入具有代表性的具体模块中，每个模块根据实现目标要求划分为多个任务，这样就将学生应知应会的知识融入具体任务中。每个任务由“知识目标”“技能目标”“知识储备”等栏目构成。这样通过完成任务的方式，不仅可以使学生学有所用、学以致用，还能保证可编程控制器知识体系的完整性。

本教材由辽宁经济职业技术学院的周航、刘娜担任主编，张华、胡国明担任副主编。具体编写分工如下：模块一至模块三由周航编写，模块四和模块五由刘娜编写，模块六由张华编写，沈阳金开工业设备制造有限公司的胡国明工程师参与了编写并负责教学资源的制作。

本教材适合作为高职高专机电一体化、电气自动化等专业的教材，也可作为从事 PLC 应用开发的工程技术人员的培训教材或技术参考书。

本教材在编写过程中参考和引用了许多文献，在此对文献的作者表示感谢。由于编者水平有限，书中难免存在不足之处，敬请广大读者批评指正。

编者

C O N T E N T S

目录

模块一　可编程控制器概述 …… 1

任务一　可编程控制器基础 …… 1

任务二　PLC 的结构与工作过程 …… 8

模块二　了解 S7-200 SMART 系列 PLC …… 15

任务一　S7-200 SMART 系列 PLC 的硬件及技术参数 …… 15

任务二　S7-200 SMART 系列 PLC 的构成 …… 17

任务三　S7-200 SMART 系列 PLC 的内部元件 …… 25

任务四　S7-200 SMART PLC 数据类型和寻址方式 …… 28

任务五　STEP 7-Micro/WIN SMART 编程软件的使用 …… 34

任务六　电动机点动运行的 PLC 控制 …… 39

模块三　S7-200 SMART PLC 基本指令的编程及应用 …… 54

任务一　编程基础知识 …… 54

任务二　电动机连续运行的 PLC 控制 …… 60

任务三　三相异步电动机正反转控制 …… 67

任务四　单按钮控制电动机 …… 76

任务五　三相电动机 Y-△降压起动（定时器 / 计数器指令）…… 79

任务六　超载报警 PLC 控制 …… 90

模块四　功能指令的编程及应用 …… 100

任务一　小车自动呼叫系统控制 …… 100

任务二　彩灯控制 …… 110

任务三　抢答器控制 …… 116
任务四　程序类控制指令 …… 126
任务五　交通灯控制——顺序控制与步进指令 …… 135
任务六　基本指令与顺序控制 …… 145

模块五　西门子 S7-200 SMART PLC 的高级应用 …… 152

任务一　钢包车行走的 PLC 控制 …… 152
任务二　传输单元的 PLC 控制 …… 169
任务三　分拣站功能实现 …… 186

模块六　网络通信的编程及应用 …… 213

任务一　电动机异地起停的 PLC 控制 …… 213
任务二　以太网通信 …… 226

模块一

可编程控制器概述

学习重点

学习可编程控制器的产生、发展及用途；可编程控制器的组成；可编程控制器的等效电路和工作原理。

素质目标

学习活动中态度积极，有团队精神；培养严谨、细致的学习作风；培养学习可编程控制器的兴趣，提升工程素养。

任务一　可编程控制器基础

知识目标

（1）掌握可编程控制器的产生及定义；

（2）了解可编程控制器的功能、应用及特点；

（3）了解可编程控制器的优缺点；

（4）了解可编程控制器的类别与发展。

技能目标

（1）能够认识可编程控制器；

（2）能够确定应用可编程控制器的项目。

知识储备

可编程控制器（Programmable Logic Controller，PLC）是一种集微电子技术、计算机技术、自控技术和通信技术于一体的新型自动控制装置，具有功能强、可靠性高、抗干扰性强、操作方便、编程简单等优点，广泛应用于汽车、机械制造、电力、轻工、环保、电梯等工农业生产和日常生活中，受到广大用户的欢迎与关注。

一、可编程控制器的产生及定义

1. PLC 的发展简史

1-1 可编程控制器的产生和定义

早期的工业控制采用电气器件作为控制元件，属于硬件布线逻辑控制系统，如电磁继电器构成的继电器控制系统。这种固定接线控制系统的功能与具体的机械动作相对应，控制柜的结构因系统功能不同而异。如果控制要求改变，则硬接线结构也随之改变，对于复杂的控制系统，这给工程师带来极大的挑战。此外，维修起来也困难，如果某一个继电器损坏，甚至仅仅是接触不良，就可能造成系统瘫痪，而故障的查找和排除需要花费很长时间。机械电气式器件本身的不足影响了控制系统的各种性能，无法适应现代化工业的发展需求。

20 世纪 40 年代，人们发明了电子计算机，在 20 世纪 60 年代得到迅猛发展。虽然小型计算机已经应用于工业生产中，但因为其原理复杂，编程语言难以理解，致使一般电气工作人员难以掌握和使用。

PLC 的产生源于汽车制造业。20 世纪 60 年代末，汽车型号不断推新，原有的控制系统已不能满足其发展需求，因此，在 1968 年，美国通用汽车公司设想将继电器控制与计算机控制两者结合起来，要求制造商为其装配线提供一种新型的通用程序控制器，并提出了以下项目指标：

（1）编程简单，可在线程内修改程序。

（2）维护方便，采用插件式模块结构。

（3）可靠性高于继电器控制系统。

（4）体积小于继电器控制柜。

（5）可将数据直接送入管理计算机。

（6）在成本上可与继电器控制系统媲美。

（7）输入可以是交流 115V。

（8）输出为交流 115V、2A 以上，能直接驱动电磁阀。

（9）系统扩展时，原系统只需做很小的改动。

（10）用户程序存储器容量至少 4KB。

这就是著名的 GM 10 项指标。新型的工业控制器是用计算机代替继电器控制系统，用程序代替硬接线，输入输出电平可与外部负载直接连接，结构易于扩展。GM 10 项指标是 PLC 诞生的创新思想。

1969 年，美国数字设备公司研制出符合要求的控制器，即世界上第一台可编程控制器，在通用汽车装配线上首次应用，获得成功。很快，美国、日本、欧洲开始了对可编程控制器的研究，可编程控制器得到不断的改进和发展，成为现代工业控制的主导产品。

2. 可编程控制器的定义

美国电气制造协会（NEMA）将其正式命名为可编程控制器（Programmable Controller），简称 PC。但鉴于“PC”在我国一般指个人计算机，为避免学术名词混淆，在我国仍沿用 PLC 来表示可编程控制器。

国际电工委员会（IEC）于 1982 年颁布了可编程控制器标准草案；接着，于 1985 年发表了第二版；1987 年，颁布了第三版，给出了可编程控制器的定义：可编程控制器是专为工业环境下应用而设计的一种数字运算操作的电子系统。它采用可编程的存储器，用来在其内部存储执行逻辑运算、顺序控制、定时、计数和算术运算等面向用户的指令，并通过数字式或模拟式的输入、输出，控制各种类型的机械设备或生产过程。可编程序控制器及相关外部设备，都应按易于与工业控制系统形成一个整体，易于扩充其功能的原则设计。

二、可编程控制器的功能、应用及特点

可编程控制器是一种以微处理器为核心，带有存储器和输入输出接口，融合计算机技术、电子技术、自动控制技术、通信技术于一体的新一代工业控制装置。可编程控制器以其丰富的功能、简单实用的特点得到了广泛的应用。

1. 可编程控制器的功能

可编程控制器有丰富的功能指令和功能模块，主要功能有：

（1）逻辑运算和定时计数功能。

PLC 具有基本逻辑运算功能，进行“与”“或”“非”的运算，能够实现继电器触点的串联、并联、复合并串联等连接关系，还具有定时器、计数器，可以进行定时和对外部事件计数，定时值和计数值可以通过程序进行设定。

（2）数据处理和数字量与模拟量的转化功能。

PLC 可以对模拟量进行控制，PLC 设置有数据传送、比较、加减乘除运算、移位、位操作、数制转换等数据处理指令和打印输出指令，并可对存储器间接寻址。

（3）通信功能。

PLC 具有通信接口，可与计算机、其他 PLC 建立连接，进行通信。

（4）实时处理功能。

PLC 内部具有中断系统，通过中断响应，及时对内、外部事件进行处理，能够进行故障检测，提高运行速度，提高实时处理能力。

（5）监控和自诊断功能。

PLC 具有报警和显示运行信息的功能。在系统发生异常时自动停止运行并发出报警信号，能够保护和恢复现场，还能通过程序设计进行故障检测和程序校验。

（6）扩展功能。

PLC 主机上设有输入输出扩展接口，通过专用模块配置可扩大信息处理范围和实现功

能扩展。例如，配置 I/O 扩展模块，增加输入输出点数，配置 I/O 智能模块可使 PLC 增加闭环过程控制、温度控制等专项特殊功能。

2. 可编程控制器的应用

可编程控制器在国内外已广泛应用于采矿、冶金、水泥、石油、化工、电力、汽车、机械制造、轻工及环保等行业。它的应用大致可分为以下几种控制领域：

（1）逻辑控制。

逻辑控制是 PLC 最基本的功能，也是最为广泛的应用。采用 PLC 可以很方便地实现各种开关量的控制，用来取代继电器控制系统，实现逻辑控制和顺序控制。PLC 既可用于单机或多机控制，又可用于自动化生产线的控制。PLC 可根据操作按钮、开关和传感器等获取输入信号控制执行机构完成相应的控制。

（2）位置控制和运动控制。

具有脉冲输出功能的单轴或多轴位置控制功能模块，可对步进电动机及直流伺服电动机进行控制，依靠脉冲数量和频率实现其位置控制和速度控制，在设定的轨迹下达到目标位置。

（3）过程控制。

具有多路模拟量输入输出模块及 PID 模块的 PLC 可通过对模拟量的控制实现其过程控制，具有 PID 模块的 PLC 可实现闭合控制，提高其控制精度。

（4）集散控制。

PLC 与 PLC、PLC 与上位机之间可以联网，通过电缆或光缆传送信息，构成多级分布式控制系统，以实现集散控制。

3. 可编程控制器的特点

（1）可靠性高。

设备的高可靠性指的是平均无故障工作时间和故障平均修复时间短。可编程控制器在恶劣的工作环境中应用的可靠性高。

（2）编程简单。

PLC 采用梯形图进行编程，与传统的继电接触器接线图有许多相似之处，对于具有一定电工知识和文化水平的人员，可以在较短时间内学会 PLC 的编程方法。

（3）通用性好。

PLC 种类多，可由各种组件灵活组成不同的控制系统，以满足不同的控制要求。同一台 PLC，只要改变程序就可实现控制不同的对象或满足不同的控制要求。

（4）功能强。

PLC 能进行逻辑、定时、计数和步进等控制，能实现模拟量的控制，能完成对数据进行处理和通信联网等任务，具有丰富的功能。随着 PLC 技术的迅猛发展，PLC 的功能日益强大，应用领域也进一步拓展。

（5）项目开发周期短。

PLC 以程序设计取代硬件接线，构成控制系统结构简单，安装使用方便，工作量大大减少。此外，PLC 模块功能齐全，程序编制、调试和修改方便，可缩短项目开发周期。

三、可编程控制器与其他工业控制装置的比较

可编程控制器是在传统继电器控制基础上发展起来的，能替代继电器控制，二者之间有共同特点也有不同之处。图 1-1 为电动机单向连续运行控制示意图，其中图 1-1（a）为继电器控制电路图，图 1-1（b）为 PLC 控制梯形图，两者均表示输入与输出之间的逻辑关系。图 1-1（a）中的 KM =（SB1 + KM）· SB2 · FR，图 1-1（b）中的 Q0.0 =（I0.0 + Q0.0）· I0.1 · I0.2，从逻辑关系表达式上看也是非常一致的。但是，它们之间最大的区别在于：在继电器控制方案中，输入与输出信号间的逻辑关系是由实际的布线来实现的；在 PLC 控制方案中，输入与输出信号间的逻辑关系是由程序（梯形图）来实现的。具体区别如下：

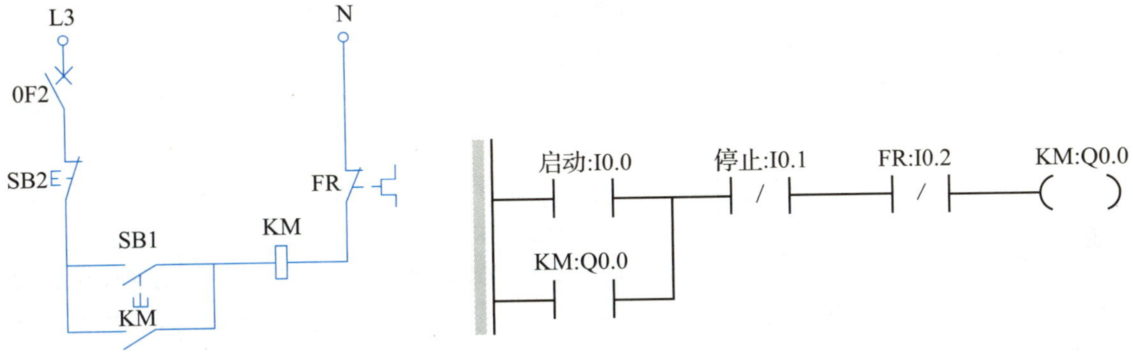

（a）继电器控制电路图　　（b）PLC控制梯形图

图 1-1　电动机单向连续运行控制示意图

1. 组成器件不同

继电器控制电路中的继电器是真实存在的，电路由真实器件组成；而 PLC 控制梯形图中的继电器则是虚拟的，通过 PLC 内部存储单元的一位二进制来虚拟实现，故称为“软继电器”。

2. 触点情况不同

继电器控制电路中的动合、动断触点由实际的结构决定，而 PLC 中的动合、动断触点则由软件决定，即由存储器中相应的状态“1”或“0”来决定。因此，继电器控制电路中每个继电器的触点数量是有限的，而 PLC 中每个软继电器的触点是无限的；继电器控制线路中的触点寿命是有限的，而 PLC 中软继电器的触点寿命取决于存储器的寿命，存储器寿命要长一些。

3. 工作电流不同

继电器控制电路中的电流是真实存在的，而 PLC 控制梯形图中的电流是假想的，是一种信息流，称之为“软电流”或“能流”。

4. 接线方式不同

继电器控制电路中的所有接线都必须逐根连接，缺一不可，而 PLC 控制电路中的接线，除输入输出点外，梯形图中的软接线都是通过程序来实现的。

5. 工作方式不同

继电器控制线路中，当电源接通时，各继电器都处于受约状态，一旦继电器或接触器线圈得电，其所提供的触点无论在电路中的任何位置都能动作，是一种并行工作方式。而PLC 的工作方式是循环扫描，属于串行工作方式，从第一阶梯形图开始，依次执行到最后一阶梯形图，再重复上述过程，周而复始，从激励到响应有滞后。

PLC 的最大优点就是用程序控制，使整个控制逻辑能够根据需要灵活改变，省去传统继电器控制电路中拆线、接线的大量烦琐、费时的工作。

四、可编程控制器的类别、发展与应用

1. 可编程控制器的类别

可编程控制器产品的种类很多，根据外部特性可将其进行分类。

（1）按点数和功能分为小型、中型、大型三类。

可编程控制器实现对外部设备的控制，其输入端子与输出端子的数量总和，称为 PLC 的输入输出点数，简称 I/O 点数。

为了适应信息处理量和系统复杂程度的不同需求，PLC 具有不同的 I/O 点数、用户程序存储器容量和功能范围，由此可将其分为小型、中型和大型三类。

小型 PLC 的 I/O 点数小于 128 点，用户程序存储器容量小于 4K 字节。功能简单，以开关量控制为主，可实现条件控制、顺序控制、定时计数控制，适用于单机或小规模生产过程。

中型 PLC 的 I/O 点数在 128 ～ 512 点，用户程序存储器容量为 4 ～ 8K 字节。功能较丰富，兼有开关量和模拟量控制能力。它具有浮点数运算、数制转换、中断控制、通信联网和 PID 调节等功能，适用于小型连续生产过程的逻辑控制和闭环过程控制。

大型 PLC 的 I/O 点数在 512 点以上，软硬件功能较强，运算和控制功能丰富。它具有多种自诊断功能，一般都有多种网络功能，有的还可以采用多个 CPU 结构，具有冗余能力。

（2）按结构特点分为整体式和模块式两类。

整体式 PLC 多为微型、小型，特点是将电源、CPU、存储器及 I/O 接口等部件都集中装在一个机箱内，具有结构紧凑、体积小、价格低和安装简单等特点，I/O 点数通常为 10 ～ 60 点。

模块式 PLC 是将 CPU、输入输出单元、电源单元以及各种功能单元集成一体。各模块结构上相互独立，构成系统时则根据要求搭配组合，灵活性强。

（3）按控制性能分为低档、中档和高档三类。

低档 PLC 具有基本的控制功能和一般运算能力，工作速度比较慢，能带的输入输出模块数量及种类也比较少。

中档 PLC 具有较强的控制能力和较强的运算能力，它不仅能完成一般的逻辑运算，也能完成比较复杂的数据运算，工作速度比较快。

高档 PLC 具有强大的控制功能和较强的数据运算能力，能带的输入输出模块数量很

多，种类也很全面。这类 PLC 不仅能完成中等规模的控制工程，还可以完成规模很大的控制任务，在联网中一般作为主站使用。

2. 可编程控制器的发展趋势

PLC 自问世以来，经过 40 多年的发展，在机械、冶金、化工、轻工及纺织等行业得到了广泛的应用，在美、德、日等工业发达的国家已成为重要的产业之一。

目前，世界上有 200 多个生产 PLC 的厂家，国外比较有名的有：美国的 AB 公司、通用电气（GE）公司等；日本的三菱（MITSUBISHI）公司、富士（FUJI）公司、欧姆龙（OMRON）公司、松下电工公司等；德国的西门子（SIEMENS）公司等；法国的 TE 公司、施耐德（SCHNEIDER）公司等；韩国的三星（SAMSUNG）公司、LG 公司等。国产 PLC 有：中国科学院自动化研究所的 PLC-008、北京联想计算机集团公司的 GK-40、上海机床电器厂的 CKY-40、上海香岛机电制造有限公司的 ACMY-S80 和 ACMY-S256、无锡华光电子工业有限公司（合资）的 SR-10 和 SR-20/21 等。

PLC 主要朝以下方向发展：

（1）产品规模向大、小两个方向发展；中、高档 PLC 向大型、高速、多功能方向发展；低档 PLC 向小型、模块化结构发展，增加了配置的灵活性，降低了成本。

（2）PLC 在闭环过程控制中应用日益广泛。

（3）集中控制与网络连接能力加强。

（4）不断开发适应各种不同控制要求的特殊 PLC 控制模块。

（5）编程语言趋向标准化。

（6）发展容错技术，不断提高可靠性。

（7）追求软硬件的标准化。

3. PLC 的应用

（1）数字量控制。

PLC 用“与”“或”“非”等逻辑控制指令实现触点和电路的串、并联，代替继电器进行组合逻辑控制、定时控制与顺序逻辑控制。

（2）运动量控制。

PLC 使用专用的运动控制模块，对直线运动或圆周运动的位置、速度和加速度进行控制，可以实现单轴、双轴、三轴和多轴的位置控制。

（3）闭环过程控制。

闭合过程控制是对温度、压力和流量等连续变化的模拟量进行控制。PLC 通过模拟量 I/O 模块，实现模拟量和数字量之间的相互转换，并对模拟量实现闭合 PID 控制。

（4）数据处理。

现代 PLC 具有数字运算、数据传送、转换、排序、查表和位操作等功能，可以完成数据的采集、分析和处理。

（5）通信联网。

PLC 可以实现 PLC 与外设、PLC 与 PLC、PLC 与其他工业设备、PLC 与上位机、PLC 与工业网络设备等之间的通信，实现远程通信。

任务二　PLC 的结构与工作过程

知识目标

（1）掌握可编程控制器的结构；
（2）理解可编程控制器的工作过程；
（3）掌握可编程控制器的工作原理；
（4）了解 PLC 的编程语言。

技能目标

能够说出可编程控制器的工作过程。

知识储备

一、PLC 的基本组成

PLC 的基本组成框图如图 1-2 所示。

1-2　可编程控制器的组成

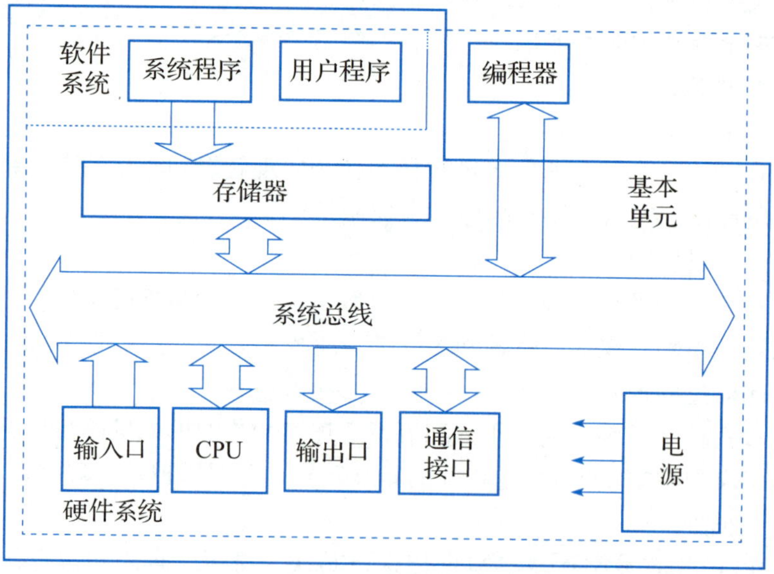

图 1-2　PLC 的基本组成框图

PLC 由硬件系统和软件系统两大部分组成。

1. 硬件系统

硬件系统是指 PLC 的所有具体设备，其基本单元由中央处理器（CPU）、总线、存储器、输入 / 输出单元、通信接口和电源等部分组成，此外，还有编程器、扩展设备和EPROM 读写板和打印机等选配设备。为了维护与修理方便，许多 PLC 采用模块化结构。由中央处理器、存储器组成主控模块，由输入单元组成输入模块，由输出单元组成输出模块，三者通过专用总线构成主机，并由电源模块对其供电。

（1）中央处理器（CPU）。

CPU 是 PLC 的核心部件，控制所有设备的操作。CPU 一般由控制电路、运算器和寄存器组成。这些电路和元件一般都集成在一个芯片上。地址总线、数据总线和控制总线三种总线将 CPU 与存储单元、输入 / 输出单元连接，形成一个整体。CPU 的主要功能是从存储器中读取指令、执行指令、准备取下一条指令和中断处理。其主要任务是：接收、存储由编程工具输入的用户程序和数据，并通过显示器显示出程序的内容和存储地址；检查、校验用户程序；接收、调用现场信息；执行用户程序和故障诊断。

（2）总线。

总线是为了简化硬件电路设计和系统结构，用一组线路，配置合适的接口电路，使 CPU 与各部件和外围设备连接的共用连接线路。总线分为内部总线、系统总线和外部总线。内部总线是计算机内部各外围芯片与处理器之间的总线，用于芯片一级的互连；而外部总线是计算机和外部设备之间的总线。从传送的信息看，系统总线又分为地址总线、控制总线和数据总线。

（3）存储器。

存储器是具有记忆功能的半导体器件，用于存放系统程序、用户程序、逻辑变量和其他信息。根据存放信息性质的不同，在 PLC 中常使用以下类型的存储器：

1）只读存储器（ROM）：只能由 PLC 制造厂家写入程序，并永久驻留；PLC 掉电后，ROM 中的内容不会丢失，用户只能读取，不能改写，因此 ROM 存放于系统程序。

2）随机存取存储器（RAM）：信息读出时，RAM 中的内容保持不变；写入时，新写入的信息覆盖原始内容。它用来存放既要读出又要写入的内容。因此 RAM 常用于存放数据等信息，PLC 掉电后，RAM 中的内容会丢失。PLC 为保持信息不丢失，提供锂电池为 RAM 持续供电，保证其内容不丢失。

3）可擦除可编程只读存储器（EPROM）：属于只读存储器，PLC 失电后，写入的信息不会丢失，但是要改写程序，则需用紫外线擦除原信息，之后再写入新程序。一些小型 PLC 厂家也常将系统程序驻留在 EPROM 中，用户调好的用户程序也可固化在 EPROM 中。EEPROM 写入的信息可用电擦除。

（4）输入 / 输出单元（I/O 单元）。

输入 / 输出单元简称 I/O 单元，是 PLC 与外部设备交流的通道，进行工业控制的输入信号与输出信号的转换接口。输入单元需要将控制对象的状态信号通过输入接口转换成标准电平，输出单元将 CPU 处理结果输出的标准电平通过输出接口转换成执行机构所需的信号形式。为确保 PLC 的正常工作，I/O 单元应具备如下功能：

1）能可靠地从现场获得有关信号，能对输入信号进行滤波、整形，转换成控制器可接收的电平信号，输入电路与控制器隔离。

2）把控制器的输出信号转换成有较强驱动能力的、执行机构所需的信号，输出电路与控制器隔离。

（5）通信接口。

为了实现“人—机”或“机—机”之间的对话，PLC配有通用RS-232、RS-422/485、USB通信接口和多种专用通信接口，通过这些接口可以与监视器、打印机、其他PLC或计算机相连。PLC还备有扩展接口，用于将扩展单元与基本单元相连，使PLC的配置更加灵活。

（6）电源。

小型整体式PLC内部有一个开关式稳压电源，该电源一方面可为CPU板、I/O板及扩展单元提供5V的直流工作电源，另一方面也为外部输入元件提供24V直流电源输出。电源性能的好坏直接影响PLC的可靠性，因此对电源隔离、抗干扰、功耗、输出电压波动范围和保护功能等方面都提出了较高的要求。

为保持RAM中的内容不丢失，一般PLC都配有锂电池作为RAM的后备电源。

2. 软件系统

软件系统是管理、控制PLC，确保PLC正常运行的程序。软件系统分为系统程序和用户程序。系统程序一般来自PLC厂家，是控制和完成PLC各种功能的程序，侧重于管理PLC的各种资源，控制各硬件的正常动作，协调各硬件组成间的关系，充分发挥整个可编程控制器的使用效率，方便广大用户直接使用。

用户程序是指使用者根据生产工艺要求编写的控制程序，侧重于使用。它包括开关量逻辑控制程序、模拟量运算控制程序、闭环控制程序和初始化程序等。

二、PLC的工作过程

PLC采用循环扫描的工作方式，其工作过程主要分为3个阶段：输入采样阶段、程序执行阶段和输出刷新阶段，如图1-3所示。

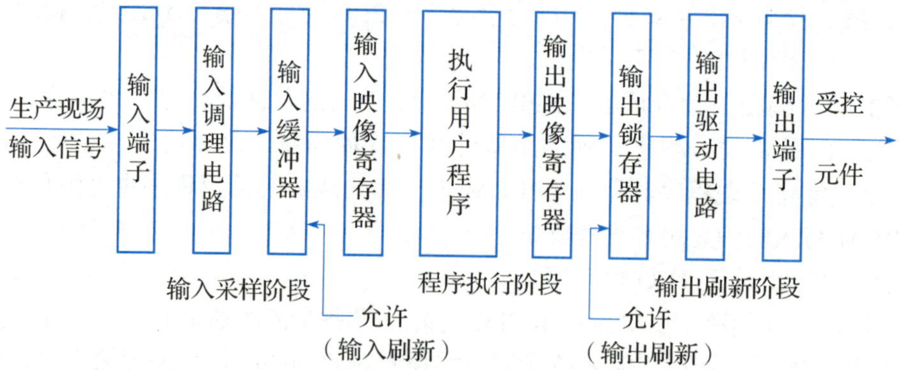

图1-3 PLC的工作过程

1. 输入采样阶段

PLC在开始执行程序之前，首先按顺序将所有输入端子信号读入的输入映像寄存器中存储，这一过程称为采样。PLC在运行程序时，所需要的输入信号不是取自输入端子上的信息，而是取自输入映像寄存器中的信息。在本工作周期内，这个采样的内容不会改变，只有到下一个输入采样阶段才会被刷新。

2. 程序执行阶段

PLC 按顺序进行扫描，即从上到下、从左到右地扫描每条指令，并分别从输入映像寄存器、输出映像寄存器以及辅助继电器中获得所需的数据进行运算和处理；再将程序执行的结果写入输出映像寄存器中保存。但这个结果在全部程序未被执行完毕之前不会被传送到输出端子上。

3. 输出刷新阶段

在执行完用户所有程序后，PLC 将输出映像寄存器中的内容传送到用于寄存器输出状态的输出锁存器中，输入采样阶段和输出刷新阶段的时间一般为毫秒级，而程序执行阶段的时间因用户程序的长度不同而不同，容量为 1KB 的程序扫描时间一般为 10ms 左右。

三、PLC 的工作原理

为了更好地理解 PLC 的工作原理，现以一个最简单的电动控制电路为例，说明其工作方式及原理。

三相异步电动机起动 / 停止控制电路如图 1-4 所示。其中左侧是主电路，右侧是控制电路。

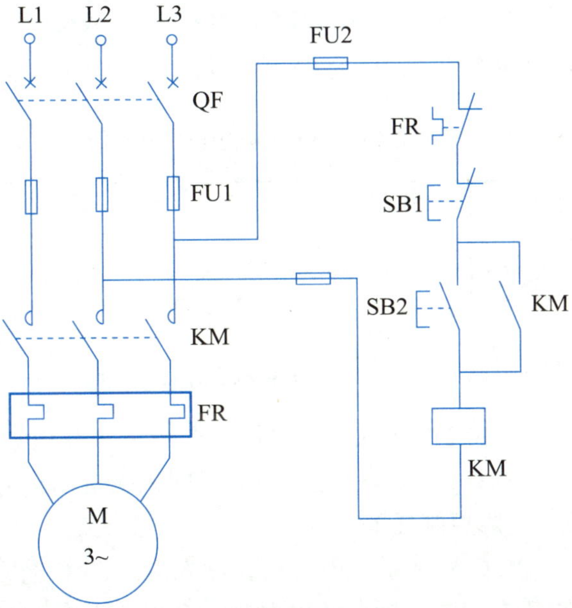

图 1-4　三相异步电动机起动 / 停止控制电路

在控制电路中，输入信号有 SB1、SB2 和热继电器 FR，输出信号是接触器 KM。当按下起动按钮 SB2 时，接触器 KM 得电，则主电路中动合触点 KM 合上，电动机旋转；同时，与 SB2 并联的接触器常开辅助触点闭合，即使 SB2 断开，接触器 KM 的线圈通过其辅助触点仍保持通电，维持吸合状态，电动机持续运转。

当按下停止按钮 SB1 时，接触器 KM 线圈失电，其主触点和辅助触点均断开，电动机脱离电源，停止转动。

图 1-4 中的控制电路可用 PLC 实现，拆除右侧控制电路，连接 PLC 如图 1-5 所示。

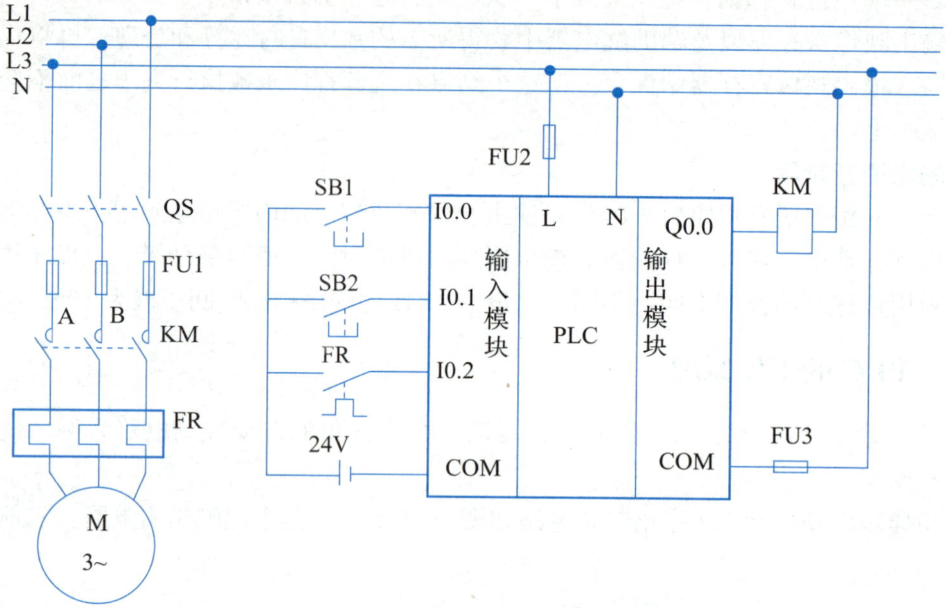

图 1-5　电动机连续运转 PLC 外部接线图

图 1-5 中，SB2 是起动按钮，SB1 是停止按钮，其梯形图如图 1-6 所示。

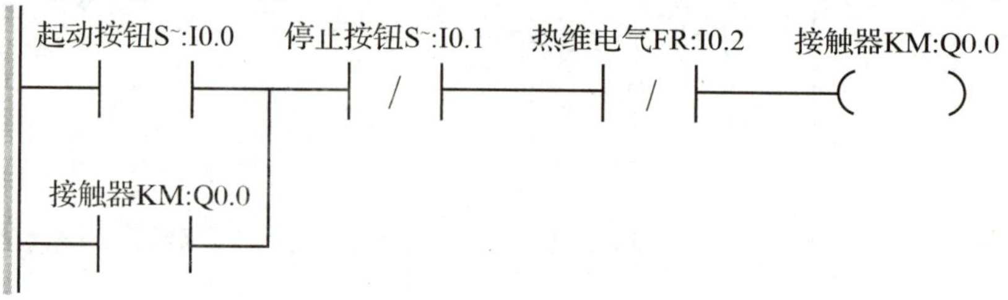

图 1-6　电动机连续运转 PLC 梯形图

图 1-6 中，I0.0、I0.1、I0.2 为 PLC 接收输入端，Q0.0 为 PLC 输出端。PLC 接收输入端信号后，执行存储在 PLC 内的用户程序，通过输入、输出信号间的逻辑关系，实现输入、输出的控制关系，完成控制任务。

从图 1-6 可以看出，PLC 控制系统中，接在输入端向 PLC 输入信号的器件与继电器系统基本相同，接在输出端接收 PLC 输出信号的器件也与继电器系统基本相同。两者不同的是，PLC 中输入、输出信号间的逻辑关系控制功能，是由存储在 PLC 内的软接线决定的；而继电器控制电路中，其输入、输出信号间的逻辑关系控制功能，则是由实际的布线来实现的。由于 PLC 采用软件建立输入、输出信号间的控制关系，因此能灵活、方便地通过改变用户程序来实现控制功能的改变。

1-3　等效电路

四、PLC的编程语言

PLC有5种常用编程语言：梯形图（LAD）、语句表（IL）、功能块图（FBD）、顺序功能图（SFC）、结构文本（ST）。其中最常用的是梯形图和语句表。

1. 梯形图

梯形图是使用最多的PLC图形编程语言。梯形图与继电器控制系统的电路图相似，具有直观易懂的优点，很容易被工程技术人员所熟悉和掌握。梯形图程序设计语言具有以下特点：

（1）梯形图由触点、线圈和用方框表示的功能块组成。

（2）梯形图中触点只有常开和常闭两种状态，触点可以是PLC输入点接的开关，也可以是PLC内部继电器的触点或内部寄存器、计数器等的状态。

（3）梯形图中的触点可以任意串、并联，但线圈只能并联，不能串联。

（4）内部继电器、寄存器等不能直接控制外部负载，只能作为中间结果使用。

（5）PLC按循环扫描时间，沿梯形图先后顺序执行，在同一扫描中的结果留在输出状态寄存器中，所以输出点的值在用户程序中可以作为条件使用。

2. 语句表

语句表是使用助记符号来书写程序的，又称为指令表，属于PLC的基本编程语言。语句表具有以下特点：

（1）利用助记符号表示操作功能，容易记忆，便于掌握。

（2）在编程设备的键盘上就可以进行编程设计，便于操作。

（3）一般PLC程序的梯形图和语句表可以相互转换。

（4）部分梯形图及另外几种编程语言无法表达的PLC程序，必须使用语句表才能编程。

3. 功能块图

功能块图采用类似于数学逻辑门电路的图形符号，逻辑直观、使用方便。该编程语言中的方框左侧为逻辑运算的输入设置，右侧为输出设置，输入、输出端的小圆圈表示“非”运算，方框被“导线”连接在一起，信号从左到右流动。

功能块图程序设计语言具有如下特点：

（1）以功能块为单位，从控制功能入手，使控制方案的分析和理解变得容易。

（2）功能块是用图形化的方法描述功能，它的直观性大大方便了设计人员的编程和组态，有较好的易操作性。

（3）对控制规模较大、控制关系较复杂的系统，由于控制功能的关系可以较清楚地表达出来，因此，编程和组态时间可以缩短，调试时间也能缩短。

4. 顺序功能图

顺序功能图也称为流程图或状态转移图，是一种图形化的功能性说明语言，专用于描述工业顺序控制程序，使用它可以对具有并行、选择等复杂结构的系统进行编程。顺序功能图程序设计语言具有如下特点：

（1）以功能为主线，条理清楚，便于对程序操作进行理解和沟通。

（2）对大型复杂程序，可分工设计，采用较为灵活的程序结构，这样能节省程序设计时间和调试时间。

（3）常用于系统规模较大，程序关系较复杂的场景。

（4）整个程序的扫描时间较其他程序设计语言编制的程序扫描时间要大大缩短。

5. 结构文本

结构文本是一种高级的文本语言，可以用来描述功能、功能块和程序的行为，还可以在顺序功能流程图中描述步、动作和转换行为。结构文本具有如下特点：

（1）采用高级语言进行编程，可以完成较复杂的控制运算。

（2）需要用计算机高级程序设计语言的知识和编程技巧，对编程人员要求较高。

（3）直观性和操作性较差。

（4）常被用于采用功能块等其他语言较难实现的一些控制功能。

习 题

1. 什么是可编程控制器？
2. 请描述可编程控制器的工作原理。
3. 可编程控制器有哪些编程语言？常用的是哪几种？
4. 请说出可编程控制器的组成。
5. 请查找资料说出几个品牌的 PLC。

模块二 了解 S7-200 SMART 系列 PLC

学习重点

学习 S7-200 SMART 系列 PLC 的组成、特点、铭牌识别；学习 PLC 的输入、输出端口的接线方法；学习 STEP 7-Micro/WIN SMART 编程软件的使用方法；能够根据项目选择正确的 PLC；能够正确地进行输入、输出设备配线，正确使用编程软件。

素质目标

能够借助软件系统，培养自主学习的能力；通过项目任务实施，养成严谨、细致的态度，培养安全、规范的意识，树立节能减排、绿色设计的观念。

任务一　S7-200 SMART 系列 PLC 的硬件及技术参数

知识目标

（1）了解 S7-200 SMART 系列 PLC 的硬件结构；
（2）了解 S7-200 SMART 系列 PLC 的结构特点；
（3）了解 S7-200 SMART 系列 PLC 的性能指标。

技能目标

（1）会进行 S7-200 SMART 系列 PLC 的输入输出接线；
（2）认识 S7-200 SMART 系列 PLC 的结构功能。

知识储备

西门子（SIEMENS）公司生产的可编程控制器在我国应用相当广泛，在冶金、化工、印刷生产线等领域都有应用。西门子公司的 PLC 产品包括 LOGO、S7-200、S7-1200、S7-300、S7-400、S7-1500 等。西门子 S7 系列 PLC 体积小、速度快、标准化，具有网络通信能力，功能强大，可靠性高。S7 系列 PLC 产品可分为微型 PLC（如 S7-200），小规模性能要求的 PLC（如 S7-300）和中、高性能要求的 PLC（如 S7-400）等。

本书以西门子 S7-200 SMART 系列 PLC 为主要讲授对象。S7-200 SMART 是 S7-200 的升级换代产品，它继承了 S7-200 的诸多优点，指令与 S7-200 基本相同。S7-200 SMART 增加了以太网端口与信号板，保留了 RS485 端口（通信接口），增加了 CPU 的 I/O 点数。S7-200 SMART 共有 10 种 CPU 模块，分为经济型（2 种）和标准型（8 种），以适应不同应用场景。

1. S7-200 SMART PLC 的定位

S7-200 SMART 系列微型可编程逻辑控制器可以控制各种设备，从而满足自动化控制的需要。

S7-200 SMART PLC 的适用范围可覆盖从替代继电器的简单控制到复杂的自动化控制，应用范围极为广泛，覆盖所有与自动监测、自动化控制有关的工业及民用领域，包括各种纺织机械、中央空调、印刷机械、包装机械、工程机械、小型机床、数字自控、民用设施、环境保护设备等。

2. S7-200 SMART PLC 的结构

S7-200 SMART PLC 的硬件主要有 CPU 模块、数字量扩展模块、模拟量扩展模块及信号板等。S7-200 SMART PLC 结构图如图 2-1 所示。

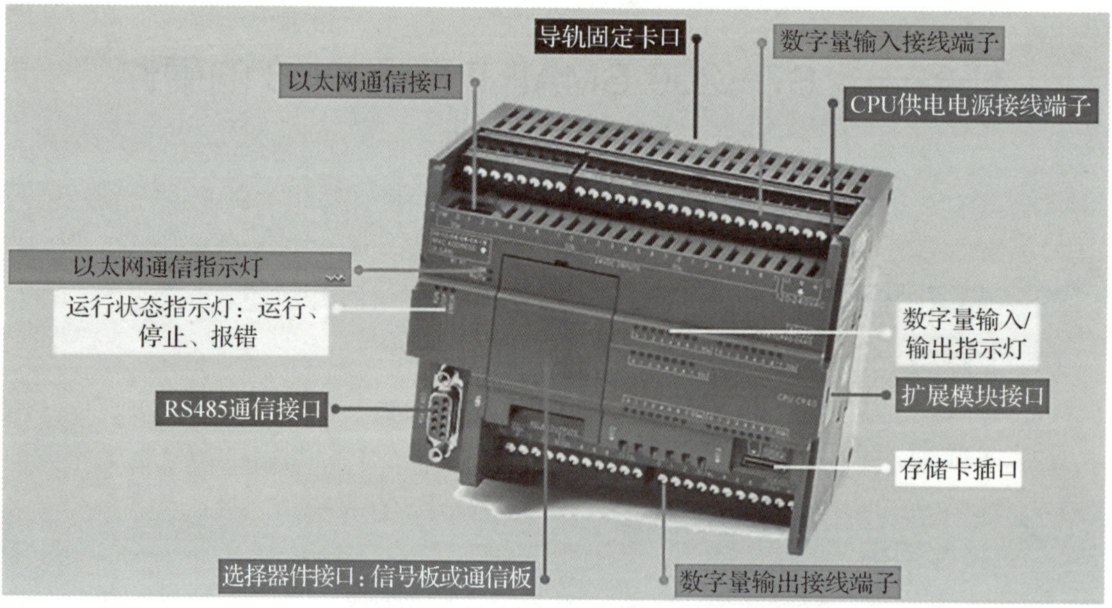

图 2-1　S7-200 SMART PLC 结构图

（1）运行状态指示灯：运行状态指示灯有运行、停止、报错。

（2）以太网通信指示灯。

（3）数字量输入接线端子及 CPU 供电电源接线端子：用于连接外部控制信号和 PLC 的工作电源。

（4）选择器件接口：信号板或通信板。

（5）数字量输入指示灯：用于显示是否有控制信号（如控制按钮、行程开关、接近开关、光敏开关等数字量信息）输入 PLC。

（6）数字量输出指示灯：用于显示 PLC 是否有信号输出到执行设备（如接触器、电磁阀、指示灯等）。

（7）数字量输出接线端子：用于连接被控设备。

（8）SB 扩展信号板：用于扩展标准的信号。

（9）RS485 通信接口：用于 PLC 通信。

3. S7-200 SMART PLC 的特点

（1）高速芯片，性能卓越。

S7-200 SMART PLC 配备西门子专用高速处理器芯片，基本指令执行时间可达 0.15μs，在小型 PLC 中处于领先地位。功能强大的芯片能让用户在应对烦琐的程序逻辑和复杂的工艺要求时表现得从容不迫。

（2）以太互动，经济便捷。

S7-200 SMART PLC 的 CPU 模块本体标配以太网接口，继承了强大的以太网通信功能。普通的网线即可将程序下载到 PLC 中，省去了专用编程时间，通过以太网接口还可与其他 CPU 模块、远程 I/O、Drive 触摸屏、计算机等进行通信，轻松组网。

（3）三轴脉冲，运动自如。

S7-200 SMART PLC 的 CPU 模块本体最多集成 3 路高速脉冲输出，频率高达 100kHz，支持 PWM/PTO 输出方式以及多种运动模式，可自由设置运动包络；配备方便易用的向导设置功能，快速实现设备调速、定位等功能。

（4）软件友好，编程高效。

S7-200 SMART PLC 在继承西门子编程软件强大功能的基础上，融入了更多人性化设计，如新颖的带状式菜单、全移动式界面窗口、方便的程序注释功能、强大的密码保护等。在体验强大功能的同时，大幅提高开发效率，缩短产品上市时间。

任务二　S7-200 SMART 系列 PLC 的构成

知识目标

（1）掌握 S7-200 SMART CPU 的类型及特点；

（2）了解 S7-200 SMART 扩展模块；

（3）了解不同类型 S7-200 SMART CPU 技术规范。

技能目标

（1）能够根据项目要求正确选择 S7-200 SMART CPU 类型；

（2）能够根据项目需求正确选择 S7-200 SMART 扩展模块或信号板。

知识储备

在做项目时如何正确选用 PLC 呢？主要考虑以下几点：一是输入输出类型是继电器还是晶体管；二是电源电压是 220V（AV）还是 24V（DC）；三是 PTO 输出个数；四是最大扩展限制（I/O、AI/AO、通信端口等）。CPU 有不同的型号，它们提供了各种各样的特征和功能，这些特征和功能可帮助用户针对不同的应用创建有效的解决方案。

1. CPU 模块

2-1　S7-200 SMART PLC 介绍

常见的 S7-200 SMART CPU 如表 2-1 所示。CPU 模块通过导轨固定卡口固定在导轨上，上方为数字量输入接线端子、以太网通信接口和供电电源接线端子；下方为数字量输出接线端子；左下方为 RS485 通信接口；右下方为存储卡插口；正面有选择器件（信号板或通信板）接口、多种运行状态指示灯［主要有输入 / 输出指示灯、运行状态指示灯（有 RUN、STOP 和 ERROR 三种状态）、以太网通信指示灯等］；侧面有插针式连接器，用于连接扩展模块。

表 2-1　常见的 S7-200 SMART CPU

	CR40	CR60	SR20	ST20	SR30	ST30	SR40	ST40	SR60	ST60
紧凑型，不可扩展	×	×								
标准型，可扩展			×	×	×	×	×	×	×	×
继电器输出	×	×	×		×				×	
晶体管输出（DC）				×		×		×		×
I/O 点（内置）	40	60	20	20	30	30	40	40	60	60

（1）CPU 模块的技术规范。

S7-200 SMART 各 CPU 模块的简要技术规范如表 2-2 所示。

表 2-2　S7-200 SMART 各 CPU 模块的简要技术规范

特性	CR40 CR60	SR20 ST20	SR30 ST30	SR40 ST40	SR60 ST60
本机数字量 I/O	CR40：24DI/16DO CR60：24DI/16DO	12DI/8DO	18DI/12DO	24DI/16DO	36DI/24DO

续表

<table>
<tr><th>特性</th><th>CR40 CR60</th><th>SR20 ST20</th><th>SR30 ST30</th><th>SR40 ST40</th><th>SR60 ST60</th></tr>
<tr><td>用户程序区</td><td>12KB</td><td>12KB</td><td>18KB</td><td>24KB</td><td>30KB</td></tr>
<tr><td>用户数据区</td><td>8KB</td><td>8KB</td><td>12KB</td><td>16KB</td><td>20KB</td></tr>
<tr><td>扩展模块数</td><td>—</td><td colspan="4">6</td></tr>
<tr><td>通信接口数</td><td>2</td><td colspan="4">2～3</td></tr>
<tr><td>信号板</td><td>—</td><td colspan="4">1</td></tr>
<tr><td>高速计数器</td><td>共 6 个
单相 200Hz 4 个
A/B 相 50Hz 2 个</td><td colspan="4">共 6 个
单相 200Hz 4 个
A/B 相 50Hz 2 个</td></tr>
<tr><td>最大脉冲输出频率</td><td>—</td><td>2 个 100kHz
（仅 ST20）</td><td colspan="3">2 个 100kHz（仅 ST30/ST40）</td></tr>
<tr><td>实时时钟
可保持 7 天</td><td>—</td><td colspan="4">有</td></tr>
<tr><td>脉冲捕捉
输入点数</td><td>14</td><td>12</td><td colspan="3">14</td></tr>
</table>

（2）CPU 模块的类型。

目前市场上的 S7-200 SMART CPU 主要有以下几种类型：

①经济型（继电器输出型）：CPU-SR20/SR40/SR60。

②经济型（晶体管输出型）：CPU-ST20/ST40/ST60。

③标准型（继电器输出型）：CPU-CR20/SR40/SR60。

④标准型（晶体管输出型）：CPU-CT20/ST40/ST60。

经济型 CPU-CR40/CR60 价格便宜，无扩展功能，定时器 / 计数器各 256 点，4 个输入中断，2 个定时中断，没用实时时钟和脉冲输出功能。其余的 CPU 为标准型 CPU-SR40/ST60，有扩展功能。脉冲输出仅适用于晶体管输出型 CPU。

CPU 供电方式有两种，分别是 120 ～ 240V（AC）和 24V（DC），标识分别为：AC/DC/RLY 和 DC/DC/DC。

图 2-2（a）所示为 DC 电源型，电源输入端子连接直流电源。图 2-2（b）所示为 AC 电源型，电源输入端子连接交流电源。

2. 存储器

可断电保持的存储区为 10KB（B 是字节的简称），各 CPU 的过程映像输入（I）、过程映像输出（Q）和位存储器（M）分别为 256 点，主程序、每个子程序和中断程序的临时局部变量为 64B。CPU 有 2 个分辨率为 1ms 的定时中断，有 4 个上升沿和 4 个下降沿中断，可选信号板 SB DT04 有 2 个上升沿中断和 2 个下降沿中断，可使用 8 个 PID 回路。

布尔运算指令执行时间为 0.15μs，实数数学运算指令执行时间为 3.6μs。子程序和中断程序分别最多 128 个，有 4 个累加器，256 个定时器和 256 个计数器。

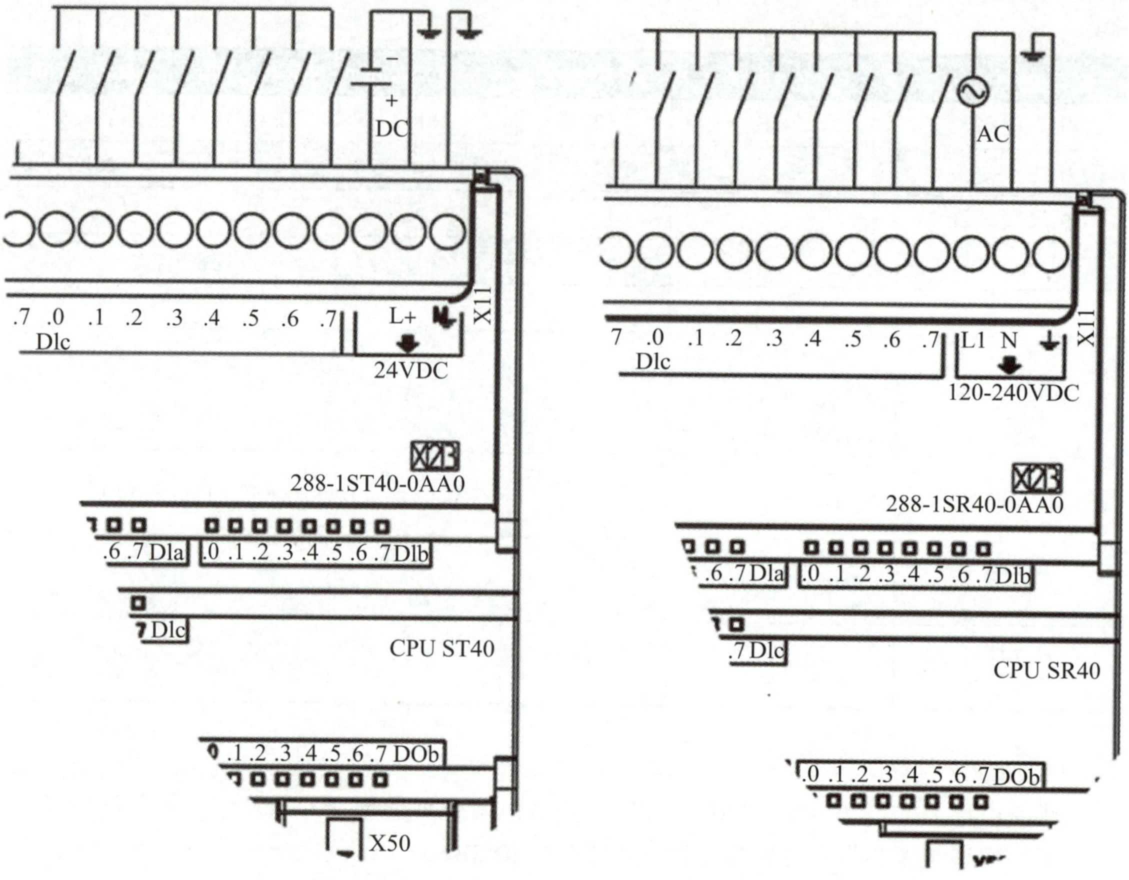

（a）DC电源型　　　　（b）AC电源型

图 2-2　S7-200 SMART 电源

实时时钟精度为 ±120s/ 月，保持时间通常为 7 天，25℃时最少为 6 天。

CPU 和扩展模块各数字量 I/O 点的通 / 断状态用发光二极管（LED）显示，PLC 与外部接线的连接采用可以拆卸的插座型端子板，不需要断开端子板上的外部连线，就可以迅速更换模块。

PLC 的程序分为操作系统和用户程序。操作系统使 PLC 具有基本的功能，能够完成 PLC 设计者规定的各种工作。操作系统由 PLC 生产厂家设计并固化在 ROM（只读存储器）中，用户不能读取。用户程序由用户设计，它使 PLC 能完成用户要求的特定功能。用户程序存储器的容量以字节（Byte，简称 B）为单位，它包括以下 3 种存储器：

2-2　S7-200 SMART PLC 接线

（1）随机存取存储器（RAM）：用户程序和编程软件可以读出 RAM 中的数据，也可以改写 RAM 中的数据。RAM 具有数据的易失性，即一旦断电，所存储的信息将会丢失。RAM 的工作速度快、价格便宜、改写方便。在关断 PLC 的外部电源后，可以用锂电池保存 RAM 中的用户程序和某些数据。锂电池可以使用 1 ～ 3 年，需要更换锂电池时，由 PLC 发出信号通知用户。S7-200 SMART 不使用锂电池。

（2）只读存储器（ROM）：ROM 的内容只能读出，不能写入。它是非易失性的，即断电后仍能保存存储器的内容。ROM 用来存放 PLC 的操作系统程序。

（3）可擦除可编程只读存储器（EPROM）：EPROM 是非易失性的，断电后所保存的数据不会丢失。PLC 运行时可以读写它，它兼有 ROM 的非易失性和 RAM 的随机存取的优点，但是写入数据所需的时间比 RAM 长得多，改写的次数有限制。S7-200 SMART 用 EPROM 来存储用户程序和需要长期保存的重要数据。

3. 输入输出接线

输入输出接口电路是 PLC 与被控对象间传送输入输出信号的接口部件。各输入输出点的通断状态用发光二极管（LED）显示，外部接线一般接在 PLC 的接线端子上。

S7-200 SMART 主机的输入回路为直流双向光耦合输入电路，输出有继电器和晶体管两种类型。比如，ST40 DC/DC/DC 型，其含义为直流 24V 输入电源，提供 24V 直流电给外部元件（如传感器等），以晶体管方式输出，24 点输入，16 点输出。再如，SR40 AC/DC/ 继电器型，其含义为交流输入电源，提供 24V 交流电给外部元件（如传感器等），以继电器方式输出，24 点输入，16 点输出。用户可根据需要进行选用。

（1）ST40 DC/DC/DC 接线。共有 24 个输入点（I0.0 ～ I0.7，I1.0 ～ I1.7，I2.0 ～ I2.7）和 16 个输出点（Q0.0 ～ Q0.7，Q1.0 ～ Q1.7），系统设置 1M 为输入的公共端。在晶体管输出电路中，PLC 由 24V 直流供电，负载采用了 MOSFET 功率驱动器件，所以只能用直流电源为负载供电。输出端将数字量输出分为两组，一组公共端 1L+ 和 1M，另一组公共端为 2L+ 和 2M，1L+ 和 2L+ 接直流电源正极，1M 和 2M 接直流电源负极。输入输出点数多的 PLC，可以将其分成多组，可接入不同电压等级的负载电源。ST40 DC/DC/DC 接线图如图 2-3 所示。

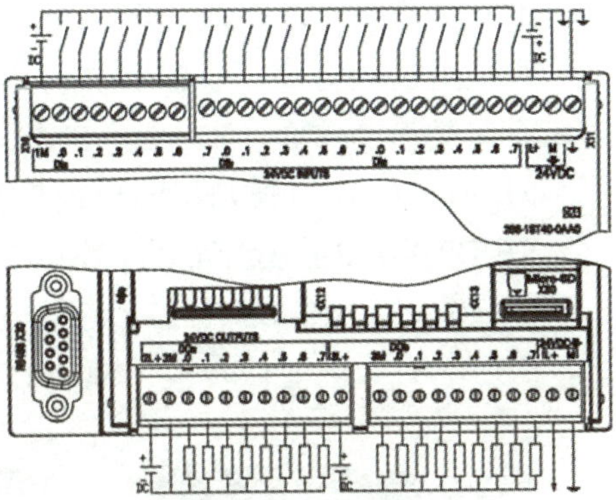

图 2-3　ST40 DC/DC/DC 接线图

（2）SR40 AC/DC/ 继电器接线。在继电器输出电路中，PLC 由 220V 交流电源供电，负载采用继电器驱动，所以，既可以选用直流电源为负载供电，也可以采用交流电源为负载供电。在继电器输出电路中，数字量输出分为四组，每组的公共端为本组的电源供给端，各组之间可以接入不同电压等级、不同电压性质的负载电源。

（3）公共端。通常在 PLC 内部将一组输入、输出电路的公共端连接在一起，共用一个公共端点，以减少 PLC 的外部接线。PLC 一般以 3 ～ 4 个输出或输入接点为一组，在 PLC 内部连成一个输出公共端，公共端点之间是绝缘隔离的。分组后，不同的负载可以采用不同的驱动电源。PLC 公共端接线图如图 2-4 所示。

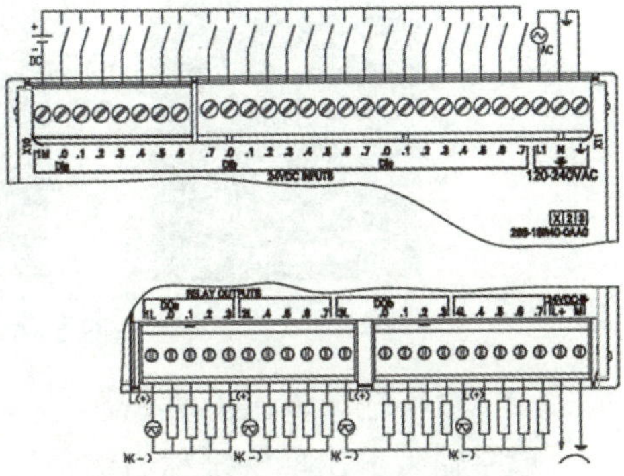

图 2-4　PLC 公共端接线图

4. S7-200 SMART 扩展模块

为更好地满足应用需求，S7-200 SMART

系列包括诸多扩展模块、信号板，可将这些扩展模块与标准 CPU（SR20、ST20、SR30、ST30、SR40、SR60 或 ST60）搭配使用，为 CPU 增加附加功能。表 2-3 列出了扩展模块和信号板的详细信息。

表 2-3　扩展模块和信号板

类型	仅输入	仅输出	输入 / 输出组合	其他
数字量扩展模块	8 个直流输入	8 个直流输出 8 个继电器输出	8 个直流输入 /8 个直流输出 8 个直流输入 /8 个继电器输出 16 个直流输入 /16 个直流输出 16 个直流输入 /16 个继电器输出	
模拟量扩展模块	4 个模拟量输入 8 个模拟量输入 2 个 RTD 输入 4 个 RTD 输入 4 个热电偶输入	2 个模拟量输出 4 个模拟量输出	4 个模拟量输入 /2 个模拟量输出 2 个模拟量输入 /1 个模拟量输出	
信号板	1 个模拟量输入	1 个模拟量输出	2 个直流输入 /2 个直流输出	RS485/RS323 电池板

（1）信号板 SB。

对于少量的 I/O 点数扩展及更多通信接口的需求，全新设计的信号板能够提供更加经济、灵活的解决方案。在编程软件中可以添加所需的 I/O 板、通信板、扩展板等，并设置通信端口类型与参数。S7-200 SMART 信号板如图 2-5 所示。

SB AQ01：1 点模拟量输出信号板。

SB DT04：2 点数字量直流输入 /2 点数字量场效应管输出。

SB CM01：RS485/RS232 信号板。

SB BA01：电池信号板，使用 CR1025 纽扣电池，保持时间大约一年。

图 2-5　S7-200 SMART 信号板

（2）数字输入输出模块 SM。

数字输入输出模块统称为信号模块 SM。前连接器插在前盖后面的凹槽内，与一个编码元件啮合，该连接器只能插入同类模块。

输入端口将按钮、行程开关或传感器等产生的开关量信号或模拟量信号转换成数字信号传送给 CPU。开关量在输入工程上常称为“开入量”或“数字量输入 DI”。

开关量输入端口将按钮、行程开关或传感器等外部电路的接通与断开的信号，转换成 PLC 能识别的 1（高电平）、0（低电平）数字信号传送给 CPU。PLC 输入接口电路如图 2-6 所示。

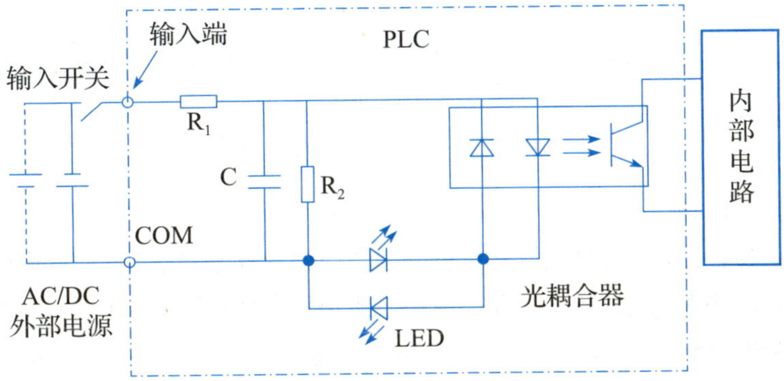

图 2-6　PLC 输入接口电路

图 2-6 中，框线内为内部电路，外部输入由连接在输入点的开关和外部电源经公共端与 PLC 内部电路构成回路，内部电路通过光耦合器将外部开关的接通与断开转换成 CPU 能识别的 1（高电平）、0（低电平）数字信号。和大多数 PLC 类似，对于 NPN 输出的传感器与 S7-200 SMART 系列 PLC 输入端口连接时，采用源型输入；对于 PNP 输出的传感器与 S7-200 SMART 系列 PLC 输入端口连接时，采用漏型输入。

输出端口将 CPU 向外输出的数字信号转换成可以驱动外部执行电路的信号，分为数字量输出与模拟量输出。开关量输出模块是把 CPU 逻辑运算的结果“0”“1”信号变成功率接点的驱动外部负载，不同开关量输出模块的端口特性按照负载使用的电源可分为直流输出模块、交流输出模块和交直流输出模块；按照开关量输出的器件种类可分为继电器输出、晶闸管输出模块、晶体管输出模块等。它们所能驱动的负载类型、负载大小和响应时间是不同的，可以根据需要来选择不同的输出模块。

1）继电器输出模块。

继电器输出模块原理图如图 2-7 所示。在图 2-7 中，继电器既是输出开关器件，又是隔离器件，电阻 R_1 和指示灯 LED 组成输出状态显示器；电阻 R_2 和电容器 C 组成 RC 灭弧电路，消除继电器触点火花。当 CPU 输出一个接通信号时，指示灯 LED 亮，继电器线圈得电，其动合触点闭合，使电源、负载和触点形成回路。继电器触点动作的响应时间约为 10ms。继电器输出模块的负载回路，可选用直流电源，也可选用交流电源。外接电源及负载电源的大小由继电器的触点决定。当带有电阻性负载时，继电器输出的最大负载电流通常为 2A/ 点。继电器输出型为有触点输出方式，可用于接通或断开开关频率较低的直流负载或交流负载电路，这种方式存在继电器触点的电气寿命和机械寿命短的问题。

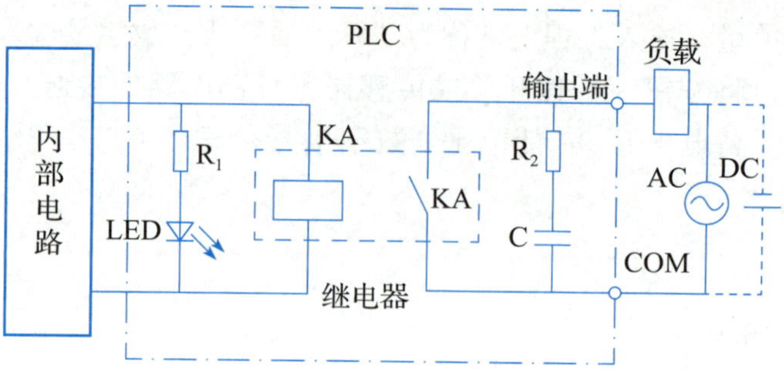

图 2-7　继电器输出模块原理图

2）晶闸管输出模块。

晶闸管输出模块和晶体管输出模块皆为无触点输出方式，开关动作快、寿命长，可用于接通或断开开关频率较高的负载电路。晶闸管输出模块原理图如图 2-8 所示。在图 2-8 中，晶闸管为输出开关器件，由它组成的固态继电器（SSR）具有光电隔离作用，可作为隔离器件。电阻 R_2 与电容 C 组成高频滤波电路，减少高频信号干扰。压敏电阻作为消除尖峰电压的浪涌吸收器。当 CPU 输出一个接通信号时，指示灯 LED 亮，固态继电器中的晶闸管导通，负载得电。晶闸管开通响应时间小于 1ms，关断响应时间小于 10ms。由于晶闸管的特性，在输出负载回路中的电源只能选用交流电源。晶闸管输出模块只用于驱动交流电源负载。

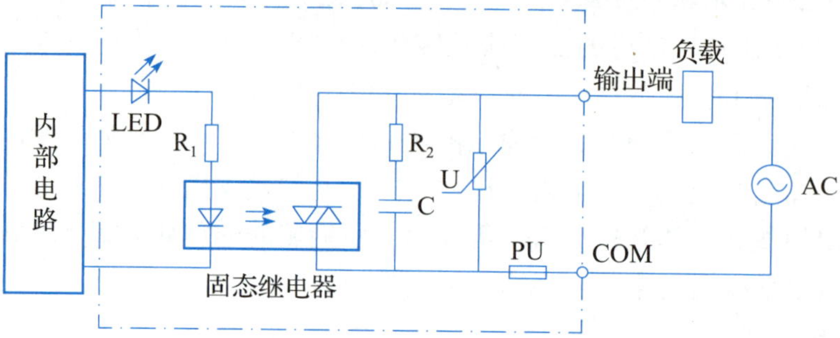

图 2-8　晶闸管输出模块原理图

3）晶体管输出模块。

2-3　识读 S7-200 系列 PLC

晶体管输出模块原理图如图 2-9 所示。在图 2-9 中，晶体管 VT 为输出开关器件，光耦合器为隔离器件。稳压管 VS 和熔断器分别用于输出端的过电压保护和过电流保护，二极管 VD 可禁止负载电源反向接入。当 CPU 输出一个接通信号时，指示灯 LED 亮，该信号通过光耦合器使 VT 导通，负载得电。晶体管输出模块所带负载只能使用直流电源。当带有电阻性负载时，晶体管输出的最大负载电流通常为 0.5A/ 点，通断响应时间均小于 0.1ms。

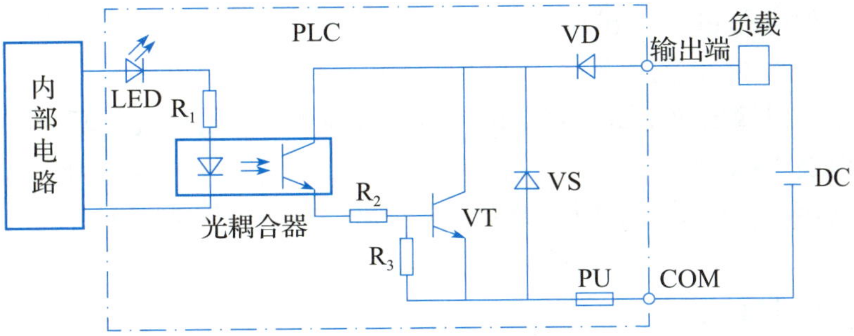

图 2-9　晶体管输出模块原理图

任务三　S7-200 SMART 系列 PLC 的内部元件

知识目标

（1）了解 S7-200 SMART 系列 PLC 的内部元件；

（2）掌握 S7-200 SMART 系列 PLC 的内部元件编程范围。

技能目标

（1）能够认识 S7-200 SMART 系列 PLC 的内部元件；

（2）能够理解 S7-200 SMART 系列 PLC 的内部元件编程范围。

知识储备

一、S7-200 SMART 主要编程元件

1. 输入继电器（I）

输入继电器是 PLC 存储系统中的输入映像寄存器，它主要接收来自控制现场的信号，如按钮、行程开关及各种传感器等输入信号。PLC 中的继电器是软继电器，实质是 PLC 的存储单元。

S7-200 SMART 输入映像寄存器区域有 IB0 ～ IB15（I0.0 ～ I15.7）共 16 个字节的存储单元。系统对输入映像寄存器是以字节（1Byte=8bit）、位为单位进行地址分配的。

2-4　S7-200 系列内部继电器

2. 输出寄存器（Q）

输出寄存器是 PLC 中的输出映像寄存器。通过输出映像寄存器，将 PLC 的存储系统与外部的输出点建立明确的关系，每一个“输出继

电器”线圈都与相应的 PLC 输出相连。

S7-200 SMART 输出映像寄存器区域有 QB0 ～ QB15（Q0.0 ～ Q15.7）共 16 个字节的存储单元。系统对输出映像寄存器是以字节、位为单位进行地址分配的。

3. 变量存储器（V）

变量存储器用于存储运算的中间结果或者用来保存与工序或任务有关的其他数据。其他数据可按位、字节、字或双字为单位。

4. 内部标志位（M）存储区

M 作为控制继电器（又称中间继电器），用来存储中间操作数或其他控制信息。S7-200 SMART 系列 PLC 编址范围为 M0.0 ～ M31.7，可以按位、字节、字或双字为单位来存取存储区的数据。

5. 顺序控制继电器（S）存储区

S 又称状态元件，以实现顺序控制和步进控制。S7-200 SMART 系列 PLC 编址范围为 S0.0 ～ S31.7，可以按位、字节、字或双字为单位来存取数据。

6. 特殊存储器（SM）

特殊存储器（SM）用于 CPU 与用户之间交换信息。特殊存储器标志位提供大量的状态和控制功能。

2-5　S7-200 系列 PLC 特殊功能存储器

（1）SMB0 为状态位字节，在每次扫描循环结尾由 S7-200 SMART CPU 更新，定义如下：

SM0.0：RUN 状态监控，PLC 在运行 RUN 状态，该位始终为 1。

SM0.1：首次扫描时为 1，通常用于系统的初始化。

SM0.2：当 RAM 中有数据丢失时，该位在一个扫描周期内为 1，用于出错处理。

SM0.3：PLC 上电进入 RUN 方式，保持一个扫描周期为 1。

SM0.4：分脉冲，该位输出一个占空比为 50% 的分时钟脉冲，可用作时间基准或简易延时。

SM0.5：秒脉冲，该位输出一个占空比为 50% 的秒时钟脉冲，可用作时间基准。

SM0.6：扫描时钟，一个扫描周期为 ON（高电平），下一个为 OFF（低电平），循环交替。

SM0.7：工作方式开关位置指示，0 为 TERM 位置，1 为 RUN 位置。当为 1 时，自由端口通信方式有效。

（2）SMB1 为指令状态位字节，常用于表及数学操作，部分位定义如下：

SM1.0：零标志，运算结果为 0 时，该位置为 1。

SM1.1：溢出标志，运算结果溢出或查出非法数值时，该位置为 1。

SM1.2：负数标志，数学运算结果为负时，该位置为 1。

7. 局部存储器（L）

S7-200 SMART 将主程序、子程序和中断程序统称为程序组织单元（Program Organizational Unit，POU）。各 POU 都有自己的局部变量表（64B），局部变量表仅仅在它被创建的 POU 中有效。局部变量表中的存储器称为局部存储器，它们可以作为暂时存储器，或用于子程序传送其输入、输出参数。变量存储器（V）是全局存储器，可以被所有的 POU 存取。

S7-200 SMART PLC 主程序和子程序支持的最大嵌套级数为 8 级，中断程序和它调用的 4 个嵌套级数的子程序各分配 64 个字节的局部存储器。

S7-200 SMART 有 64 个字节的局部存储器，编址范围 LB0.0 ～ LB63.7，其中 60 个字节可以用作暂时存储器或者给子程序传送参数，剩余 4 个字节为系统保留字节。

8. 定时器

定时器相当于继电器系统中的时间继电器。S7-200 SMART CPU 中的定时器是对内部时钟累计时间增量的设备，用于时间控制。定时器分为三种类型，其时间基准增量分别为 1ms、10ms 和 100ms。定时器的当前值寄存器是 16 位有符号的整数，用于存储定时器累计的时间基准增量值（1 ～ 32 767）。

定时器位用来描述定时器延时动作的触点状态。定时器位为 1 时，梯形图中对应的定时器常开触点闭合，常闭触点断开；定时器位为 0 时，则状态相反。

用定时器地址（T 和定时器）来存取当前值和定时器位。带位操作的指令存取的是定时器的位，带字操作数的指令存取的是当前值。

9. 计数器

计数器主要用来累计输入脉冲个数，有 16 位预置值和当前值寄存器各 1 个，以及 1 位状态位。当前值寄存器用来累计脉冲个数（1 ～ 32 767），计数器当前值大于或等于预置值时，状态位置为 1。S7-200 SMART CPU 提供三种类型的计数器，即增计数、减计数、增 / 减计数。

10. 模拟量输入 / 输出映像寄存器（AI/AQ）

S7-200 SMART 的模拟量输入电路将外部输入的模拟量（如温度、电压）等转换成 1 个字长（16 位）的数字量，存入模拟量输入映像寄存器区域。

AI 编址范围为 AIW0，AIW2，…，AIW62，起始地址定义为偶数字节地址，共有 32 个模拟量输入点。

S7-200 SMART 模拟量输出电路用来将模拟量输出映像寄存器区域的 1 个字长（16 位）数字值转换为模拟电流或电压输出。

AQ 编址范围为 AQW0，AQW2，…，AQW62，起始地址也采用偶数字节地址，共有 32 个模拟量输出点。

11. 累加器（AC）

累加器用来暂存数据，S7-200 SMART PLC 提供了 4 个 32 位累加器（AC0 ～ AC3）。累加器支持以字节（B）、字（W）和双字（D）的存取。按字节存取低 8 位，按字存取低 16 位，按双字存取全部的 32 位，存储数据长度由指令决定。

12. 高速计数器（HC）

高速计数器用来累计比 CPU 扫描速率更快的事件，计数过程与扫描周期无关。高速计数器的地址由区域标识符和高速计数器号组成，用来累计比 CPU 扫描速率更快的事件。高速计数器的当前值和设定值为双字长的符号整数。当前值为只读数据。

二、元件编程范围

可编程控制器的硬件结构是软件编程的基础，S7-200 SMART CPU 存储器的范围可参考表 2-4。

表 2-4 S7-200 SMART CPU 存储器的范围

<table>
<tr><th>寻址方式</th><th>CPU CR40/CR60</th><th>CPU SR20/ST20</th><th>CPU SR30/ST30</th><th>CPU SR40/ST40</th><th>CPU SR60/ST60</th></tr>
<tr><td rowspan="2">位访问（字节、位）</td><td colspan="5">I0.0 ~ 31.7　Q0.0 ~ Q31.7　M0.0 ~ M31.7　SM0.0 ~ SM1535.7　S0.0 ~ S31.7
T0 ~ T255　C0 ~ C255　L0.0 ~ L63.7</td></tr>
<tr><td colspan="2">V0.0 ~ 8191.7</td><td>V0.0 ~ 12287.7</td><td>V0.0 ~ 16383.7</td><td>V0.0 ~ 20479.7</td></tr>
<tr><td rowspan="2">字节访问</td><td colspan="5">IB0 ~ IB31　QB0 ~ QB31　MB0 ~ MB31　SMB0 ~ SMB1535
SB0 ~ SB31　LB0 ~ LB31　AC0 ~ AC3</td></tr>
<tr><td colspan="2">VB0 ~ VB8191</td><td>VB0 ~ VB12287</td><td>VB0 ~ VB16383</td><td>VB0 ~ VB20479</td></tr>
<tr><td rowspan="3">字访问</td><td colspan="5">IW0 ~ IW30　QW0 ~ QW30　MW0 ~ MW30　SMW0 ~ SMW1534
SW0 ~ SW30　T0 ~ T255　C0 ~ C255　LW0 ~ LW30　AC0 ~ AC3</td></tr>
<tr><td colspan="2">VW0 ~ VW8190</td><td>VW0 ~ VW12286</td><td>VW0 ~ VW16382</td><td>VW0 ~ VW20478</td></tr>
<tr><td colspan="2">—</td><td colspan="3">AIW0 ~ AIW110　AQW0 ~ AQW110</td></tr>
<tr><td rowspan="2">双字访问</td><td colspan="5">ID0 ~ ID28　QD0 ~ QD28　MD0 ~ MD28　SMD0 ~ SMD1532　SD0 ~ SD28
LD0 ~ LD28　AC0 ~ AC3</td></tr>
<tr><td colspan="2">VD0 ~ VD8188</td><td>VD0 ~ VD12284</td><td>VD0 ~ VD16380</td><td>VD0 ~ VD20476</td></tr>
</table>

数字量扩展模块如表 2-5 所示。

表 2-5 数字量扩展模块

符号	输入点数（直流输入）	输出点数
EM DE08	8	—
EM DT08	—	8（晶体管型）
EM DR08	—	8（继电器型）
EM DT16	8	8（晶体管型）
EM DR16	8	8（继电器型）
EM DT32	16	16（晶体管型）
EM DR32	16	16（继电器型）

任务四 S7-200 SMART PLC 数据类型和寻址方式

知识目标

（1）掌握可编程控制器的数据类型；

（2）掌握可编程控制器的寻址方式；

（3）掌握可编程控制器存储器的编址方式；

（4）了解 PLC 指令系统的类型。

技能目标

（1）在编程过程中能正确使用可编程控制器的数据；

（2）能正确使用可编程控制器的存储器。

知识储备

一、数据类型

2-6　PLC 数据类型和存储单元的编址方式

西门子 PLC 的数据类型可以是字符串、布尔型（0 或 1）、整数型和实数型（浮点数）。布尔型数据是指字符型无符号整数；整数型数据包括 16 位符号整数和 32 位符号整数。实数型数据采用 32 单精度数来表示。数据类型、长度和数据范围如表 2-6 所示。

表 2-6　数据类型、长度和数据范围

数据长度、类型	无符号整数范围		有符号整数范围	
	十进制	十六进制	十进制	十六进制
字节（B，8 位）	0 ～ 255	0 ～ FF	-128 ～ 127	80 ～ 7F
字（W，16 位）	0 ～ 65535	0 ～ FFFF	-32768 ～ 32767	8000 ～ 7FFF
双字（D，32 位）	0 ～ 4294967295	0 ～ FFFFFFFF	-2147483648 ～ 2147483647	80000000 ～ 7FFFFFFF
整数（INT，16 位）	0 ～ 65535	0 ～ FFFF	-32768 ～ 32767	8000 ～ 7FFF
布尔（BOOL，1 位）	0、1			
实数	-1038 ～ 1038			
字符串	每个字符串以字节形式存储，最大长度为 255B，在第一个字节中定义该字符串的长度			

二、寻址方式

PLC 内部软元件的功能是相互独立的，在数据存储区，为每一种元件分配一个存储区域，并用字母表示器件类型，字母加数字表示数据的存储地址。比如，I 表示输入映像寄存器（输入继电器）；Q 表示输出映像寄存器（输出继电器）；M 表示内部标志位存储器；SM 表示特殊标志位存储器；S 表示顺序控制存储器（又称状态元件）；V 表示变量存储器；L 表示局部存储器；T 表示定时器；C 表示计数器；AI 表示模拟量输入映像寄存器；AQ 表示模拟量输出映像寄存器；AC 表示累加器；HC 表示高速计数器等。我们要掌握这些内部器件的定义、功能及使用方法。

1. 数据存储器的分配

S7-200 SMART 按内部元件的种类将数据存储器分成若干个存储区域，每个区域的存储单元按字节编址，可以进行字节、字、双字和位操作，每个字节由 8 个存储位组成。对存储单元进行位操作时，每 1 位都可以看成 0、1 状态的位逻辑器件。

2. 数据表示方法

S7-200 SMART 系列在存储单元所存放的数据类型有布尔型、整数型、双整型和实数型 4 种。CPU 以二进制方式存储常数，指令中可以采用十进制、十六进制、ASCⅡ码或浮点数形式书写常数。具体表示格式如下：

二进制格式：用二进制数前加 2# 表示，如 2#1010。

十进制格式：直接用十进制数表示，如 1234。

十六进制格式：用十六进制数前加 16# 表示，如 16#0A1F。

PLC 中数据表示如图 2-10 所示。

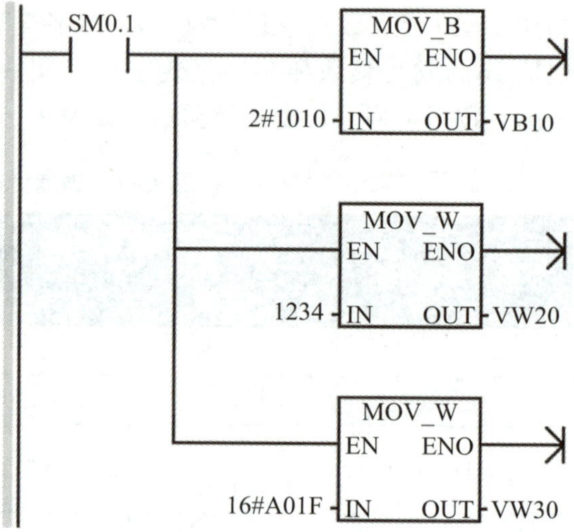

图 2-10　PLC 中数据表示

3. 寻址方式

S7-200 SMART 将信息存于不同的存储单元，每个单元都只有 1 个地址，系统允许用户以字节、字或双字为单位存取信息。提供参与操作的数据地址称为寻址方式。S7-200 SMART CPU 的寻址方式分三种：立即寻址、直接寻址、间接寻址。立即寻址的数据在指令中以常数形式出现，直接地址和间接寻址有位、字节、字和双字 4 种寻址方式。

（1）立即寻址。

在一条指令中，如果操作码后面的操作数就是操作码所需要的具体数据，这种指令的寻址方式就叫立即寻址。

比如，在传送指令 MOV IN OUT 中，操作码“MOV”指出该指令的功能是把 IN 中的数据传送到 OUT 中，其中 IN 表示源操作数，OUT 表示目标操作数。

若指令为：MOVD 2505 VD500，则功能为：将十进制数 2505 传送到 VD500 中，这里 2505 就是源操作数。因这个操作数的数值已经在指令中了，不用再去寻址，这个操作数就是立即数，这种寻址方式就是立即寻址。而目标操作数的数值在指令中并未给出，只给出了要传送的地址 VD500，这个操作数的寻址方式就是直接寻址。

（2）直接寻址。

在一条指令中，如果操作码后面的操作数以操作数所在地址的形式出现，这种指令的寻址方式就叫直接寻址。直接寻址指令中明确指出了存取数据的存储地址，允许用户程序直接存取信息。

比如，指令为：MOVD VD400 VD500，则功能为：将 VD400 中的双字数据传送给 VD500。

（3）间接寻址。

在这种方式中，指令中给出的是操作数地址的地址，也就是说，指令中包含的是一个指针的地址，并不直接是操作数的地址。

使用间接寻址之前，要先创建一个指向该位置的指针，指针为双字值，用来存放一个存储器的地址，且只能用 V、L 或 AC 作指针。创建指针，必须用双字传送指令（MOVD）将需要间接寻址的存储器地址送到指针中。例如，“MOVD & VB202，AC1”，其中“& VB202”表示 VB202 的地址，而不是 VB202 的值，指令的含义是将 VB202 的地址传送到累加器 AC1 中。

指针创建好之后，利用指针存取数据。用指针存取数据时，操作数前加“*”号，表示该操作数为一个指针。例如，“MOVW *AC1，AC0”，表示将 AC1 中的内容为起始地址的一个字长的数据（即 VB202、VB203 的内容）传送到累加器 AC0 中。使用指针的间接寻址如图 2-11 所示。

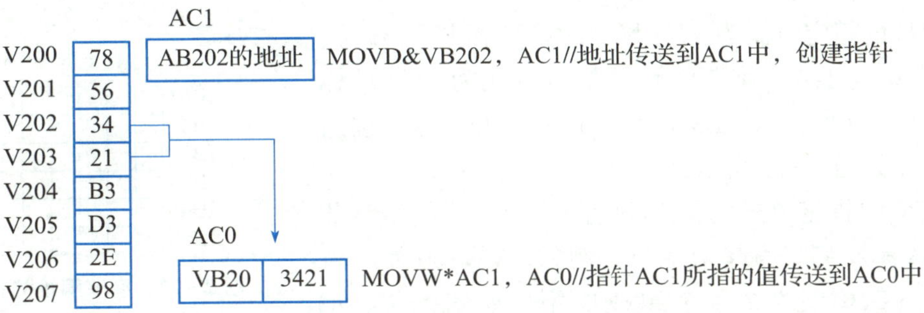

图 2-11　使用指针的间接寻址

比如：在指令 MOVD 2505 *VD500 中，*VD500 是指存放 2505 地址的地址。若 VD500 中存放的是 VB0，则 VD0 是存放 2505 的地址。该指令的功能是将十进制数 2505 传送到 VD0 地址中。

S7-200 SMART PLC 的存储器寻址范围如表 2-7 所示。

表 2-7　S7-200 SMART PLC 的存储器寻址范围

寻址方式	CPU CR40/ CR60	CPU CR20/ CR20	CPU SR30/ ST40	CPU40/ ST40	CPU SR60/ ST60
位存取（字节，位）	I0.0 ～ I31.7　Q0.0 ～ Q31.7　M0.0 ～ M31.7　SM0.0 ～ SM1535.7　S0.0 ～ S31.7　T0 ～ T255　C0 ～ C255　L0.0 ～ L63.7				
字节存取	V0.0 ～ 8191.7		V0.0 ～ 12287.7	V0.0 ～ 16383.7	V0.0 ～ 20479.7
	IB0 ～ IB15　QB0 ～ QB15　MB0 ～ MB31　SMB0 ～ SMB179　SB0 ～ SB31　LB0 ～ LB63　AC0 ～ AC3				

续表

字存取	VW0 ～ VW8191	VW0 ～ VW12286	VW0 ～ VW16382	VW0 ～ VW20487
	IW0 ～ IW30　QW0 ～ QW30　MW0 ～ MW30　SMW0 ～ SMW1534　SW0 ～ SW30　T0 ～ T255　C0 ～ C255　LW0 ～ LW30　AC0 ～ AC3			
	—	AIW0 ～ AIW110　AQW ～ AQW110		
	常数			
双字存取	VD0 ～ VD8188	VD0 ～ VD12284	VD0 ～ VD16380	VD0 ～ VD20476
	ID0 ～ ID28　QD0 ～ QD28　MD0 ～ MD28　SD0 ～ SD28　LD0 ～ LD28　AC0 ～ AC3　HC0 ～ HC3			
	常数			

三、编址方式

存储器的单位可以是位（bit）、字节（Byte）、字（Word）、双字（Double Word），编址方式也可以是位、字节、字、双字。

位编址的指定方式为：(区域标志符）字节号 . 位号，如 I0.0、Q0.0、I1.2。字节编址的指定方式为：(区域标志符）B（字节号)，如 IB3 表示由 I3.0 ～ I3.7 这 8 位组成的字节，如图 2-12 所示。

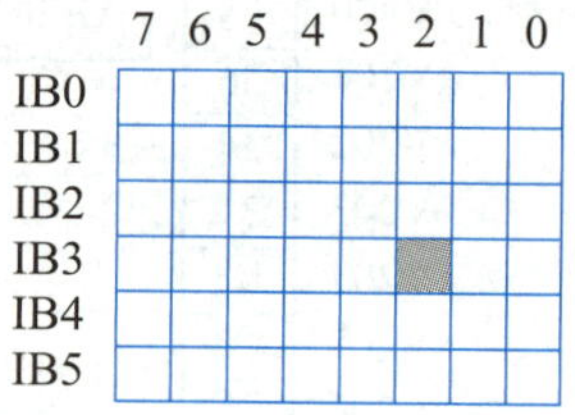

图 2-12　字节编址的指定方式

字编址的指定方式为：(区域标志符）W（起始字节号)，且高有效字节为起始字节。例如，VW100 表示由 VB100 和 VB101 这 2 个字节组成的字，如图 2-13（a）所示。

双字编址的指定方式为：(区域标志符）D（起始字节号)，且最高有效字节为起始字节。例如，VD100 表示由 VB100 ～ VB103 这 4 个字节组成的双字，如图 2-13（b）所示。

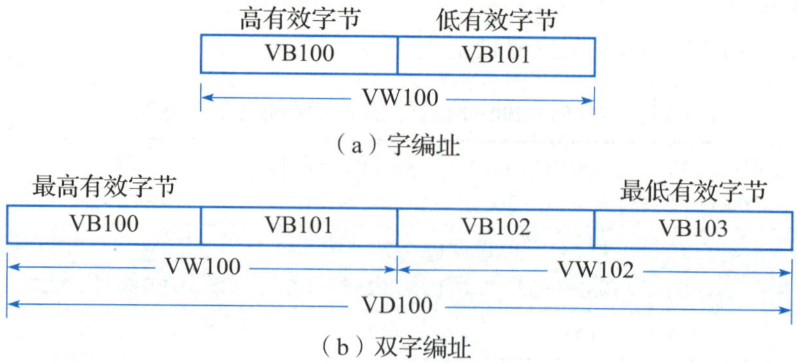

图 2-13　字与双字编址

四、PLC 指令系统的类型

S7-200 SMART PLC 指令系统有梯形图程序指令、语句表程序指令和功能块图程序指令三种类型。无论哪一种类型，都由某种图形符号或操作码以及操作数组成。

1. 梯形图程序指令

梯形图（LAD）程序指令是在继电器控制系统原理的基础上演变而来的。PLC 的梯形图与继电器控制系统的梯形图的基本思想是一致的，只是在使用符号和表达式上有一定区别。梯形图中没有真实的电流流动，为了便于分析 PLC 的周期扫描原理以及控制信息在存储空间的情况，假设在梯形图中有“电流”流动，为了区别真实的电流，称之为能流。能流在梯形图中只能单方向流动，按先上后下的顺序从左到右流动，不会产生反流。在梯形图中，最左边的竖线为起始母线，也称为左母线，若与母线相连的触点闭合，可以使能流流过该器件到下一个器件，若触点断开将阻止能流通过。

梯形指令有 3 种基本形式：触点、线圈、指令盒。触点分为常开、常闭触点，代表输入控制信息，当一个常开触点闭合时，能流可以从此触点流过。线圈代表输出，当线圈有能流流过时，输出便能被接通，线圈通过输出接口电路来控制外部的指示灯、接触器等执行器件。在用户程序中，每个线圈只能使用一次，即线圈不能同时输出。指令盒代表一些复杂的功能，当有能流流过指令盒时，执行指令盒所代表的功能，如定时器、计数器或数学运算指令等。

画梯形图的要求如下：

（1）程序应按先上后下、从左到右的顺序编写。

（2）每一个逻辑行必须从起始母线画起。

（3）在梯形图中每个线圈只能使用一次，而触点可以使用无数次。

（4）线圈不能直接与左母线相连。如果需要，可以通过特殊内部标志位存储器 SM0.0 来连接。

（5）适当安排编程顺序，以减少程序的步数。串联多的支路应尽量放在上方，并联多的支路应靠近左母线。

（6）梯形图必须按照计算机执行程序时的顺序依次画起。

2. 语句表程序指令

语句表（STL）程序指令由操作码和操作数组成，类似于计算机中的助记符语言，它是可编程控制器最基础的编程语言。

3. 功能块图程序指令

利用功能块图（FBD）程序指令可以查看像普通逻辑门图形的逻辑盒指令。这些指令是作为盒指令出现的，程序逻辑由指令之间的连接决定。

功能块图程序指令由功能框元素表示，没有梯形图编程器中的触点和线圈，但有与其等价的指令。例如，与 / 或（AND/OR）功能块图程序指令，如同梯形图程序指令中的触点一样用于操作布尔信号；其他类型的功能块图程序指令与梯形图程序指令中的功能框类似。

程序指令的三种类型可以相互转换，同一功能的梯形图、语句表和功能块图程序指令如图 2-14 所示。

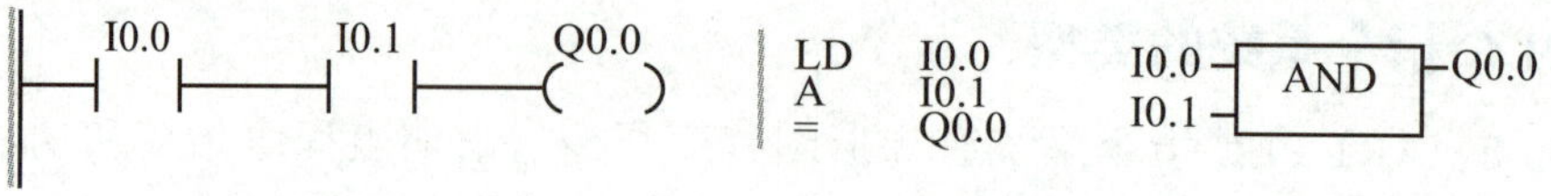

（a）梯形图（LAD）　（b）语句表（STL）　（c）功能块图（FBD）

图 2-14　同一功能的梯形图、语句表和功能块图程序指令

任务五　STEP 7-Micro/WIN SMART 编程软件的使用

知识目标

（1）了解 STEP 7-Micro/WIN SMART 编程软件；

（2）掌握 STEP 7-Micro/WIN SMART 编程软件的安装方法。

技能目标

（1）能够正确安装 STEP 7-Micro/WIN SMART 编程软件；

（2）能够正确使用 STEP 7-Micro/WIN SMART 编程软件。

知识储备

一、STEP 7-Micro/WIN SMART 编程软件的安装方法

S7-200 SMART 可编程使用的是 STEP 7-Micro/WIN SMART 编程软件，编程软件 STEP 7-Micro/WIN SMART V2.0 所占的存储空间不到 200MB，可以在操作系统 Windows XP SP3、32 位和 64 位的 Windows 7、Windows 10 和 Windows 11 下运行。

在安装软件时最好关闭其他应用程序，注意要关闭可能影响安装的杀毒软件，否则安装可能出错。安装目录最好是英文，尽量不使用带有中文的安装路径。

双击文件夹“STEP 7-Micro/WIN SMART V2.0”中的文件“setup.exe”，开始安装软件，使用默认的安装语言（简体中文）。完成各对话框的设置后，单击“下一步”按钮。

在许可证协议对话框中，选中“我接受许可证协议和有关安全的信息的所有条件”。在“选择目的地位置”对话框中可以修改安装软件的目标文件夹，单击“安装”按钮开始安装。

在“安装完成”对话框中，可以选择是否阅读自述文件和是否开启软件，单击“完成”按钮，结束安装过程。

二、STEP 7-Micro/WIN SMART 编程软件介绍

STEP 7-Micro/WIN SMART 编程软件提供了 3 种程序编辑器，即梯形图（LAD）、语句表（STL）和功能块图（FBD）。STEP 7-Micro/WIN SMART 编程软件使用界面如图 2-15 所示。

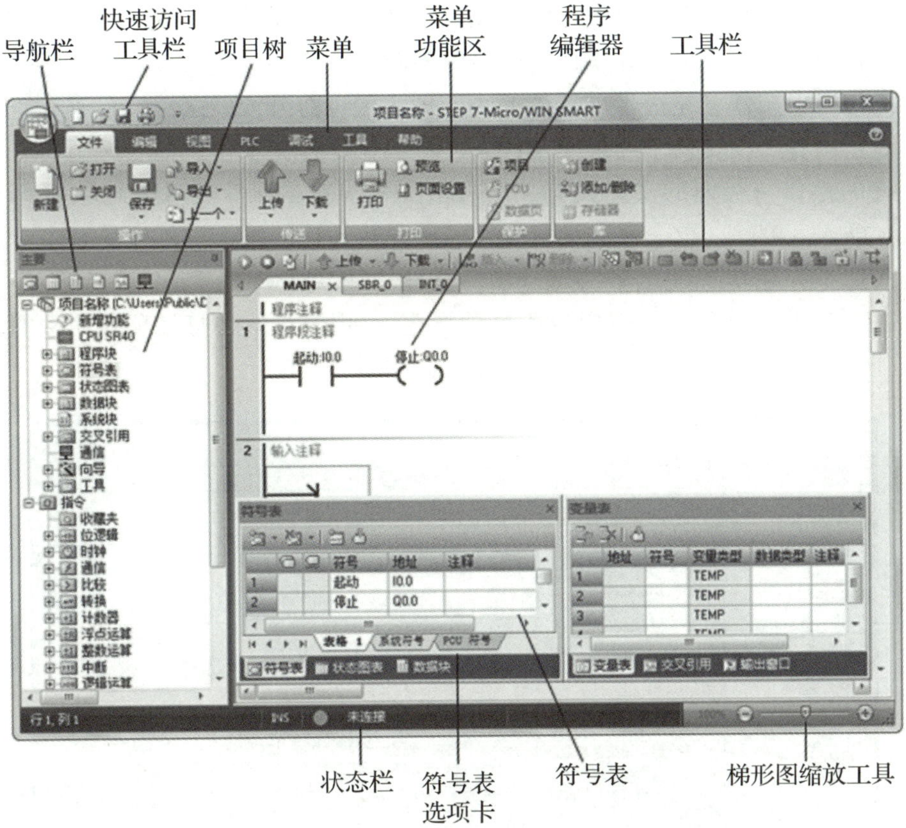

图 2-15　STEP 7-Micro/WIN SMART 编程软件使用界面

（1）快速访问工具栏。

STEP 7-Micro/WIN SMART 编程软件中设置了快速访问工具栏，包括新建、打开、保存和打印这几个默认的按钮。单击快速访问工具栏右边的按钮，出现“自定义快速访问工具栏”菜单，单击“更多命令…”，打开“自定义”对话框，可以增加快速访问工具栏中的命令按钮。

单击界面左上角的“文件”可以快速地访问“文件”菜单的大部分功能，并显示最近打开过的文件。单击其中的某个文件，可以直接打开它。

（2）菜单。

STEP 7-Micro/WIN SMART 编程软件采用带状菜单，每个菜单的功能区所占的位置较宽。右击菜单功能区，执行出现的快捷菜单中的“最小化功能区”。未单击菜单时，不会显示菜单的功能区。单击其中某个菜单项可以打开和关闭该菜单的功能区。如果勾选了

某个菜单项的“最小化功能区”，则在打开该菜单项后，可单击该菜单功能区之外的区域（菜单功能区的右侧除外），也能关闭该菜单项的功能区。

（3）项目树与导航栏。

项目树用于组织项目。右击项目树的空白区域，可以用弹出的快捷菜单中的“单击打开项目”，设置单击或双击打开项目中的对象。

项目树上面的导航栏有符号表、状态图表、数据块、系统块、交叉引用和通信共 6 个按钮。单击它们，可以直接打开项目树中对应的对象。

单击项目树中文件夹左边带加减号的小方框，可以打开或关闭该文件夹，也可以双击文件夹打开它。右击项目树中的某个文件夹，可以用快捷菜单中的命令进行打开、插入等操作，允许的操作与具体的文件夹有关。右击文件夹中的某个对象，可以进行打开、复制、粘贴、插入、删除、重命名和设置属性等操作，允许的操作与具体的对象有关。

单击“工具”菜单功能区中的“选项”按钮，再单击打开“选项”对话框中左边的“项目树”。右边的复选项“启用指令树自动折叠”，用于设置在打开项目树中的某个文件夹时是否自动折叠项目树中原来打开的文件夹，如图 2-16 所示。

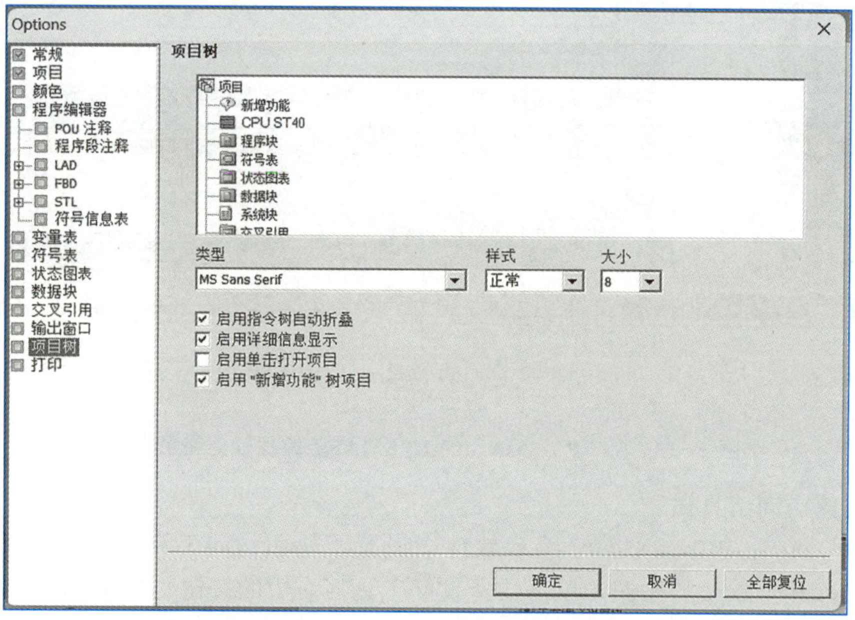

图 2-16　项目树文件夹的自动折叠功能

将光标放到项目右侧的垂直分界线上，光标变为水平方向的双向箭头，按住鼠标左键，移动鼠标，可以拖动垂直分界线，调节项目树的宽度。

（4）状态栏。

状态栏位于编程软件使用界面底部，提供编程软件中执行操作的相关信息。在编辑模式，状态栏显示编辑器的信息，如当前是插入（INS）模式还是覆盖（OVR）模式，可以用计算机的“Insert”键切换这两种模式。此外，状态栏还显示在线状态信息，包括 CPU 的状态、通信连接状态、CPU 的 IP 地址和可能的错误等。状态栏右边的梯形图缩放工具可以用来放大或缩小梯形图程序。

学习 PLC 最有效的手段是动手编程并进行上机调试。许多读者由于缺乏实验条件，无法事先检测编写的程序是否正确，编程能力很难得到迅速提高。PLC 的仿真软件是解决这一问题的理想工具，但到目前为止还没有西门子官方仿真软件。

2－7 STEP 7-Micro/WIN 编程软件

三、STEP 7-Micro/WIN SMART 编程软件的使用

1. 打开和关闭窗口

在桌面上双击编程软件 STEP 7－Micro/WIN SMART 的快捷方式图标，打开编程软件，刚安装好编程软件时，会自动打开合并为两组的 6 个窗口（符号表、状态图表、数据块、变量表、交叉引用和通信），合并的窗口下面是标有窗口名称的窗口选项卡，单击某个窗口选项卡，将会显示该窗口。

单击当前显示的窗口右上角按钮，可以关闭该窗口。双击项目树或导航栏中的某个窗口对象，可以打开对应的窗口。单击“编辑”菜单功能区的“插入”区域的“对象”按钮，再单击出现的下拉式列表中的某个对象，也可以打开该对象。新打开的窗口状态（与其他窗口合并、停靠或浮动）与该窗口上次关闭之前的状态相同。

2. 窗口的浮动与停靠

项目树和上述各窗口均可以浮动或停靠，以及排列在屏幕上。单击单独的窗口或被合并的窗口的标题栏，按住鼠标左键不放，移动鼠标，窗口变为浮动状态，并随光标一起移动。松开鼠标左键，浮动的窗口被放置在当前屏幕上的任意位置，这一操作称为“拖放”。

拖动被合并的窗口任一选项卡，其窗口脱离其他窗口，成为单独的浮动窗口，可以同时让多个窗口在任意位置浮动。

拖动窗口时界面的中间和四周出现定位器符号（8 个带三角形方向符号的矩形），如图 2－17 所示。拖动窗口时，光标放在中间定位器不同的矩形符号上，当该定位器符号变成浅蓝色时，松开鼠标左键，可以将该窗口停靠在定位器所在区域对应的边上。光标放在编程软件使用界面四周某个定位器符号上，当该定位器符号变成浅蓝色时，松开鼠标左键，可以将该窗口停靠在编程软件使用界面对应的边上。一般将项目树之外的其他窗口停靠在程序编辑器的下面。

3. 窗口的合并

拖动浮动的窗口，如果光标进入其他窗口的标题栏，或进入合并的窗口中标有窗口名称的窗口选项卡所在的行，被拖动的窗口将与其他窗口合并，窗口下面出现对应窗口的选项卡，并显示当前被拖动的窗口。

4. 窗口高度的调整

将光标放到两个窗口的水平分界线上，或放在窗口与编辑器的分界线上，光标变为垂直方向的双向箭头，按住鼠标左键，上、下移动鼠标，可以拖动水平分界线，调整窗口的高度。

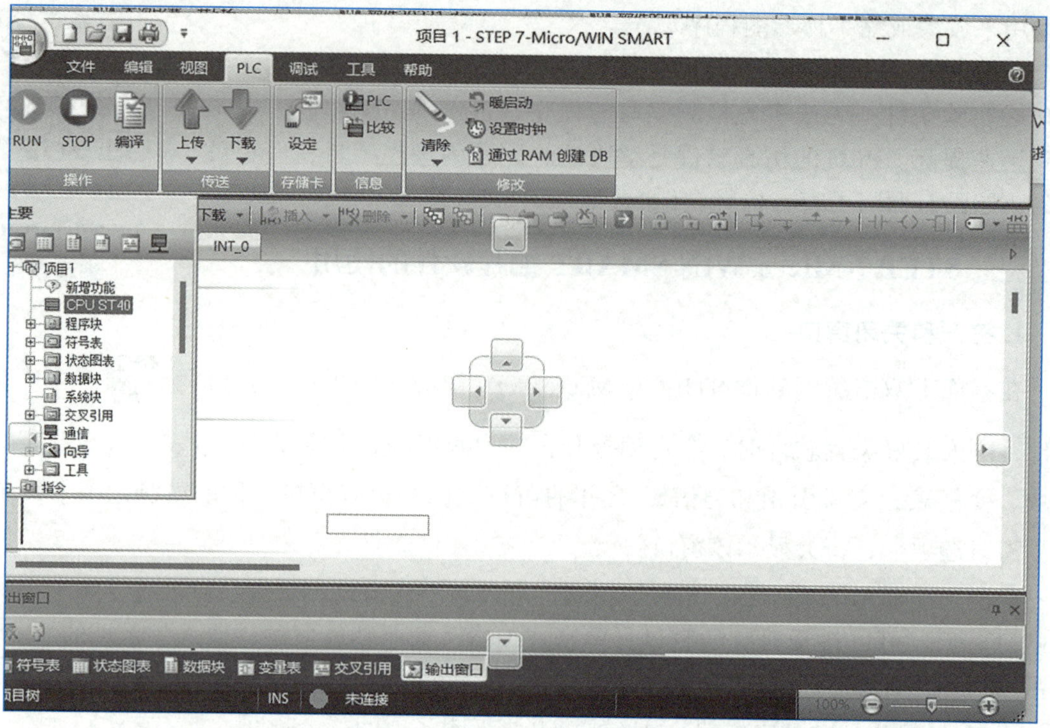

图 2-17　拖动窗口时界面的中间和四周出现定位器符号

5. 窗口的隐藏与停靠

单击某个窗口或几个窗口合并后的窗口右上角的“自动隐藏”按钮（如果找不到，双击该窗口标题栏使其最大化），该窗口或已合并的窗口被隐藏到界面的左下角状态栏的上面。将光标放到被隐藏的窗口的某个图标上，对应的窗口将会自动出现，并停靠在界面的下边沿。此时单击窗口右上角的按钮，窗口将自动停靠到被隐藏之前的位置。

上述操作也可以用于项目树。单击项目树右上角的“自动隐藏”按钮，项目树将自动被隐藏到界面的最左边。将光标放到被隐藏的项目树图标上，项目树将会重新出现。此时单击项目树右上角的按钮，它将自动停靠到界面左边原来的位置，关闭 STEP 7-Micro/WIN SMART 时，界面的布局会被保存，下一次打开软件时继续使用原来的布局。单击“视图”→“组件”→“复位视图”，下次开启软件时可恢复视图的初始布局。

6. 帮助功能的使用

在线帮助：单击项目树中某个文件夹或文件夹中的对象、单击某个窗口、选中工具栏上的某个按钮、单击指令树或程序编辑器中的某条指令，按 F1 键可以打开选中对象的在线帮助。

用“帮助”菜单获得帮助：单击“帮助”菜单功能区中“信息”区域的“帮助”按钮，打开在线帮助窗口。借助目录浏览器可以寻找需要的帮助主题，窗口中的“索引”提供了按字母顺序排列的主题关键字，双击某一关键字，右边窗口将出现它的帮助信息。在窗口的“搜索”选项卡中输入要查找的名词，单击“列出主题”按钮，将列出所有查找到的主题。双击某一主题，右边窗口将显示有关的帮助信息。单击“帮助”菜单功能区的“Web”区域的“支持”按钮，将打开西门子的全球技术支持网站，可以在该网站按产品分类阅读常见问题，下载大量的手册和软件。

任务六　电动机点动运行的 PLC 控制

知识目标

（1）掌握符号表的使用；
（2）掌握用编程软件监控与调试程序；
（3）掌握电动机点动控制原理。

技能目标

（1）能够正确使用符号表；
（2）能够正确使用编程软件进行项目调试。

任务引入

使用 S7-200 SMART PLC 实现三相异步电动机的点动运行控制。

知识储备

一、符号表的使用

1. 打开符号表

单击导航栏最左边的符号表图标，或双击项目树的“符号表”文件夹中的图标，可以打开符号表。新建项目的“符号表”文件夹中，有“表格 1”、“系统符号”、“POU 符号”和“I/O 符号”这 4 个符号表，如图 2-18 所示。可以右击“符号表”文件夹中的对象，用快捷菜单中的命令删除或插入 I/O 符号表和系统符号表。

2. 专用符号表

系统符号表：单击符号表窗口下面的“系统符号”选项卡，可以看到各特殊存储器（SM）的符号、地址和注释（功能），如图 2-19 所示。

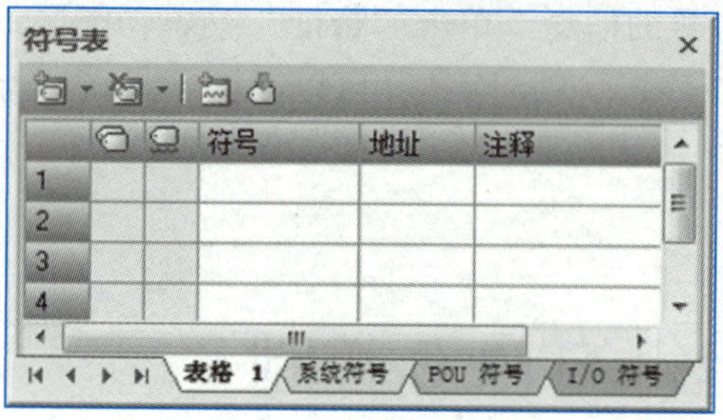

图 2-18 符号表

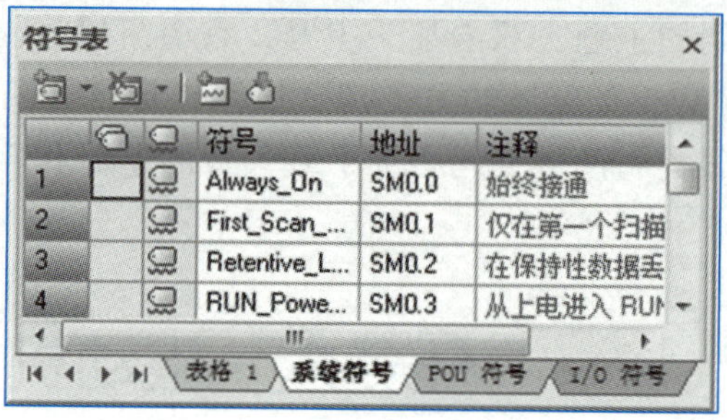

图 2-19 系统符号表

（1）POU 符号表：单击符号表窗口下面的“POU 符号”选项卡，可以看到项目中主程序、子程序、中断程序的默认名称，该表格为只读表格（背景为灰色），不能用它修改 POU 符号，如图 2-20 所示。可右击项目树文件夹中的某个 POU 符号，用快捷菜单中的“重命名”命令修改它的名称；或选中符号表窗口下面的某个符号选项卡，右击并执行“重命名”命令也可修改它的名称。

（2）I/O 符号表：I/O 符号表列出了 CPU 的每个数字量 I/O 点默认的符号。例如，“CPU 输入 _0”对应的是输入 I0.0，如图 2-21 所示。

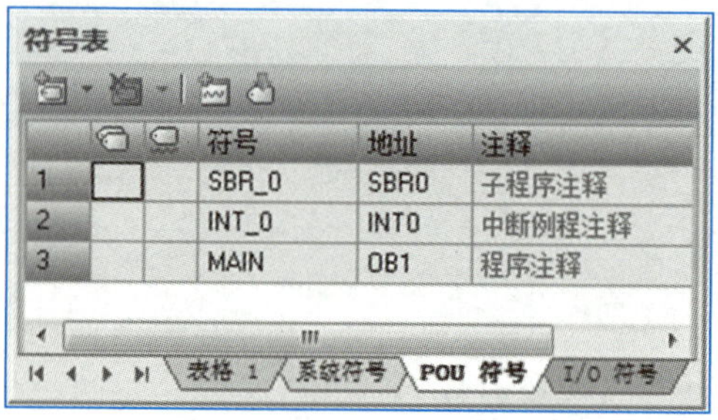

图 2-20 POU 符号表

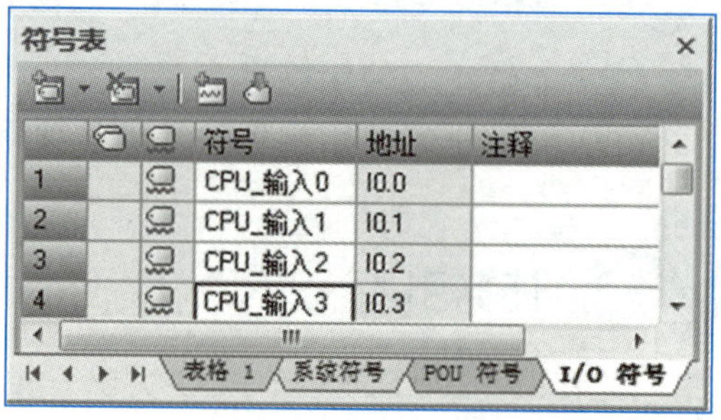

图 2-21 I/O 符号表

3. 生成符号

“表格 1”是自动生成的用户符号表。在“表格 1”的“符号”列中输入符号名，如“起动按钮”；在“地址”列中输入地址或常数；可以在“注释”列中输入最多 79 个字符的注释。符号名最多可以包含 23 个字符，可以使用英文字母、数字字符、下画线及 ASCII128 ～ 255 的扩充字符和汉字。在为符号指定地址或常数之前，用绿色波浪下画线表示该符号为未定义符号。在“地址”列中输入地址或常数后，绿色波浪下画线消失。用图标表示未使用的符号。输入时用红色的文本表示下列语法错误：符号以数字开始、使用关键字作为符号或使用无效的地址。红色波浪下画线表示用法无效，如重复的符号名和重复的地址。

若符号表选项卡中存在“I/O 符号表”选项，则在地址列中输入地址或常数后，符号下方的绿色波浪下画线不会消失，而且在地址或常数下方会出现红色波浪下画线，此时可删除 I/O 符号表。若想再次显示“I/O 符号表”选项卡，则可右击项目树中的“符号表”，执行快捷菜单中的“插入”选项中的“I/O 映射表”命令即可。

注意：如果用户符号表的地址和 I/O 符号表的地址重叠，可以删除 I/O 符号表。

4. 生成用户符号表

可以生成多个用户符号表，但是不同的符号表不能使用相同的符号名或地址。右击项目树中的“符号表”，执行快捷菜单中的“插入”选项中的“符号表”命令，可以生成新的符号表。成功插入新的符号表后，符号表窗口底部会出现一个新的选项卡，可以单击这些选项卡来打开不同的符号表。

5. 表格的通用操作

将光标放在表格的列标题分界处，光标出现在水平方向的双向箭头后，按住鼠标的左键，将列分界线拉至所需的位置，可以调节列的宽度。

右击表格中的某一单元，执行弹出菜单中的“插入”选项中的“行”命令，可以在所选行的上面插入新的行。将光标置于表格最下面的任意单元后，按键盘的“↓”键，在表格的底部将会增添一个新的行。将光标移到某行的“符号”列或“地址”列，按键盘的“Enter”键，在当前选中行的下一行将会增添一个新的行，并且地址会自动加 1，符号名也在当前行的符号名后面自动加 1。

按键盘的“Tab”键，光标将移至表格右边的下一单元格。单击某个表格，按住“Shift”键同时单击另一个单元格，将会同时选中两个所选单元格定义的矩形范围内所有的单元格。

单击最左边的行号，可选中整个行。按住鼠标左键拖动最左边的行号列，可以选中连续的若干行。按键盘的“Delete”键可删除选中的行或单元格，可以用剪贴板复制和粘贴选中的对象。

6. 在程序编辑器和状态图中定义、编辑和选择符号

在程序编辑器和状态图中，右击未连接任务符号的地址，如 I0.2。执行快捷菜单中的“定义符号”命令，可以在打开的对话框中定义符号，单击“确定”按钮并关闭对话框，如图 2-22 所示。被定义的符号将同时出现在程序编辑器或状态图和符号表中。

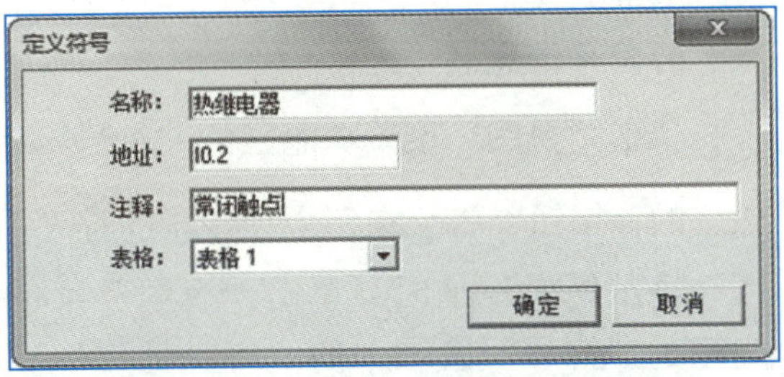

图 2-22　在程序编辑器中定义符号

右击程序编辑器或状态图中的某个符号，执行快捷菜单中的“编辑符号”命令，可以编辑该符号的地址和注释。右击某个未定义的地址，执行快捷菜单中的“选择符号”命令，出现“选择符号”列表，可以为变量选用符号表中可用的符号。

可以在程序指令的参数域输入尚未定义的有效的符号名，这样生成了一组未分配存储区的地址和符号名。单击符号表中的“创建未定义符号表”按钮，将这组符号名传送到新的符号表选项卡，可以在新符号表中为符号定义地址。

7. 符号表的排序

为了方便在符号表中查找符号，可以对符号表中的符号进行排序。单击“符号”和

"地址"的列标题，可以改变排序的方式。比如，单击"符号"列标题，将出现向上的三角形，表中的各行按符号升序排列，即按符号的英文字母或汉语拼音从 A 到 Z 的顺序排列。再次单击"符号"列标题，将出现向下的三角形，表中的各行按符号降序排列，也可以单击"地址"列标题，按地址排序。

8. 切换地址的显示方式

在程序编辑器、状态表、数据块和交叉引用中，可以用下述 3 种方式切换地址的显示方式：

（1）单击"视图"菜单功能区的"符号"区域中的"仅绝对"按钮、"仅符号"按钮、"符号：绝对"按钮，可以分别只显示绝对地址、只显示符号地址、同时显示绝对地址和符号地址。

（2）以符号地址显示方式输入地址时，可以输入符号地址或绝对地址，输入后按设置的显示方式显示地址。

（3）单击工具栏上"切换寻址"左侧的按钮，将在 3 种显示方式之间进行切换，每单击一次该按钮则进行一次切换。单击右侧的按钮，将会列出 3 种显示方式供选择。如果为常量值定义了符号，不能按仅显示常量值的方式显示。

使用"Ctrl + Y"快捷键，也可以在 3 种显示方式之间切换。

如果符号地址过长，并且选择了只显示符号地址或同时显示绝对地址和符号地址，程序编辑器只能显示部分符号名。将光标放到这样的符号上，可以在出现的"符号"框中看到显示的符号全称、绝对地址和符号表中的注释。当然可以通过设置程序编辑器的参数来显示符号的全称（单击"工具"菜单功能区的"设置"区域中的"选项"按钮，打开"选项"对话框。选中"LAD"，可以设置梯形图编辑器中的网络，即矩形光标的宽度、字符的字体、样式和大小等属性）。

在程序编辑器中使用符号时，可以像绝对地址一样，对符号名使用间接寻址的符号"&"和"*"。

9. 符号信息表

单击"视图"菜单功能区的"符号"区域中的"符号信息表"按钮，或单击工具栏上的该按钮，将会在每个程序段的程序下面显示或隐藏符号信息表。

显示绝对地址时，单击"视图"菜单功能区的"符号"区域中的"将符号应用到项目"按钮，或单击符号表中的该按钮；或使用"Shift + F3"快捷键，将符号表中定义的所有符号名称应用到项目，从只显示绝对地址切换到只显示符号地址。

10. 创建项目符号表

按照上述介绍的方法，项目符号表如图 2-23 所示。

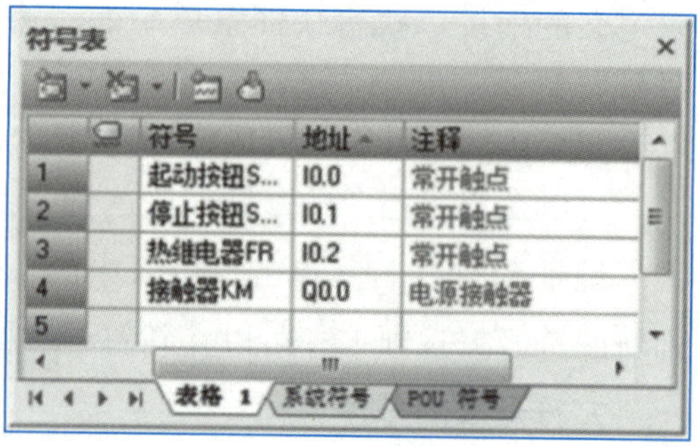

符号表

		符号	地址	注释
1		起动按钮S...	I0.0	常开触点
2		停止按钮S...	I0.1	常开触点
3		热继电器FR	I0.2	常开触点
4		接触器KM	Q0.0	电源接触器
5				

图 2-23　项目符号表

二、用编程软件监控与调试程序

1. 梯形图程序状态监控

将程序下载到 PLC 后，单击工具栏上的按钮，启用程序状态监控。

梯形图中，蓝色表示带电和触点、线圈接通；红色方框表示指令执行出错；灰色表示无能流、指令被跳过、未调用或处于 STOP 模式。用外接的开关模拟按钮信号观察程序状态的变化。执行右击快捷菜单中的“强制”“写入”等命令。

2. 语句表程序状态监控

切换到语句表编辑器后，单击“程序状态”按钮，出现“时间戳不匹配”对话框。操作数 3 的右边是逻辑堆栈中的值，最右边的列是方框指令的使能输出位（ENO）的状态。用外接的开关模拟按钮信号观察程序状态的变化。

单击“工具”菜单功能区的“选项”按钮，选中“选项”对话框左边窗口中“STL”下面的“状态”，可以设置监控语句表程序状态的内容。

3. 趋势视图状态监控

趋势视图用随时间变化的曲线跟踪 PLC 的状态数据。

开启状态图表监控功能后，单击工具栏上的“趋势视图”按钮，切换表格视图与趋势视图，可用右击快捷菜单中的命令，修改趋势视图的时间基准。用工具栏上的“暂停趋势图”按钮，“冻结”或“解冻”趋势视图。

三、写入与强制数值

1. 写入数据

单击工具栏上的“写入”按钮，将状态图表的“新值”列所有的值传送到 PLC，并在“当前值”列显示出来。在程序监控状态下，用右键菜单中的命令改写某个操作数的值。

在 RUN 模式下修改的数值可能很快被程序改写为新的数值，不能用写入功能改写物理输入点（地址 I 或 AI）的状态。

2. 强制的基本概念

可以强制所有的 I/O 点，还可以同时强制最多 16 个 V、M、AI 或 AQ 地址。强制的数据用 EEPROM 永久性地存储。可以通过对输入点的强制来调试程序。

3. 强制的操作方法

将要强制的值 16#1234 键入 VW0 的“新值”列，单击工具栏上的“强制”按钮，VW0 被显式强制、VB0 和 V1.3 被隐式强制、VW1 被部分隐式强制。

取消对单个操作数的强制：选择一个被显式强制的操作数，单击工具栏上的“取消强制”按钮。关闭状态图表监控功能后，单击工具栏上的“读取强制”按钮便可读取全部强制。

4. STOP 模式下强制

单击“调试”菜单中的“STOP 下强制”按钮即可。

四、调试用户程序的其他方法

1. 使用书签

单击工具栏上的相关按钮可生成和删除书签。可以用工具栏上的方向按钮使光标移动到下一个或上一个标有书签的程序段。

2. 单次扫描

在 STOP 模式单击“调试”菜单中的“执行单次”按钮，执行一次扫描后，自动回到 STOP 模式，可以观察首次扫描后的状态。

3. 多次扫描

在 STOP 模式下单击“调试”菜单中的“执行多次”按钮，指定扫描的次数，执行完自动返回 STOP 模式。

4. 交叉引用表

用于检查程序中参数当前的赋值情况，防止重复赋值。编译程序成功后才能查看交叉引用表。

五、使用系统块设置 PLC 的参数

（一）组态 PLC 的参数

1. 系统块概述

系统块用于 CPU、信号板和扩展模块的组态，下载后生效。

2. 设置 PLC 断电后的数据保存方式

选中系统块中的 CPU 模块，选中“保持范围”，设置 V、M、C 和 TONR（有记忆接通延时定时器）的地址偏移量（起始地址）和元素数目。上电时，定时器位和计数器位被清除；断电时，CPU 将设置的保持性存储器的值保存到永久存储器中。

3. 组态系统安全

单击左边窗口的“安全”，默认的是完全权限，没有密码。最低权限禁止读写。如果设置了“不允许上传”，那么有密码也不能上传程序。密码由字母、数字和符号等组成，区分大小写。系统块下载后，密码才起作用。

选中“限制”多选框，禁止通过通信改写 I、Q、AQ、M 存储区和用“偏移量”和“字节数”设置的 V 存储区。

选中“允许”多选框，通过串行端口，无须密码即可更改 CPU 的工作模式和读写实时时钟。

4. 设置起动方式

只能用编程工具栏上的按钮来切换 RUN/STOP 模式。起动模式 LAST 用于程序开发或调试，正式投运后应选 RUN 模式。

5. 删除选中的块

CPU 在 STOP 模式时，单击“PLC”菜单的“清除”按钮，可删除选中的块。如果忘记了密码，需要在 STOP 模式插入专门为此创建的“复位为出厂默认存储卡”。

（二）组态输入输出参数

1. 组态数字量输入的滤波器时间

为了消除触点抖动的影响，应选 12.8ms。

2. 组态脉冲捕捉功能

脉冲捕捉功能锁存输入状态的变化，保存到下一次输入刷新。使用脉冲捕捉功能时，必须同时调节输入滤波时间。

3. 组态数字量输出

选中“将输出冻结在最后一个状态”，从 RUN 模式变为 STOP 模式后，所有数字量输出点将保持 RUN 模式最后的状态。

如果未选“冻结”模式，进入 STOP 模式后各输出点的状态用输出表来设置。

4. 组态模拟量输入

设置模拟量信号的类型和测量范围时，干扰抑制频率一般设为 50Hz。采用平均值滤波，可选“无、弱、中、强”。滤波后的值是预选的采样次数的各次模拟量输入的平均值。

5. 组态模拟量输出

设置模拟量信号的类型和测量范围，使“将输出冻结在最后一个状态”选项的意义与数字量输出的相同。

任务实施

一、控制原理分析

点动控制是指按下起动按钮，电动机就通电运转；松开按钮，电动机就断电停止运转。点动控制常用于机床模具的对模、工件位置的微调、电动葫芦的升降及机床维护调试时对电动机的控制。

三相异步电动机的点动运行控制电路常用按钮和接触器等元件来实现，如图 2-24 所示。

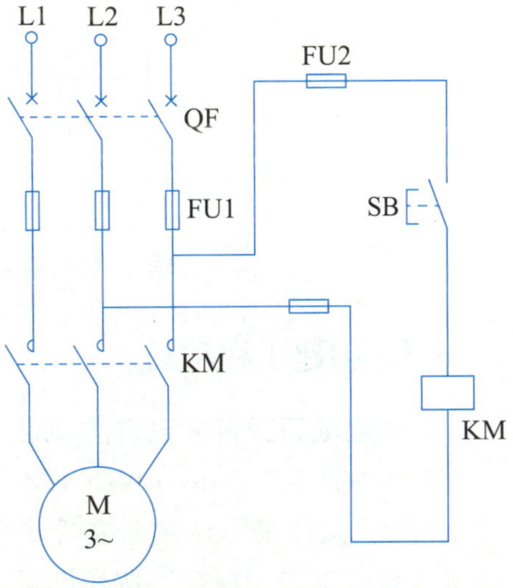

图 2-24　三相异步电动机的点动运行控制电路

起动时，闭合断路器 QF，按下 SB 按钮，交流接触器 KM 线圈得电，其主触点闭合，为电动机引入三相电源，电动机 M 接通电源后实现点动运行；松开 SB 按钮，KM 线圈失电，其主控制电路触点断开，电动机 M 停止运行。

在点动控制电路中，断路器 QF、熔断器 FU1、交流接触器 KM 的主触点及三相交流异步电动机 M 组成主电路部分；熔断器 FU2、起动按钮 SB、交流接触器 KM 等组成控制电路部分。用

PLC 实现的电气控制，主要针对控制电路。

二、I/O 分配

电动机的点动运行控制 I/O 分配如表 2-8 所示。

表 2-8 电动机的点动运行控制 I/O 分配

输入		输出	
输入继电器	元件	输出继电器	元件
I0.0	起动按钮 SB	Q0.0	接触器 KM 线圈

注意：对于 PLC 的输出端子来说，允许额定电压为 220V，故接触器的线圈额定电压应为 220V 及以下。

三、PLC 硬件原理图

电动机的点动运行控制 PLC 硬件原理图如图 2-25 所示。控制对象为 220V 交流接触器线圈，且输入输出点数为 2，因此可以采用 CPU SR40 型（AC/DC/Relay，交流电源 / 直流输入 / 继电器输出），订货号为 6ES7288-1SR20-0AA0，西门子 S7-200 SMART PLC。

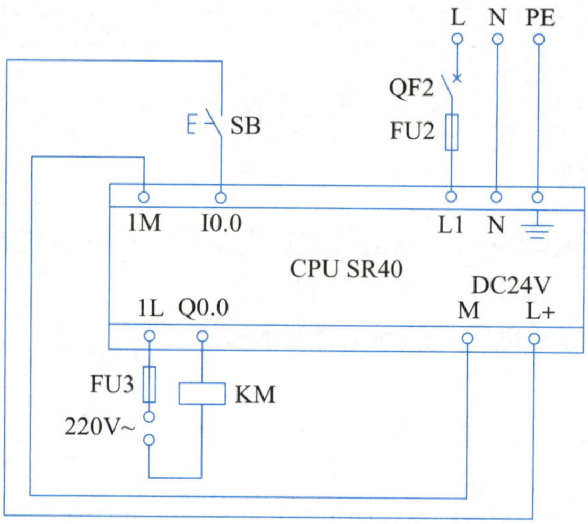

图 2-25 电动机的点动运行控制 PLC 硬件原理图

四、创建工程项目

1. 创建项目或打开已有的项目

双击 STEP 7-Micro/WIN SMART 软件图标，打开软件。单击“文件”菜单选择“保存”。在“文件名”栏对该文件命名为“电动机的点动运行控制”，然后选择文件保存的位置，最后单击“保存”按钮即可。也可以单击“文件”菜单选择“新建”或单击快速访问工具栏的“新建项目”按钮生成一个新项目，然后对其命名和保存，如图 2-26 所示。

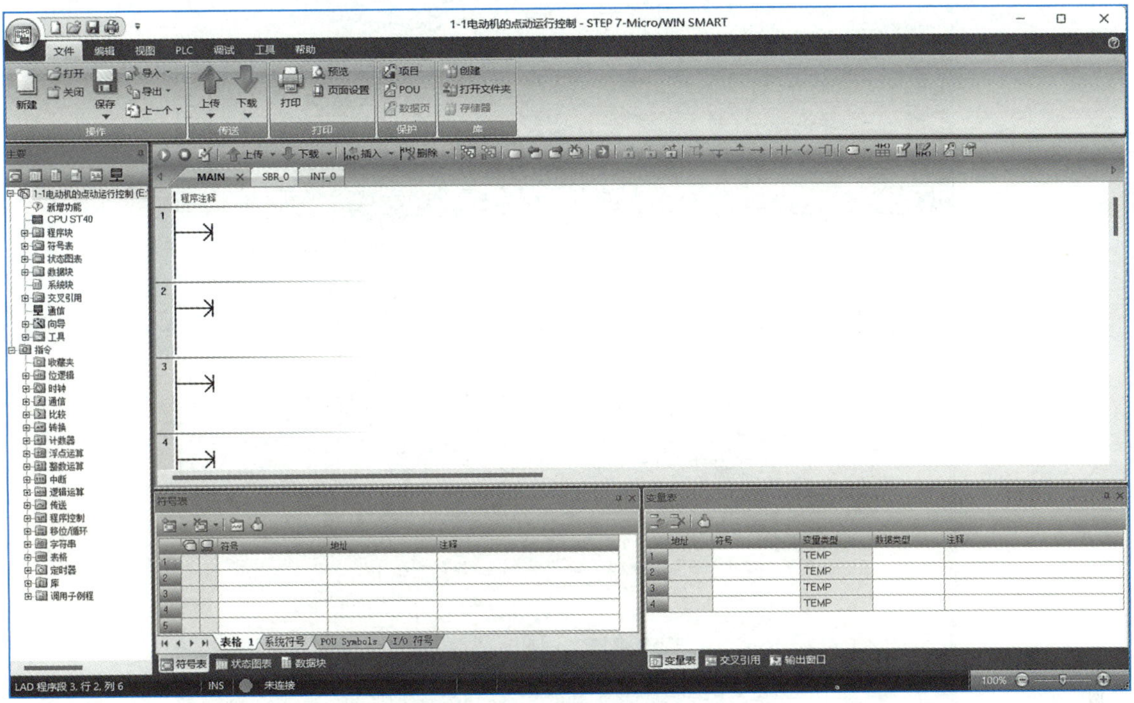

图 2-26　创建一个工程项目的窗口

单击快速访问工具栏上的“打开”按钮可以打开已有的项目（包括 S7-200 PLC 的项目）。

2. 硬件组态

硬件组态的任务就是用系统块生成一个与实际的硬件系统相同的系统，组态的模块和信号板与实际硬件的安装位置和型号完全一致。组态元件时还需要设置各模块和信号板的参数，即给参数赋值。

下载项目时，如果项目中组态的 CPU 型号或固件版本号与实际的 CPU 型号或固件版本号不匹配，STEP 7-Micro/WIN SMART 将发出警告信息。可以继续下载，但是如果连接的 CPU 不支持项目需要的资源和功能，将会出现下载错误。

打开编程软件时，CPU 的默认型号为 CPU ST40，将其按实际的 CPU 型号组态。单击导航栏上的“系统块”按钮，或双击项目树中的系统块图标，或直接双击项目树中 CPU 的型号，打开“系统块”对话框，如图 2-27 所示。

单击 CPU 所在行的“模块”列单元格最右边隐藏的按钮，在出现的下拉式列表中改为实际使用的 CPU。单击信号板 SB 所在行的“模块”列单元格最右边隐藏的按钮，设置信号板的型号。如果没有专用信号板，该行为空白。用同样的方法在 EM0 ～ EMS 所在行设置实际使用的扩展模块的型号。扩展模块在物理空间上必须连续排列，中间不能有空行。

硬件系统组态如图 2-28 所示，硬件组态完成后，需对其进行保存。如果想删除模块信号板，则选中“模块”列的相应单元格，按“Delete”键删除即可。

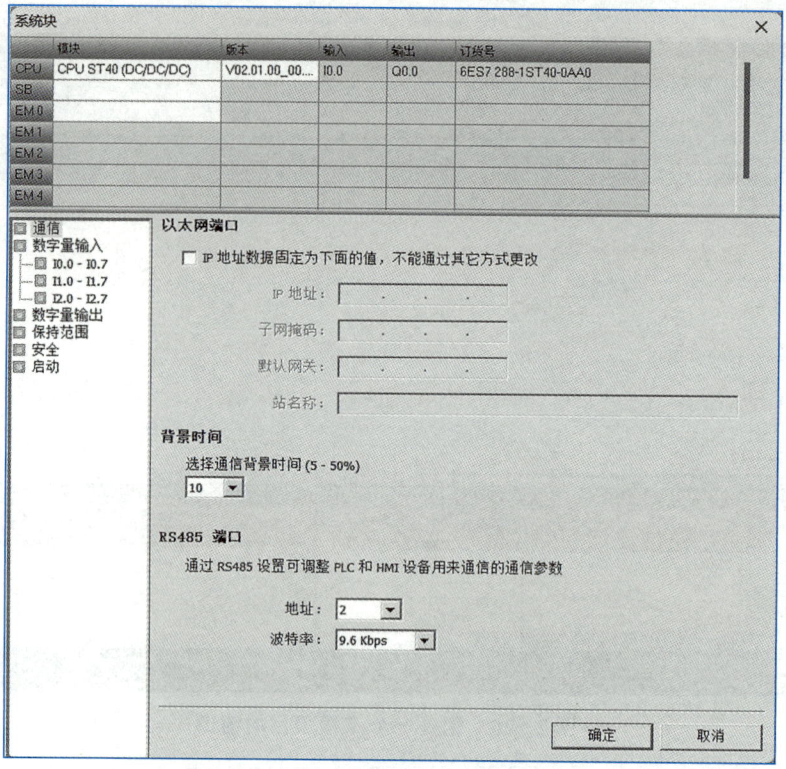

图 2-27 “系统块”对话框

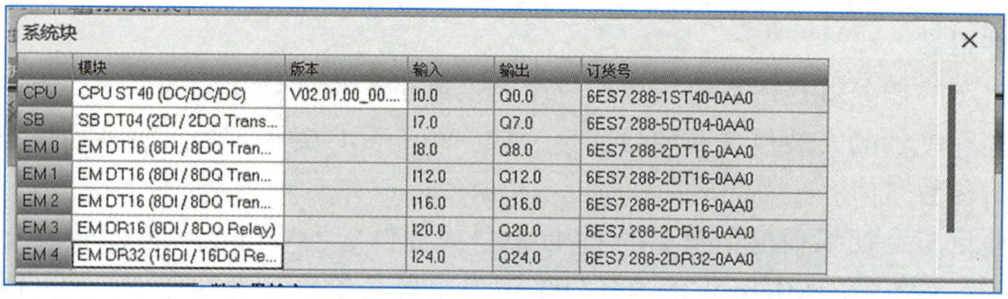

图 2-28 硬件系统组态

硬件组态时给出了 PLC 输入 / 输出点的地址，为设计用户程序打下了基础。S7-200 SMART 的地址分配原则与 S7-200 有所不同。S7-200 SMART 中一定数量的本机 I/O 有固定的地址。同一个扩展模块或信号板安装的位置不同，则其地址也不同，表 2-9 给出了 CPU、信号板和各信号模块的起始 I/O 地址。在用系统块组态硬件时，STEP 7-Micro/WIN SMART 自动分配各模块和信号的地址，各模块的起始地址不需要用户记忆，使用时打开“系统块”窗口后便可知晓。CPU 分配给数字量 I/O 模块的地址以字节为单位，1 字节由 8 点数字量 I/O 组成，某些 CPU 和信号板的数字量 I/O 点如果不是 8 的整倍数，最后 1 字节中未用的位不能分配给 I/O 链中的后续模块。在每次更新输入时，输入模块的输入字节中未用的位被清零。

表 2-9 CPU、信号板和各信号模块的起始 I/O 地址

CPU	信号板	信号模块 0	信号模块 1	信号模块 2	信号模块 3	信号模块 4	信号模块 5
I0.0	I7.0	I8.0	I12.0	I16.0	I20.0	I24.0	I28.0
Q0.0	Q7.0	Q8.0	Q12.0	Q16.0	Q20.0	Q24.0	Q28.0
—	—	AIW16	AIW32	AIW48	AIW64	AIW80	AIW96
—	AQW12	AQW16	AQW32	AQW48	AQW64	AQW80	AQW96

3. 以太网组态

（1）以太网用于 S7-200 SMART 与编程计算机、人机界面和其他 S7 PLC 通信。

（2）MAC 地址是以太网端口设备的物理地址，6 字节用短划线分隔，如 00-05-BA-CE-07-0C。

（3）IP 地址由 4 个字节组成，用小数点分隔。

（4）子网掩码由 4 个字节组成，高位是连续的 1，低位是连续的 0，子网掩码将 IP 地址划分为子网地址和子网内的节点地址。

（5）S7-200 SMART PLC CPU 出厂时默认的 IP 地址为 192.168.2.1，子网掩码为 255.255.255.0。网关是局域网之间的链路器。

（6）用系统块设置 CPU 的 IP 地址。

如果选中多选框“IP 地址数据固定为下面的值，不能通过其他方式更改”，则不能用“通信”对话框和用户程序更改 IP 信息。“背景时间”一般采用默认值，如图 2-29 所示。

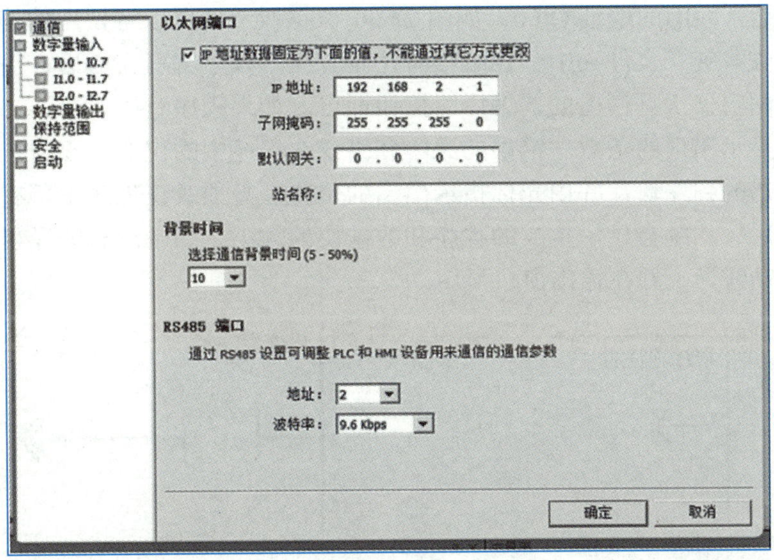

图 2-29 IP 地址设置

同一子网中各设备的 IP 地址中的子网地址和子网掩码应完全相同，各设备的子网内的地址不能重叠。

（7）用通信对话框设置 CPU 的 IP 地址。

用“网络接口卡”列表设置使用的以太网网卡，单击“查找 CPU”按钮，显示网络

上所有可访问设备的 IP 地址。“闪烁指示灯”按钮用来确认已选中的 CPU。

在用户程序中可用指令 SIP_ADDR 设置 CPU 的 IP 信息。

（8）设置计算机网卡的 IP 地址。

Windows 7 操作系统：双击控制面板中的“网络连接”，右击所用网卡的连接图标，执行“属性”命令。选中列表中的“ Internet 协议（TCP/IP)”，单击“属性”按钮，设置计算机的 IP 地址和子网掩码。

Windows 11 操作系统：单击“设置”→“网络和 Internet”→“以太网”按钮，选择“IP 分配”，选择“编辑”列表框中的“Internet 协议版本 4”，单击“属性”按钮，设置计算机的 IP 地址和子网掩码。计算机的 IP 地址与 PLC 地址在同一号段上，但子网内地址不同。

4. 编写程序

生成新项目后，系统自动打开主程序 MAIN（OB1），程序段 1 最左边的箭头处［见图 2-30（a)］有一个矩形光标。单击程序编辑器工具栏上的“触点”按钮，然后单击出现的对话框中的“常开触点”(或打开项目树中指令列表“位逻辑”文件夹后，单击文件夹中的常开触点按钮-| |-)，在矩形光标所在的位置会出现一个常开触点，触点上面红色的问号“ ??.?”表示地址未赋值。将光标移动到触点的右边，如图 2-30（b）所示，单击程序编辑器工具栏上的“线圈”按钮，然后单击出现的对话框中的“输出”(或打开项目树中指令列表“位逻辑”文件夹后，单击文件夹中的输出按钮)，生成一个线圈，如图 2-30（c）所示。选中常开触点，在“ ??.?”处输入常开触点的地址 I0.0，再选中线圈，在“ ??.?”处输入线圈的地址 Q0.0，如图 2-30（d）所示。可以将常用的编程元件拖放到指令列表的“收藏夹”文件夹中，在编程时比较方便。程序编写完成后，需要对其进行编译，单击程序编辑器工具栏上的“编译”按钮即可。如果程序有语法错误，编辑器下面的输出窗口将会显示错误的条数、错误的原因和错误在程序中的位置。双击某一条错误，系统将会打开出错的程序块，并用光标指示出错的位置。必须改正程序中所有的错误才能下载。编译成功后，系统会显示生成的程序和数据块的大小。如果没有编译程序，编程软件将在下载前自动编译，并在输出窗口显示。

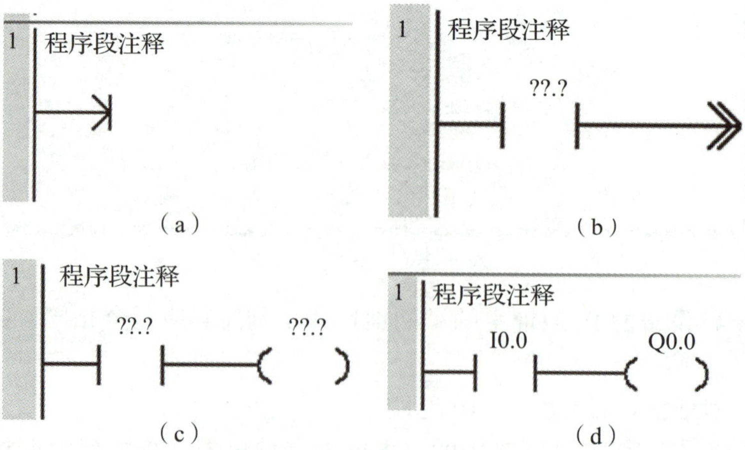

图 2-30　生成的梯形图

5. 下载与调试用户程序

（1）以太网电缆的安装与通信设置。两台设备可以直接连接，多台设备需要使用交换机或路由器连接。

（2）CPU 的 IP 设置。

打开系统块对话框，自动选中模块列表中的 CPU 和对话框左边列表中的“通信”节点，用户可在其右下方设置 CPU 的以太网端口和 RS485 端口参数。

为了使信息能在以太网上准确快捷地传送到目的地，连接以太网的每台设备必须有一个唯一的 IP 地址。

如果选中复选框“ IP 地址数据固定为下面的值，不能通过其他方式更改”，对于输入的静态 IP 信息（CPU 默认 IP 是 192.168.2.1），如图 2-31 所示，只能在“系统块”对话框中更改并下载到 CPU 中。

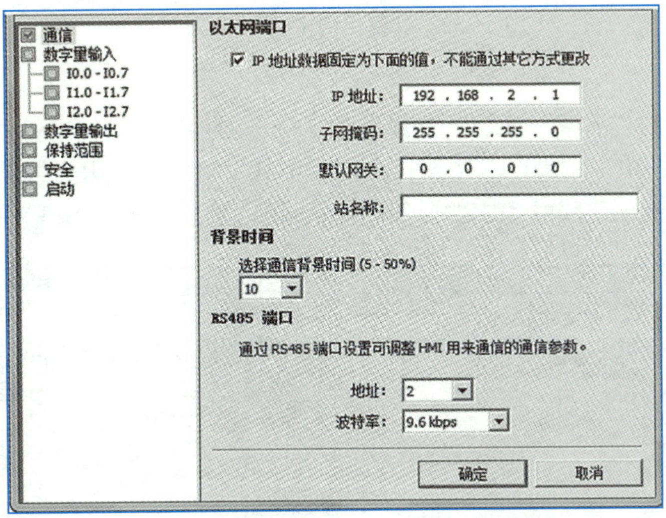

图 2-31　PLC CPU 的 IP 地址设置

如果未选中上述复选框，此时的 IP 地址信息为动态信息，可以在“通信”对话框中更改，或使用用户程序中的 SIP_ADDR 指令更改。静态和动态 IP 信息均存储在永久存储器中。

子网掩码通常为 255.255.255.0，CPU 与编程设备的 IP 地址中的子网掩码应完全相同。同一个子网中各设备的子网内的地址不能重叠。如果在同一个网络中有多台 CPU 保留出厂时默认的 IP 地址，就必须将其他 CPU 默认的地址更改为网络中唯一的 IP 地址，避免与其他网络用户冲突。

网关（或 IP 路由器）是局域网（LAN）之间的链接器。局域网中的计算机可以使用网关向其他网络发送消息。如果数据的目的地不在局域网内，网关会将数据转发给另一个网络或网络组。网关用 IP 地址来传送和接收数据包。网关采用默认设置即可。

计算机网卡的 IP 地址设置如图 2-32 所示。

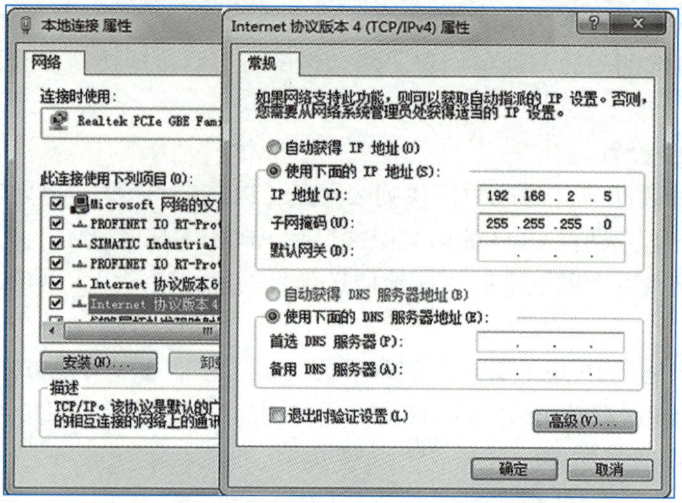

图 2-32　计算机网卡的 IP 地址设置

（3）下载程序。

单击工具栏上的“下载”按钮，如果在弹出的“通信”对话框中找到的 CPU 的 IP 地址正确（见图 2-33），单击“确定”按钮，出现“下载”对话框。用户可以用复选框选择要下载的块，并选中“选项”区的“成功后关闭对话框”，然后单击“下载”按钮开始下载。

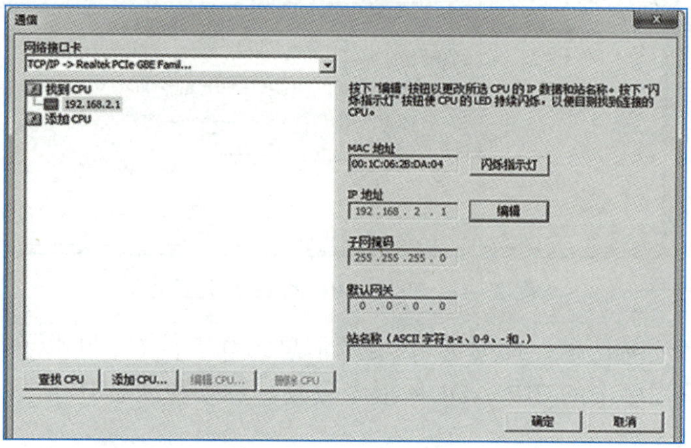

图 2-33　“通信”对话框

6. 运行和调试程序

如图 2-34 所示，接通断路器 QF1，按下“起动”按钮 SB，输入继电器 I0.0 线圈通电，其常开触点接通，线圈 Q0.0 中有信号流流过，输出继电器 Q0.0 线圈通电，其常开触点接通，接触器 KM 线圈通电，其常开主触点接通，电动机起动并运行。松开按钮 SB，输入继电器 I0.0 线圈断电，其常开触点复位断开，线圈 Q0.0 中没有信号流流过，输出继电器 Q0.0 线圈失电，其常开触点复位断开，接触器 KM 线圈断电，其常开主触点复位断开，电动机停止运行。

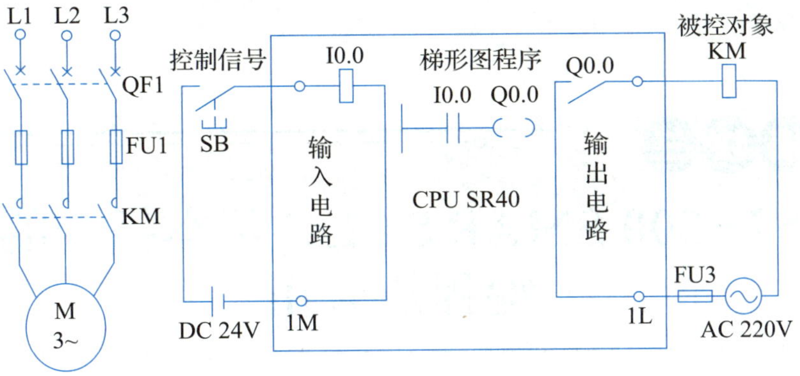

图 2-34 控制过程分析

习 题

1. 美国数字设备公司于________年研制出世界上第一台 PLC。
2. PLC 主要由________、________、________和________等组成。
3. PLC 是通过周期扫描工作方式来完成控制的，每个周期包括________、________和________。
4. 输出指令（对应于梯形图中的线圈）不能用于过程映像________寄存器。
5. 特殊存储器位 SM________在首次扫描时为 ON，SM0.0 一直为________。
6. I2.3 是输入字节________的第________位。
7. MW0 是由________、________两个字节组成。其中________是 MW0 的高字节，________是 MW0 的低字节。
8. VD100 是由________、________、________、________四个字节组成。
9. WORD（字）是 16 位________符号数，INT（整数）是 16 位________符号数。
10. PLC 内部的“软继电器”能提供多少个触点供编程使用？
11. PLC 按输出类型可分为几种？各有什么特点？
12. PLC 按输入类型可分为几种？
13. S7-200 SMART PLC 的类型有哪几种？各有什么特点？
14. 型号为 CPU 40T 的可编程控制器有什么特点？可以驱动什么类型的负载？

模块三

S7-200 SMART PLC 基本指令的编程及应用

学习重点

学习 S7-200 SMART PLC 的数据类型、编程规则和基本逻辑控制指令，应用基本逻辑控制指令编写工程典型案例。

素质目标

培养良好的电气工程师职业道德；培养精益求精的工匠精神和认真严谨的学习态度；具备科学思维和技术创新意识。

任务一　编程基础知识

知识目标

（1）了解可编程控制器的编程语言；

（2）掌握可编程控制器梯形图的编写规则；

（3）掌握位逻辑指令。

技能目标

能够编写符合格式要求的梯形图。

知识储备

一、PLC 编程语言

国际电工委员会（IEC）于 1993 年规定了 5 种编程语言。这五种语言是梯形图（LAD）、指令表（IL）、结构化文本（ST）、功能块图（FBD）和顺序功能图（SFC）。由于不是强制性标准，因此不是所有公司的 PLC 都支持这些语言，常用的是梯形图和顺序功能图。

S7-200 系列 PLC 的 SIMATIC 指令系统可以分为基本指令和功能指令两类。其中，基本指令包括逻辑指令、算术与逻辑运算指令、数据处理指令、程序控制指令等，能够满足一般应用程序的设计要求；而功能指令包括表指令、转换指令、中断指令、高速计数器与脉冲输出指令、PID 指令等，实质上就是一些功能不同的子程序。合理、正确地应用功能指令，对于优化系统结构、提高应用系统的功能、简化一些复杂问题的处理有重要的作用。

S7-200 系列 PLC 的 SIMATIC 指令系统常用编程语言有梯形图（LAD）、语句表（STL）和功能块图（FBD）三种，无论哪一种指令形式，都由某种图形符号或操作码以及操作数组成。

1. 梯形图（LAD）程序指令

梯形图编程语言是在继电器控制系统原理图基础上演变而来的。PLC 的梯形图与继电器控制系统的梯形图的基本思想是一致的，只是在使用符号和表达方式上有一定区别。在梯形图中，没有真实的电流流动，为了便于分析 PLC 的周期扫描原理以及控制信息在存储空间的情况，假设在梯形图中有“电流”（能流）流动。能流在梯形图中只能是单方向流动，并且按先上后下的顺序从左向右流动。在梯形图中，最左边的竖线称为起始母线，若与母线相连的触点闭合，可以使能流流过该器件到下一个器件，若触点断开，将阻止能流通过。

LAD 指令有三种基本形式：触点、线圈、指令盒。触点有常开、常闭等类型，用于代表输入控制信息，当一个常开触点闭合时，能流可从此触点流过。线圈代表输出，当线圈有能流流过时，输出便被接通，线圈通过输出接口电路来控制外部的指示灯、接触器等，在用户程序中，每个线圈只能使用一次。指令盒代表一些较复杂的功能，当“能流”通过指令盒时，执行指令盒所代表的功能，如定时器、计数器或数学运算指令等。

画梯形图的要求如下：

（1）程序按自上而下、从左往右的顺序编写。

（2）分段结构。梯形图按逻辑关系可分为梯级和网络段，网络段简称段。程序执行时按段扫描，倾斜的段结构有利于对程序的理解和调试。一个网络不能同时包含两个或两个以上的段，在图 3-1（a）中，两条指令放在了一个网络段，不正确，会出现重复编译错误，如图 3-1（b）所示，将其改为如图 3-1（c）或图 3-1（d）所示的形式。

3-1　编程语言的种类及梯形图编写规则

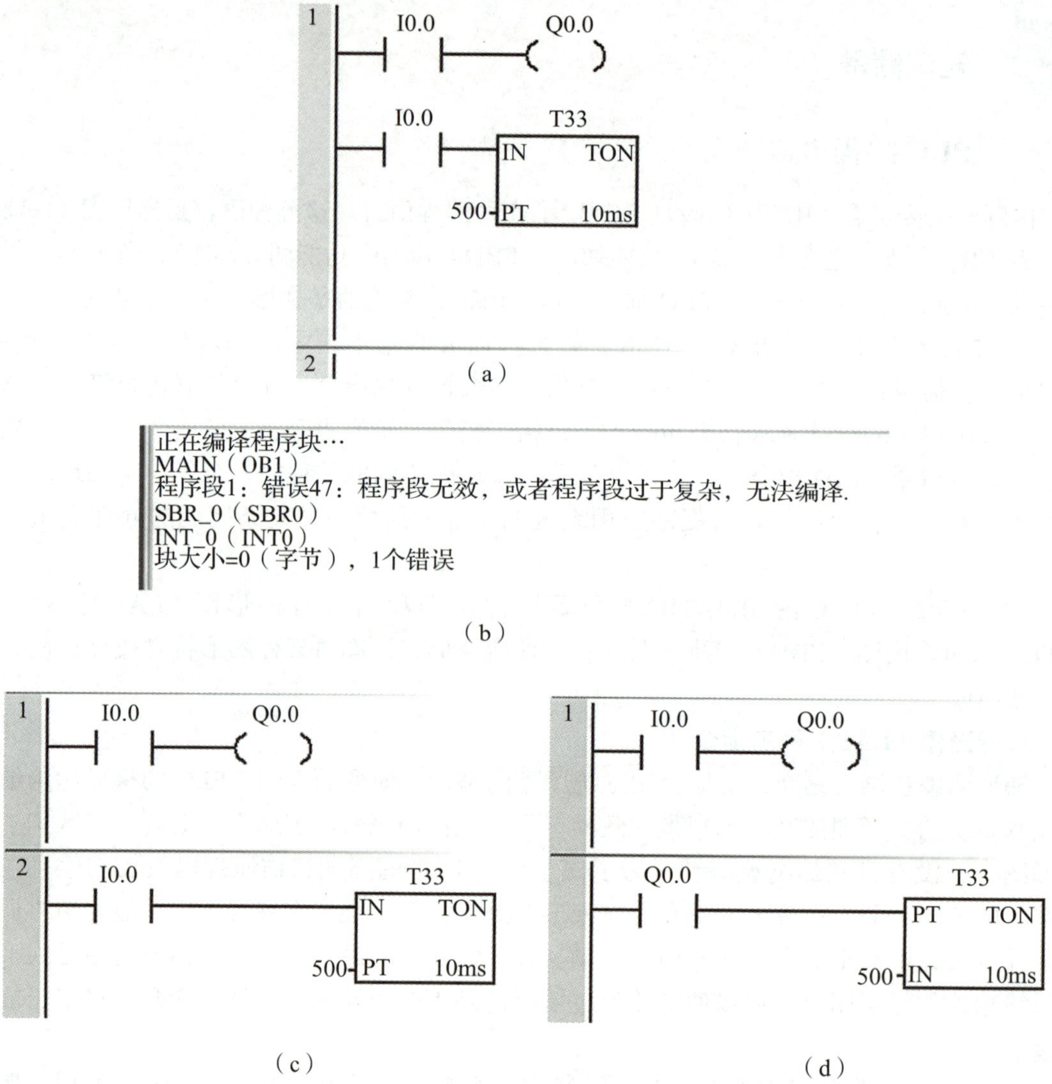

图 3-1　网络分段结构

（3）在梯形图中线圈只能使用一次，即同名线圈不能重复输出。图 3-2（a）所示为同名双线圈输出梯形图（同名线图重复输出），在编程语法上，该梯形图并不违反规定，但在实际执行中，其结果有时会和编程者的要求有所不同。编程者希望当触点 I0.0、I0.1 闭合，或触点 I0.2、I0.3 闭合时，线圈 Q0.0 均会得电。但在实际执行中，当触点 I0.0、I0.1 闭合，而触点 I0.2、I0.3 断开时，线圈 Q0.0 并不得电。这是因为 PLC 采用循环扫描的处理方式。在输入采样后，中央处理器对梯形图自上而下进行运算。在运算第一条电路时，线圈 Q0.0 得电，运算到第二条电路时，线圈 Q0.0 失电。在 I/O 刷新时，以最后的运算结果为标准，进行输出。为了达到标准的控制要求，可将其改造成如图 3-2（b）所示的梯形图。

（4）线圈不能直接与左母线相连。如果需要，可以通过特殊内部标志位存储器 SM0.0（该位始终为 1）来连接，如图 3-3（b）所示。

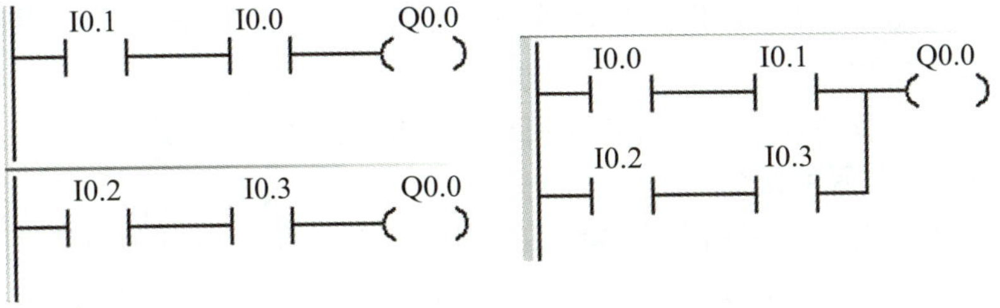

（a）同名线圈重复输出　　（b）改造后的梯形图

图 3-2　避免同名线圈重复输出

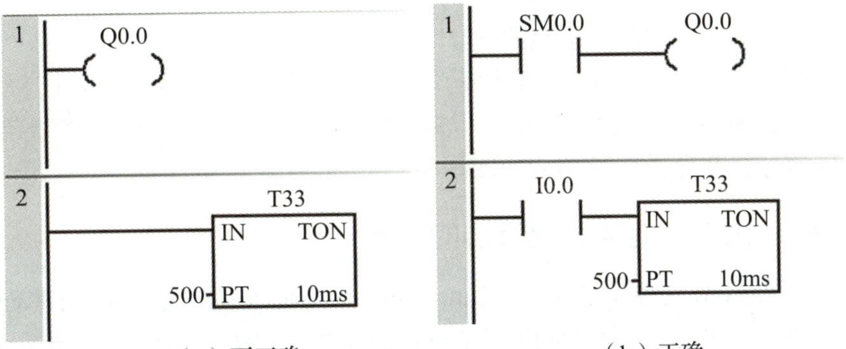

（a）不正确　　（b）正确

图 3-3　先触点后线圈 / 指令盒

（5）适当安排编程顺序，以减少程序的步数。串联多的支路应尽量放在上面，并联多的支路应靠近左母线。将如图 3-4（a）所示的梯形图中串联多的支路放在上面，串联少的支路放在下面，可画成如图 3-4（b）所示的梯形图。改变后，梯形图功能不变，但是节省了 1 个字节空间，使程序更合理。同样，可将图 3-4（c）中并联多的支路靠近左母线，改变后的梯形图如图 3-4（d）所示，功能不变，节省了存储器的空间。

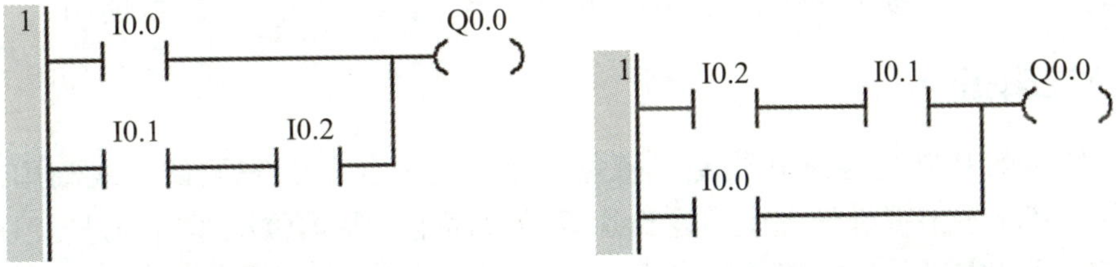

（a）原梯形图1　　（b）改变后的梯形图1

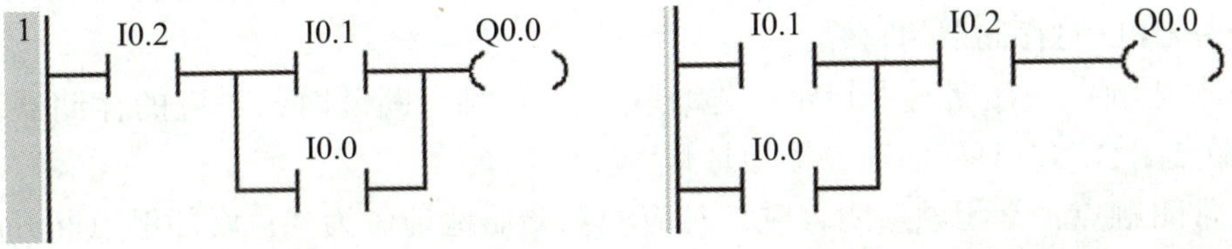

（c）原梯形图2　　（d）改变后的梯形图2

图 3-4　合理安排梯形图结构

（6）对复杂的电路，用 ALD、OLD 等指令难以编程，可重复使用一些触点画出等效电路，然后再进行编程。

（7）梯形图必须按照计算机执行程序时的顺序依次画出。

2. 语句表（STL）程序指令

语句表程序指令由操作码和操作数组成，类似于计算机中的助记符语言，它是可编程控制器最基础的编程语言。所谓语句表编程，是用一个或几个容易记忆的字符来代替可编程控制器的某种操作功能。STL 具有容易记忆、便于掌握的特点。

3. 功能块图（FBD）程序指令

功能块图程序指令可以查看像普通逻辑图形的逻辑盒指令。这些指令是作为盒指令出现的，程序逻辑由盒指令之间的连接决定。

功能块图程序指令由功能框元素表示。它没有梯形图编程器中的触点和线圈，但有与其等价的指令，如与 / 或（AND/OR）功能块图程序指令如同梯形图程序指令中的触点，用于操作布尔信号；其他类型的功能块图与梯形图程序指令中的功能框类似。

二、PLC 软元件的地址分配及功能概要

PLC 内部有大量由软件组成的软元件，这些软元件要按一定的规则进行地址编号。在描述 PLC 的软元件时，经常用到以下术语：位（Bit）、数字（Digit）、字节（Byte）、字（Word）。

（1）位：二进制位，由 1、0 组成，分别对应继电器线圈得电（ON）或失电（OFF）以及继电器触点的通（ON）或断（OFF）。

（2）数字：4 位二进制数构成一个数字，这个数字可以是 0 ～ 9（BCD 码，用于十进制数的表示），也可以是 0 ～ F（用 4 位二进制表示 1 个十六进制的数）。

（3）字节：2 个数字或 8 位二进制数构成 1 个字节。

（4）字：2 个字节构成一个字，含有 16 位，或者说含有 16 个继电器。

存储器是字元件，按字使用，每个字 16 位。继电器是位元件，按位使用。

三、位逻辑指令

位逻辑指令的基础是触点和线圈。触点用于二进制位的状态测试，线圈用来改变二进制的状态，其状态根据梯形图中的逻辑运算结果而定。基本位操作指令是 CPU 对输入 / 输出映像寄存器状态进行读写操作的指令，能够实现基本的位逻辑运算和控制。其中，触点指令代表 CPU 对存储器的读操作，在用户程序中触点可以反复使用，次数不受限制，线圈指令是 CPU 对存储器的写操作。

（1）常开触点：存储器中指定的地址位。常开触点断开时，对应的存储器地址位为 0；常开触点闭合时，对应的存储器地址位为 1。

（2）常闭触点：常闭触点闭合时，对应的存储器地址位为 0；常闭触点断开时，对应的存储器地址位为 1。

触点和线圈对应的梯形图如表 3-1 所示。

表 3-1　触点和线圈对应的梯形图

符号	名称	梯形图
1	常开触点	
2	常闭触点	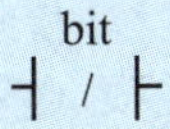
3	线圈	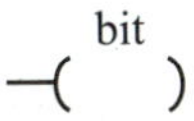

S7-200 SMART PLC 基本逻辑指令如表 3-2 所示。

表 3-2　S7-200 SMART PLC 基本逻辑指令

助记符	名称	功能	梯形图	操作数
LD	读	左母线与常开触点连接	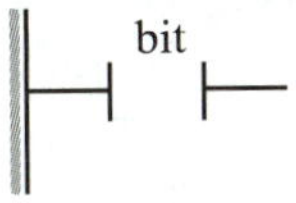	I、Q、M、SM、V、T、C、L
LDN	读非	左母线与常闭触点连接	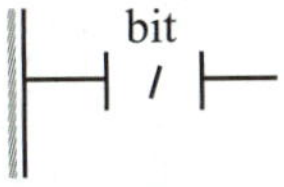	
OUT	输出	将逻辑运算结果输出，驱动线圈	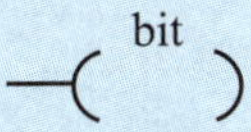	I、Q、M、SM、V、T、C、L
A	与	常开触点串联连接	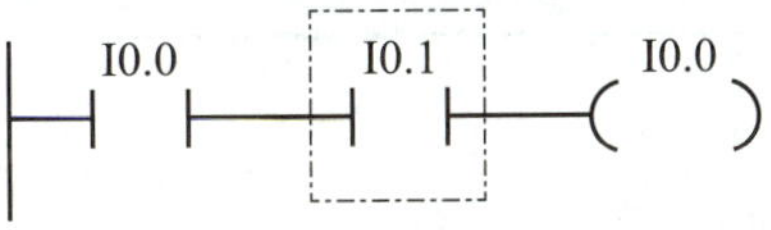	I、Q、M、SM、V、T、C、L
AN	与非	常闭触点串联连接	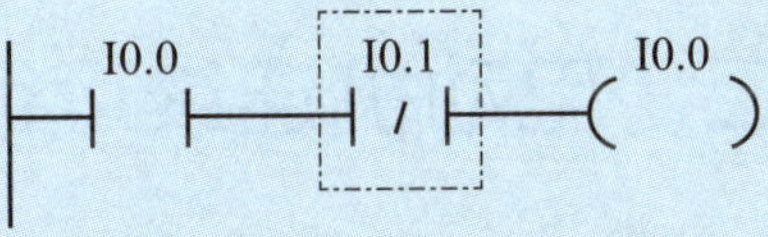	I、Q、M、SM、V、T、C、L
O	或	常开触点并联连接	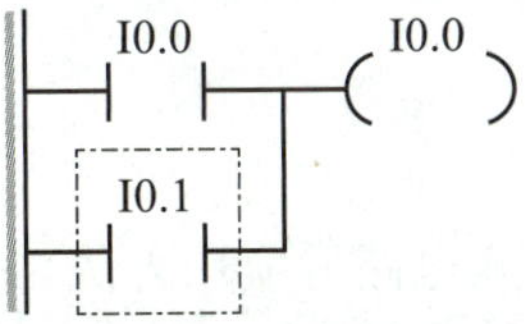	I、Q、M、SM、V、T、C、L
ON	或非	常闭触点并联连接	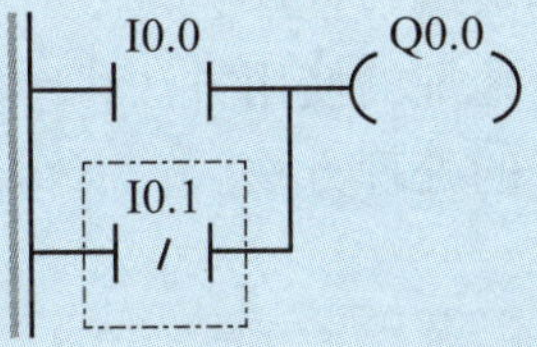	I、Q、M、SM、V、T、C、L

续表

助记符	名称	功能	梯形图	操作数
NOT	取反	逻辑取反		
EU	正跳变指令	检测到上升沿使触点闭合一个周期	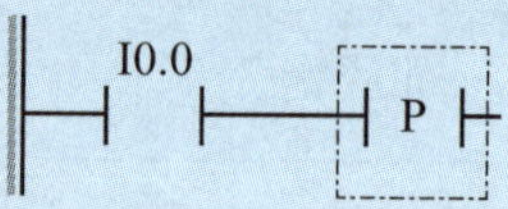	
ED	负跳变指令	检测到下降沿使触点闭合一个周期	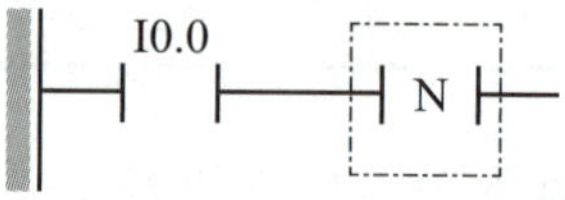	
NOP	空操作	空操作指令	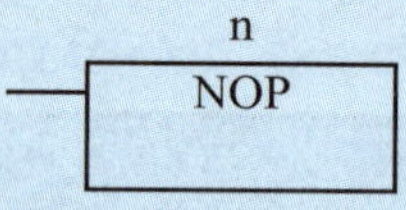	
ALD	电路块的串联	并联电路块的串联	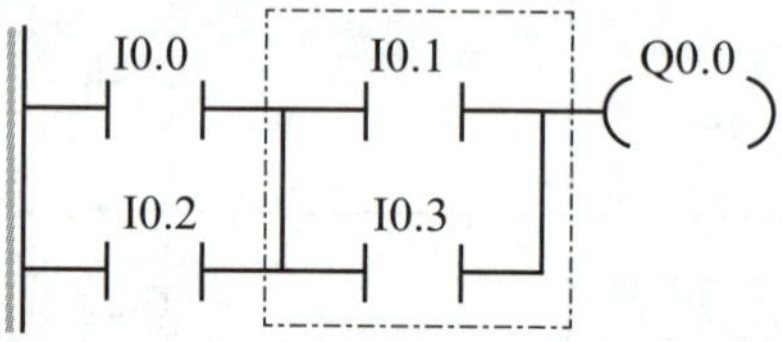	
OLD	电路块的并联	串联电路块的并联	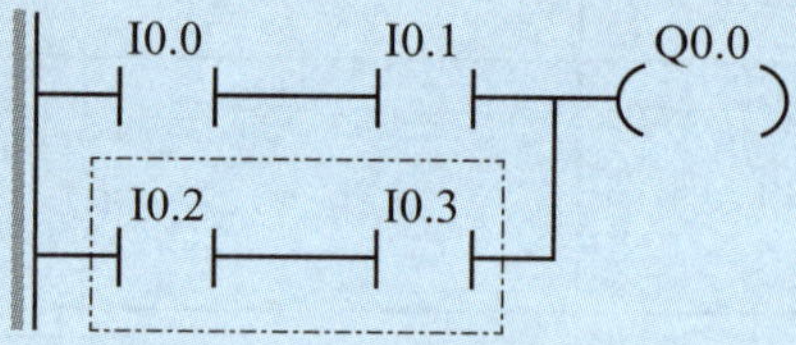	

任务二　电动机连续运行的 PLC 控制

知识目标

（1）掌握串联电路和并联电路的应用方法；

（2）掌握使用起保停方法编写程序；

（3）掌握符号表与符号地址的使用方法；

（4）掌握常闭触点信号的处理方法。

技能目标

（1）能够熟练掌握触点和输出指令；

（2）能够正确编写起保停程序。

任务引入

用 PLC 实现三相异步电动机的连续运行控制，即按下起动按钮，电动机起动并单向运转，按下停止按钮，电动机停止运转。该电路必须具有必要的短路保护、过载保护等功能。

知识储备

一、触点指令

1. LD 指令

LD（Load）指令称为初始装载指令，其梯形图如图 3-5（a）所示，由常开触点和位地址构成。语句表如图 3-5（b）所示，由操作码 LD 和常开触点的位地址构成。

LD 指令功能：常开触点在其线圈没有能流流过时是常开的（触点的状态为 OFF 或 0）；而线圈有能流流过时，触点是闭合的（触点的状态为 ON 或 1）。

2. LDN 指令

LDN（Load Not）指令称为初始装载非指令，其梯形图如图 3-6（a）所示，由常闭触点和位地址构成。语句表如图 3-6（b）所示，由操作码 LDN 和位地址构成。

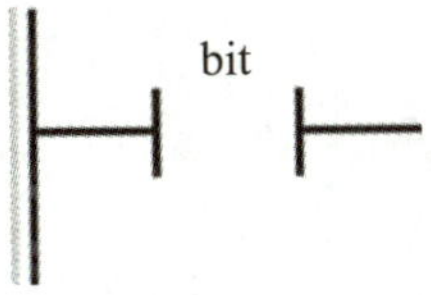

（a）梯形图

LD 位地址

（b）语句表

图 3-5 LD 指令

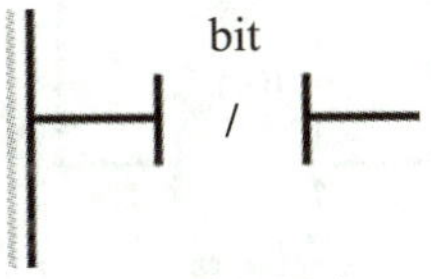

（a）梯形图

LDN 位地址

（b）语句表

图 3-6 LDN 指令

LDN 指令功能：常闭触点在其线圈没有能流流过时是闭合的；而线圈有能流流过时，触点是断开的。

3. A 指令

A（And）指令又称为“与”指令，其梯形图如图 3-7（a）所示，由串联常开触点和位地址组成。语句表如图 3-7（b）所示，由操作码 A 和位地址构成。

当 I0.0 和 I0.1 常开触点都接通时，线圈 Q0.0 才有信号流流过；当 I0.0 或 I0.1 常开触点有一个不接通或都不接通时，线圈 Q0.0 就没有信号流流过，即线圈 Q0.0 是否有信号流流过取决于 I0.0 和 I0.1 的触点状态“与”关系的结果。

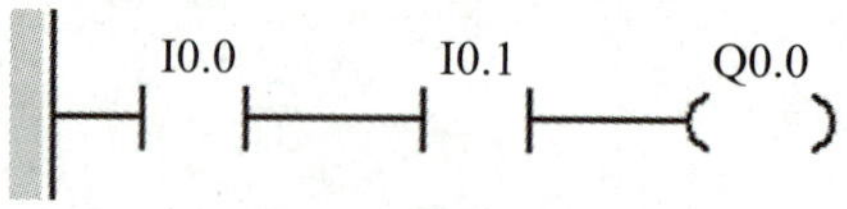

（a）梯形图

```
LD   I0.0
A    I0.1
=    Q0.0
```

（b）语句表

图 3-7　A 指令

4. AN 指令

AN（And Not）指令又称为“与非”指令，其梯形图如图 3-8（a）所示，由串联常闭触点和位地址组成。语句表如图 3-8（b）所示，由操作码 AN 和位地址构成。AN 指令和 A 指令的区别为串联的是常闭触点。

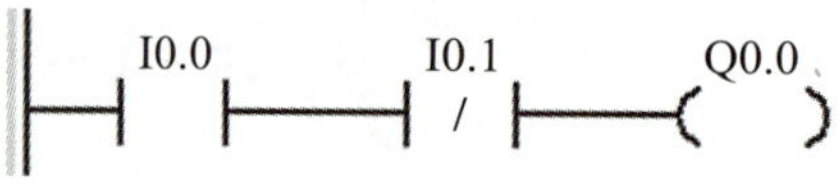

（a）梯形图

```
LD   I0.0
AN   I0.1
=    Q0.0
```

（b）语句表

图 3-8　AN 指令

5. O 指令

O（OR）指令又称为“或”指令，其梯形图如图 3-9（a）所示，由并联常开触点和位地址组成。语句表如图 3-9（b）所示。当 I0.0 和 I0.1 常开触点有一个接通或都接通时，线圈 Q0.0 就有信号流流过；当 I0.0 和 I0.1 常开触点都未接通时，线圈 Q0.0 则没有信号流流过，即线圈 Q0.0 是否有信号流流过取决于 I0.0 和 I0.1 触点状态“或”关系的结果。

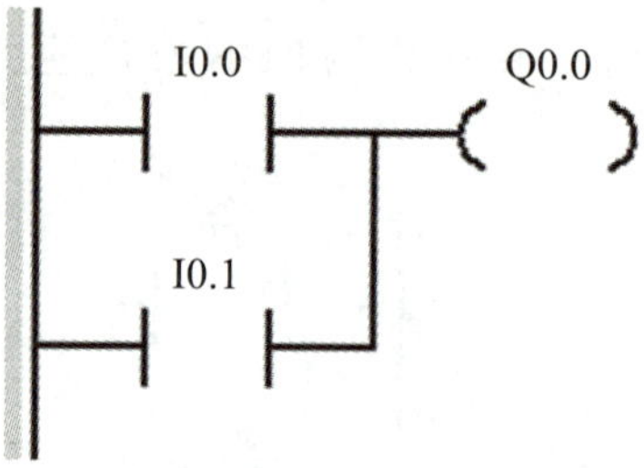

（a）梯形图

```
LD   I0.0
O    I0.1
=    Q0.0
```

（b）语句表

图 3-9　O 指令

6. ON 指令

ON（OR Not）指令又称为“或非”指令，其梯形图如图 3-10（a）所示，由并联常闭触点和其位地址组成。语句表如图 3-10（b）所示，由操作码 ON 和位地址组成。ON 指令和 O 指令的区别是并联的是常闭触点。

7. NOT 指令

NOT 指令又称为“取非”指令，是指对存储器位取非操作，用来改变能流的状态。梯形图指令用触点形式表示，触点左侧为 1 时，右侧为 0，能流不能到达右侧，输出无效。反之，触点左侧为 0 时，右侧为 1，能流可以通过触点向右传送。

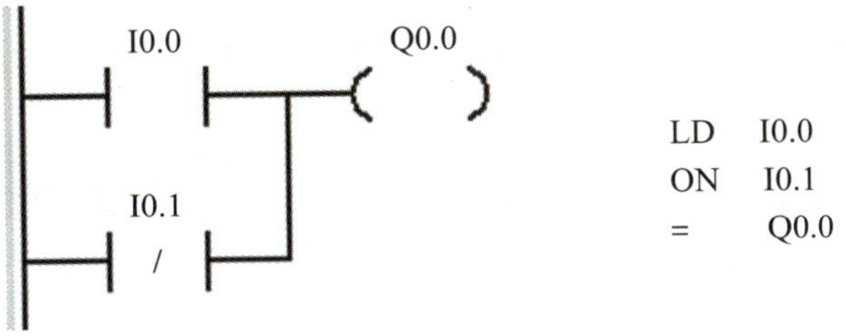

（a）梯形图　　（b）语句表

图 3-10　ON 指令

8. NOP 指令

“空操作”指令（NOP）起增加程序容量的作用。使能输入有效时，执行空操作指令，将稍微延长扫描周期长度，不影响用户程序的指令，不会使能流输出断开。

二、输出指令

输出指令（=）对应于梯形图中的线圈，梯形图由线圈和位地址构成，线圈驱动指令的语句由操作码、线圈和位地址构成。

当执行输出指令时，新值被写入存储器的指定地址位，在每次扫描周期的最后，CPU 才以批处理的方式将输出映像寄存器中的内容传送到输出点，使输出线圈接通。操作数 bit：I、Q、M、SM、T、C、V、S、L。

【例 3-1】装入常开、常闭触点和线圈指令编程应用（见图 3-11）。

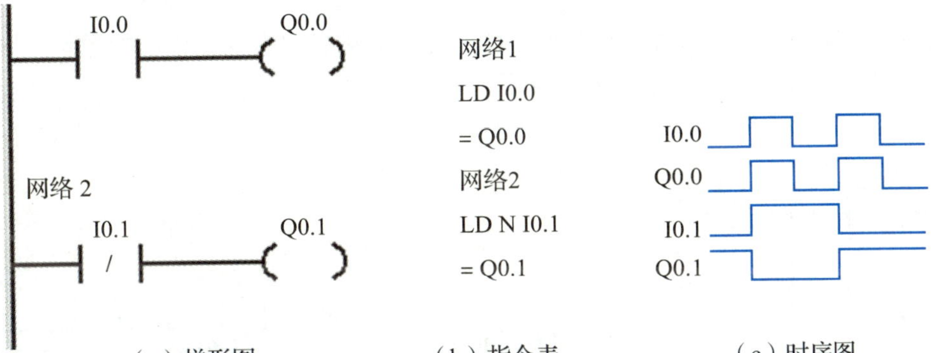

（a）梯形图　　（b）指令表　　（c）时序图

图 3-11　触点和线圈指令编程举例

程序说明：

（1）当 I0.0 闭合时，输出线圈 Q0.0 接通。

（2）当 I0.1 断开时，输出线圈 Q0.1 接通。

（3）同一编号的线圈在一个程序中使用两次或两次以上的情况叫作线圈重复输出，同名线圈在程序中只能使用一次。

（4）梯形图的每一网络块均从左母线开始，接着是各种触点的逻辑连接，最后以线圈或指令盒结束。不能将触点置于线圈的右边。

（5）线圈和指令盒不能和左母线直接相连，如有需要，应加上特殊存储器位 SM0.0。

【例 3-2】触点串联连接指令编程应用（见图 3-12）。

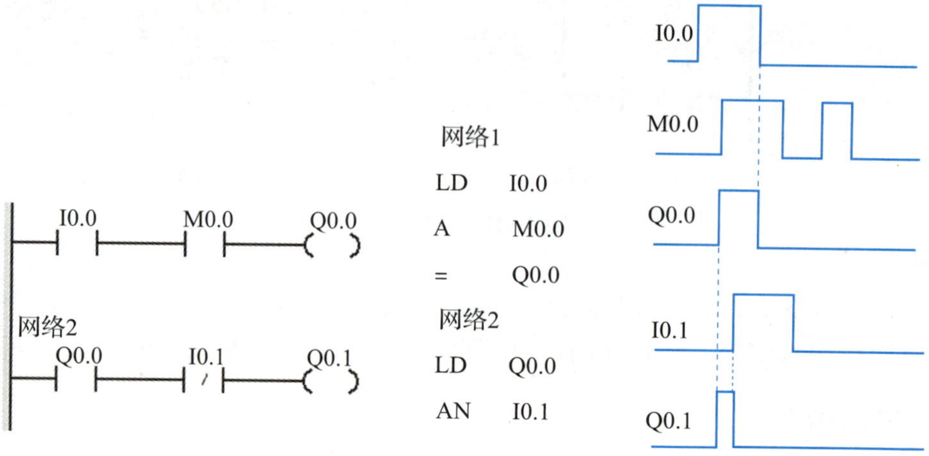

（a）梯形图　（b）指令表　（c）时序图

图 3-12　触点串联连接指令编程应用

程序说明：

（1）I0.0 与 M0.0 执行逻辑与运算，当 I0.0 与 M0.0 均接通时，线圈 Q0.0 得电。

（2）Q0.0 与 I0.1 执行逻辑与运算，当 Q0.0 接通且 I0.1 断开时，线圈 Q0.1 得电。这里 I0.1 指的是 I0.1 继电器，继电器断开，则其常闭触点接通。除特殊说明，触点的状态都是指其继电器线圈的状态。

（3）A、AN 用于一个触点（常开或常闭）与之前触点的串联，串联的数量不限制。

【例 3-3】触点并联连接指令编程应用（见图 3-13）。

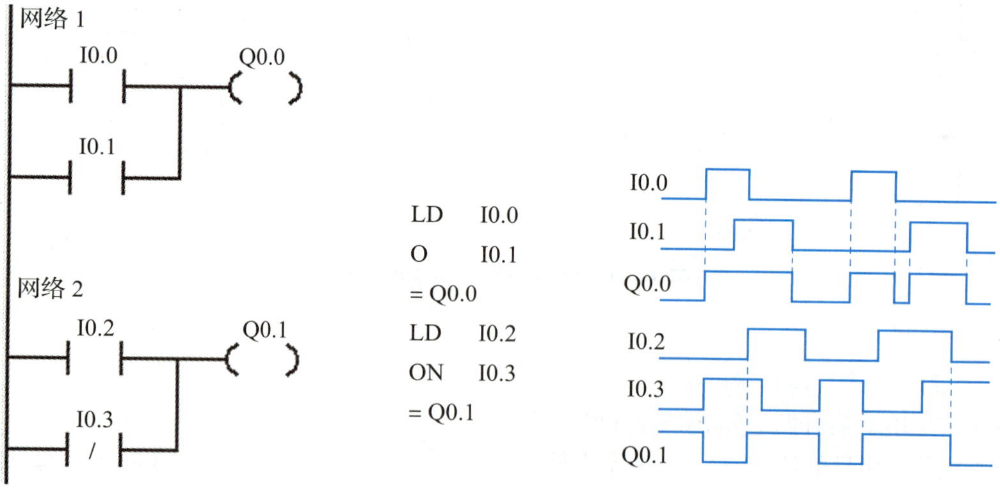

（a）梯形图　（b）指令表　（c）时序图

图 3-13　触点并联连接指令编程应用

程序说明：

（1）I0.0 与 I0.1 执行逻辑或运算，当 I0.0 与 I0.1 至少有一个接通时，线圈 Q0.0 得电。

（2）I0.2 与 I0.3 执行逻辑或运算，当 I0.2 接通或 I0.3 断开时，线圈 Q0.1 得电。

（3）O、ON 用于一个触点（常开或常闭）与之前触点的并联，并联的数量不限制。

【例 3-4】逻辑取反指令编程举例（见图 3-14）。

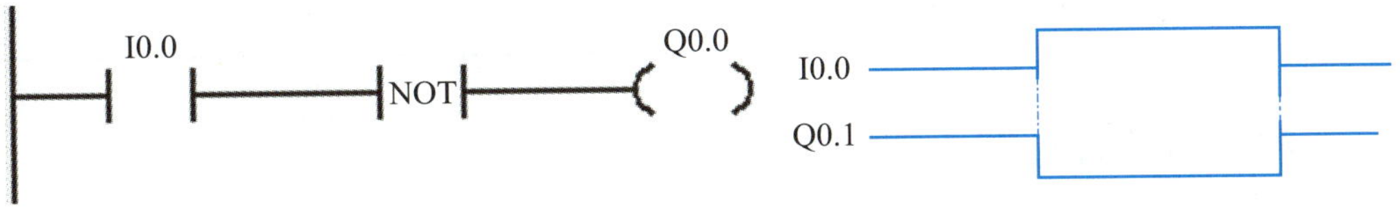

图 3-14　逻辑取反指令编程举例

指令的功能是对该指令前面的逻辑运算结果取反。

程序说明：由于 NOT 指令的存在，Q0.0 的状态与 I0.0 相反。当 I0.0 闭合时，Q0.0 断开；当 I0.0 断开时，Q0.0 闭合。

任务实施

一、控制原理分析

三相异步电动机连续运行继电器控制系统电路图如图 3-15 所示。起动时，闭合断路器 QF，当按下起动按钮 SB1 时，交流接触器 KM 线圈得电，其主触点闭合，电动机接入三相电源而起动。同时与 SB1 并联的交流接触器常开辅助触点闭合而形成自锁，使交流接触器线圈有两条支路通电，这样即使松开按钮 SB1，交流接触器 KM 的线圈仍可通过自身的辅助触点继续通电，保持电动机的连续运行。当按下停止按钮 SB2 时，交流接触器 KM 线圈失电，其主触点和常开触点复位断开，电动机因无电源而停止运行。同样，当电动机过载时，其常闭触点断开，电动机停止运行。

起动保持停止电路简称起保停电路，该电路在生产实践中应用十分广泛，电动机的单向连续运行就是一个典型的起保停电路。

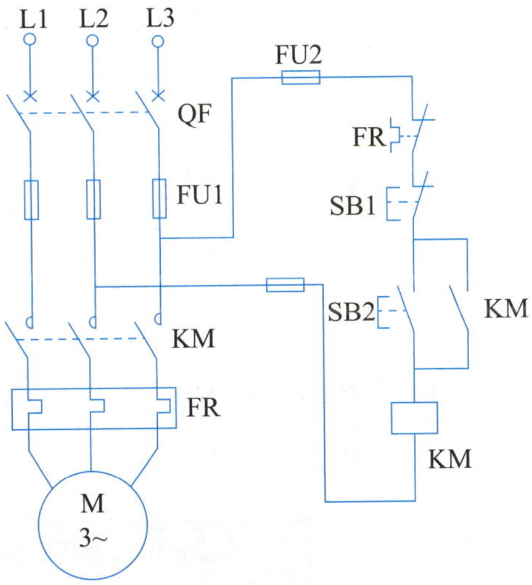

图 3-15　三相异步电动机连续运行继电器控制系统电路图

二、I/O 分配

从上述可知，其输入有 3 个：起动按钮、停止按钮、热继电器 FR，在这里停止按钮和热继电器使用动合触点。其 PLC 的 I/O 地址如表 3-3 所示。

表 3-3　PLC 的 I/O 地址

输入		输出	
输入继电器	元件	输出继电器	元件
I0.0	起动按钮	Q0.0	交流接触器 KM 线圈
I0.1	停止按钮		
I0.2	热继电器 FR		

三、PLC 硬件原理图

根据控制要求及 I/O 分配表，PLC 外部接线图如图 3-16 所示。

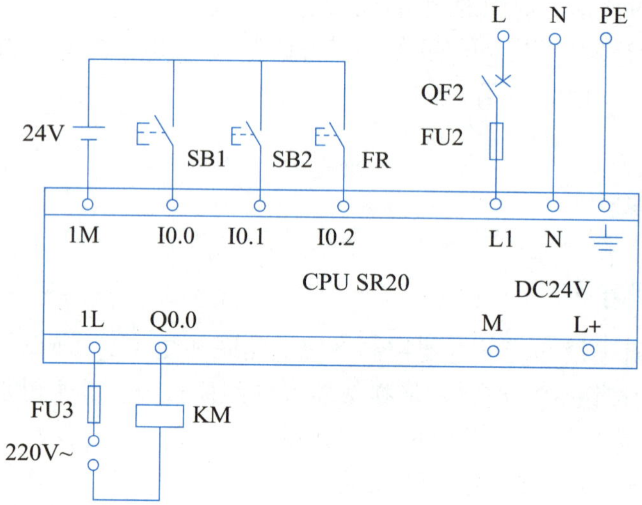

图 3-16　PLC 外部接线图

四、创建工程项目

双击 STEP 7-Micro/WIN SMART 软件图标，开启编程软件，新建一个项目，命名为“电动机的连续运行控制”。

五、编辑符号表

创建本任务符号表，如图 3-17 所示。

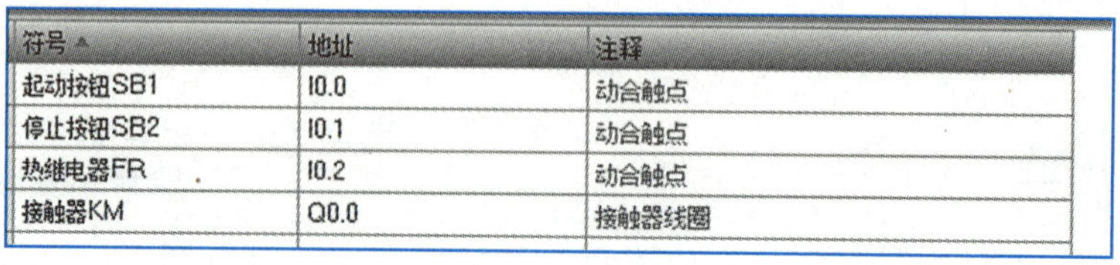

符号	地址	注释
起动按钮SB1	I0.0	动合触点
停止按钮SB2	I0.1	动合触点
热继电器FR	I0.2	动合触点
接触器KM	Q0.0	接触器线圈

图 3-17　本任务符号表

六、编写程序

根据要求，使用起保停方法编写程序，梯形图如图 3-18 所示。

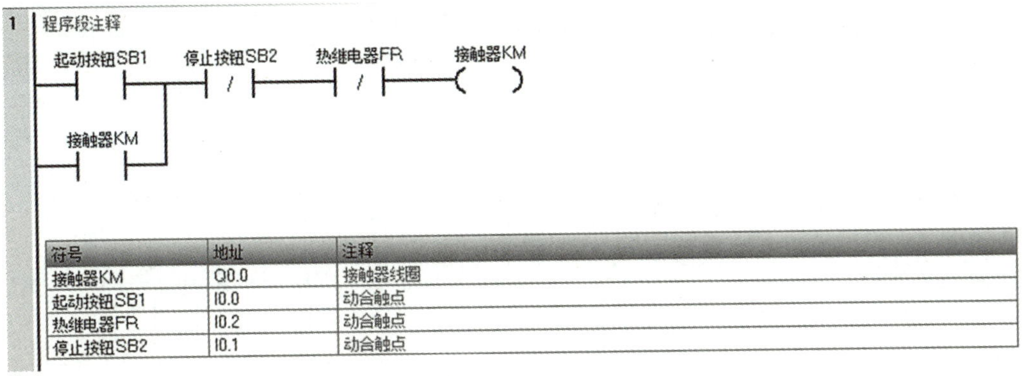

符号	地址	注释
接触器KM	Q0.0	接触器线圈
起动按钮SB1	I0.0	动合触点
热继电器FR	I0.2	动合触点
停止按钮SB2	I0.1	动合触点

图 3-18　电动机连续运转梯形图

七、调试程序

按下起动按钮 SB1，I0.0 输入继电器得电，其常开触点接通，此时未按下停止按钮，I0.1 的输入继电器不得电，其常开触点断开，常闭触点闭合，Q0.0 的线圈得电，KM1 接触器线圈得电，它的常开触点同时接通，电动机运转。此时，松开起动按钮，I0.0 的常开触点断开，能流经 Q0.0 常开触点和 I0.1 常闭触点流过 Q0.0 的线圈，Q0.0 仍保持得电，这就是“自锁”或“自保持”功能。按下停止按钮，I0.1 常闭触点断开，使 Q0.0 的线圈断电，其常开触点断开，即使再松开停止按钮，I0.1 的常闭触点恢复接通状态，Q0.0 线圈仍然断电。热继电器动作原理与停止按钮一致。其时序图如图 3-19 所示。

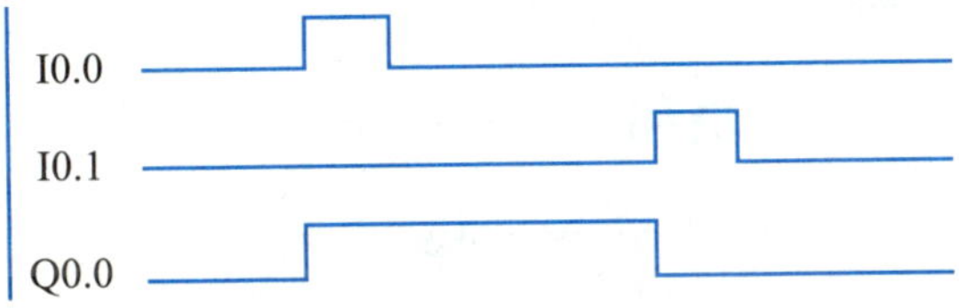

图 3-19　电动机连续运转时序图

思考：如果将停止按钮、热继电器换成动断触点，PLC 梯形图如何修改？

任务三　三相异步电动机正反转控制

知识目标

（1）掌握串联电路和并联电路的应用方法；

（2）掌握强制置位、强制复位操作指令的功能及编程方法；

（3）熟悉 S7-200 系列 PLC 的结构和外部 I/O 接线方法。

技能目标

（1）练习触点、线圈、置位/复位等基本位逻辑操作指令及逻辑运算指令的使用方法，能够正确编制三相异步电动机正反转 PLC 控制程序；

（2）能够正确选择 PLC 的型号，能够独立完成三相异步电动机正反转 PLC 控制线路的安装；

（3）能够按照规定进行通电调试，当出现故障时，能根据设计要求独立检修，直至系统正常工作。

任务引入

按下正转起动按钮 SB1，电动机正转；按下反转起动按钮 SB2，电动机反转；按下停止按钮 SB3，电动机停止转动；过载保护采用热继电器 FR 实现。电动机正反转控制主电路如图 3-20 所示。

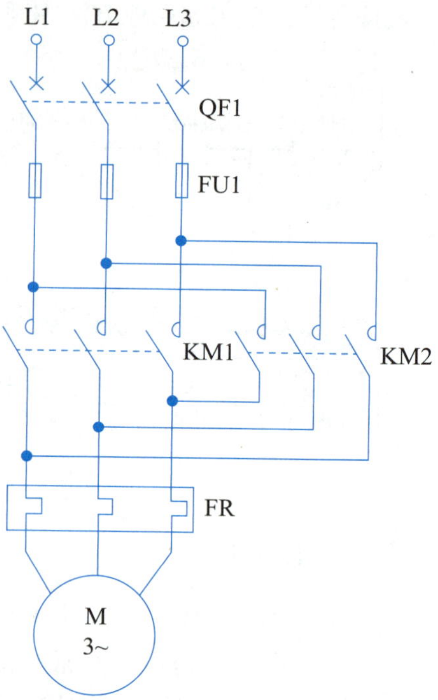

图 3-20　电动机正反转控制主电路

知识储备

一、块和、块或指令

块和、块或指令如表 3-4 所示。

表 3-4　块和、块或指令

助记符	名称	功能	梯形图	操作数
ALD	电路块的串联	并联电路块的串联	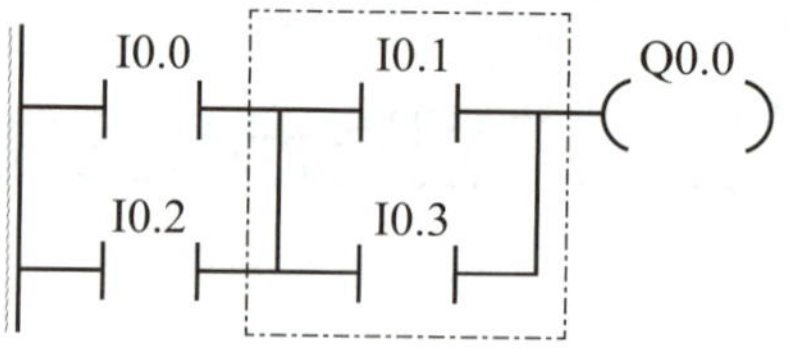	I、Q、M、SM、V、T、C、L
OLD	电路块的并联	串联电路块的并联	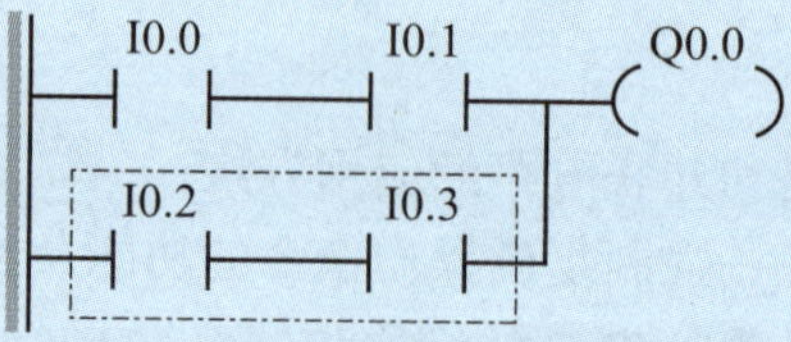	I、Q、M、SM、V、T、C、L

指令说明：

（1）两个或两个以上触点并联的电路块称为并联电路块；两个或两个以上触点串联的电路块称为串联电路块。

（2）当一个并联电路块和前面的触点或电路块串联时，需要用块与指令；当一个串联电路块和前面的触点或电路块并联时，需要用块或指令。

【例 3-5】互锁控制梯形图及程序如图 3-21 所示。

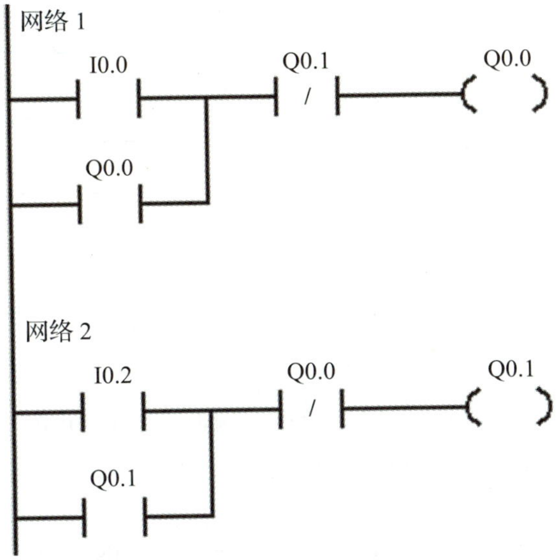


```
LD    I0.0
O     Q0.0
AN    Q0.1
= Q0.0
LD    I0.2
O     Q0.1
AN    Q0.0
= Q0.1
```

图 3-21　互锁控制梯形图及程序

程序说明：程序的输入信号分别是 I0.0 和 I0.2，若 I0.0 先接通，则 Q0.0 有输出并自锁，Q0.0 的常闭触点断开，因此即使 I0.2 再接通，也不能使 Q0.1 动作；若 I0.2 先接通，则与之相反。此程序的这种约束控制称为互锁。

二、置位、复位指令

置位（S）指令 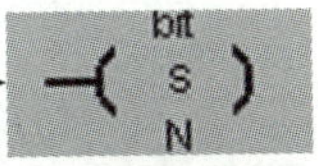

：使能输入有效后从 bit 开始的 *N* 个位被置“1”并保持。

复位（R）指令 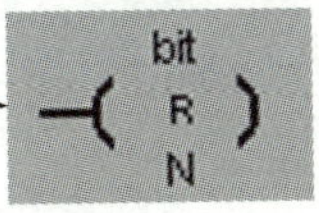

：使能输入有效后从 bit 开始的 *N* 个位被清“0”并保持。

指令说明：

（1）bit 指定操作的起始位地址，寻址寄存器 I、Q、M、S、SM、V、T、C、L 的位值。

（2）N 指定操作的位数，其范围是 1 ～ 255，可立即寻址，也可寄存器寻址（IB，QB，MB，SMB，SB，LB，VB，AC，*AC，*AD）

（3）当对统一位地址进行操作的复位、置位指令同时满足执行条件时，写在后面的指令被有效执行。

（4）由 S 强制置位的指令，只能由 R 来复位。

【例 3-6】置位、复位指令编程举例（见图 3-22）。

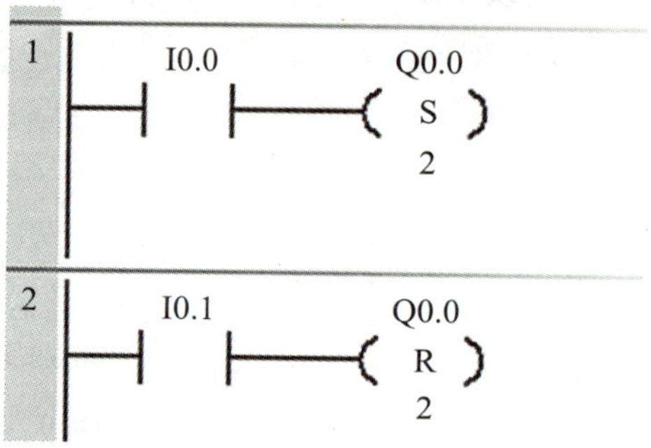

（a）梯形图

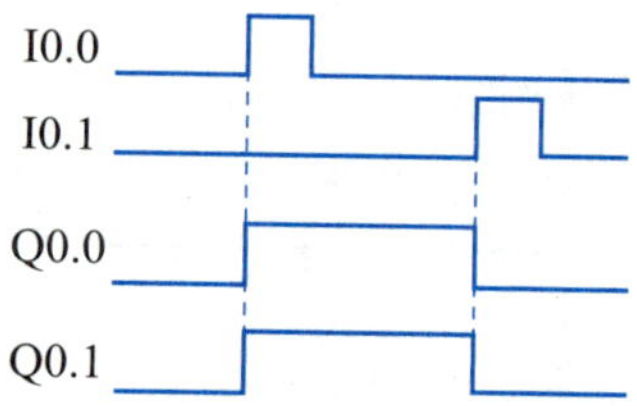

（b）时序图

图 3-22　置位、复位指令编程举例

程序说明：

（1）S、R 指令中的 2 表示从指定的 Q0.0 开始的 2 个触点，即 Q0.0 和 Q0.1。

（2）当 I0.0 上升沿到来时，输出线圈 Q0.0 和 Q0.1 被置 1，之后，无论 I0.0 通与断，Q0.0 和 Q0.1 一直保持 1。

（3）当 I0.1 上升沿到来时，输出线圈 Q0.0 和 Q0.1 被复位（即断开），之后，无论 I0.1 通与断，Q0.0 和 Q0.1 一直断开。

本模块任务二“电动机连续运行的 PLC 控制”也可采用置位、复位指令编写，其对应的梯形图及程序如图 3-23 所示。

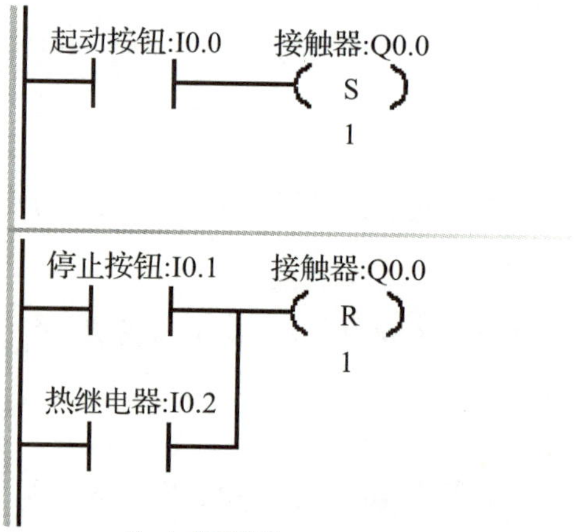

（a）梯形图

```
LD  I0.0
S   Q0.0
LD  I0.1
O   I0.2
R   Q0.0
```

（b）指令表

图 3-23　电动机连续运行的 PLC 控制（S、R 指令）

任务实施

一、控制要求

从图 3-20 所示的主电路可以看出，KM1 和 KM2 主触点不能同时吸合，否则会导致电源短路，发生严重故障，因此必须采取互锁进行限制。

3-2　电动机正反转控制电路的实现

二、传统继电器控制方法

三相异步电动机正反转电气原理图如图 3-24 所示。

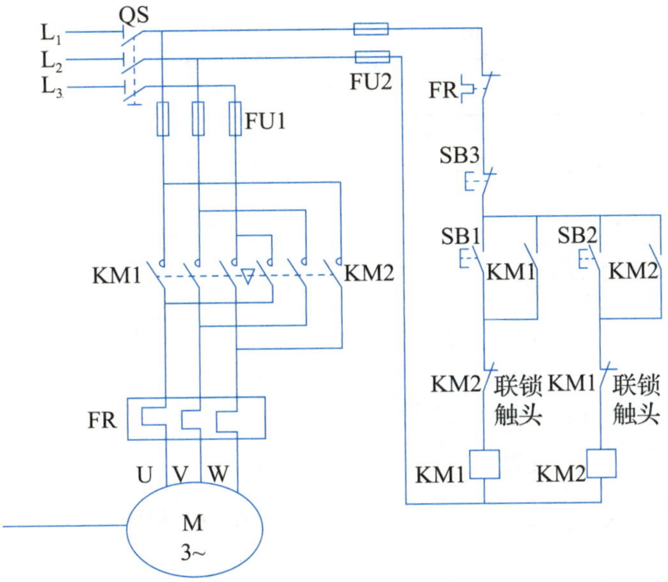

图 3-24　三相异步电动机正反转电气原理图

控制过程如下：

正转控制：按下起动按钮 SB1，KM1 线圈得电，KM1 主触点闭合，电动机 M 通电，起动正转。与此同时，KM1 常闭触点打开，使 KM2 线圈无法得电（互锁）；KM1 常开触点闭合，电动机能够持续运转（自锁）。

停止：按下 SB3，KM1 线圈失电，KM1 主触点打开，电动机停止运转。与此同时，KM1 常闭触点闭合，接触对 KM2 的互锁；KM1 常开触点打开，解除自锁。

反向控制：按下 SB2，KM2 线圈得电，KM2 主触点闭合，电动机 M 通电起动反转。与此同时，KM2 常闭触点打开，使 KM1 线圈无法得电（互锁）；KM2 常开触点闭合，电动机能够持续运转（自锁）。

3-3　使用 PLC 对电动机进行正转、反转和停止控制

三、PLC 程序控制

根据上述分析可知，三相异步电动机正反转控制项目有 4 个输入、2 个输出，地址分配如表 3-5 所示。

表 3-5　PLC 地址分配表

输入		输出	
名称	地址	名称	地址
正转起动	I0.0	正转接触器 KM1	Q0.0
反转起动	I0.1	反转接触器 KM2	Q0.1
停止	I0.2		
热继电器	I0.3		

三相异步电动机正反转控制主电路及 PLC 外部接线图如图 3-25 所示，这里的停止按钮、热继电器 FR 选用动合触点。

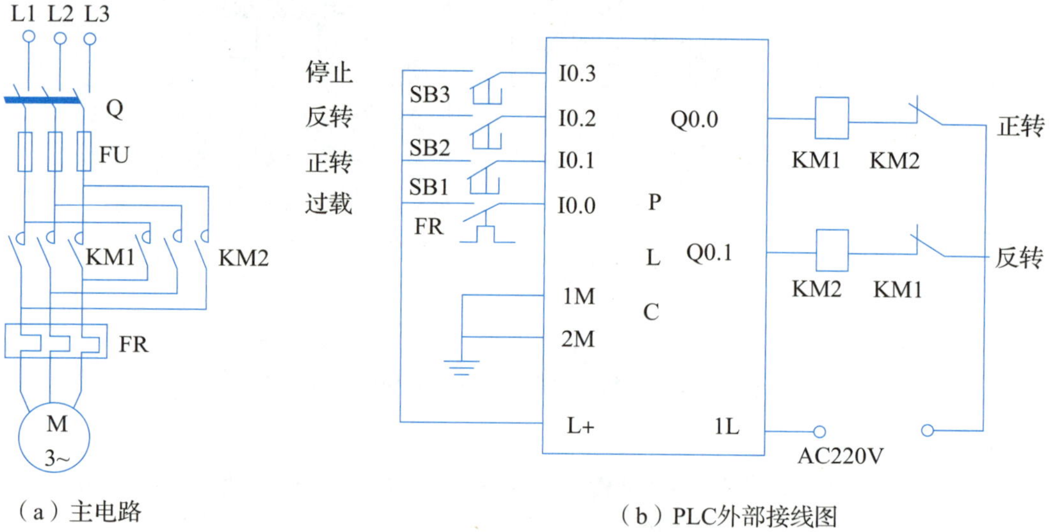

图 3-25　三相异步电动机正反转控制主电路及 PLC 外部接线图

四、程序设计

根据控制要求，可知

$$Q0.0 = (I0.0 + Q0.0) \cdot \overline{I0.2} \cdot \overline{I0.3} \cdot \overline{Q0.1}$$

$$Q0.1 = (I0.1 + Q0.1) \cdot \overline{I0.2} \cdot \overline{I0.3} \cdot \overline{Q0.0}$$

根据上述表达式可画出梯形图，如图 3-26 所示。

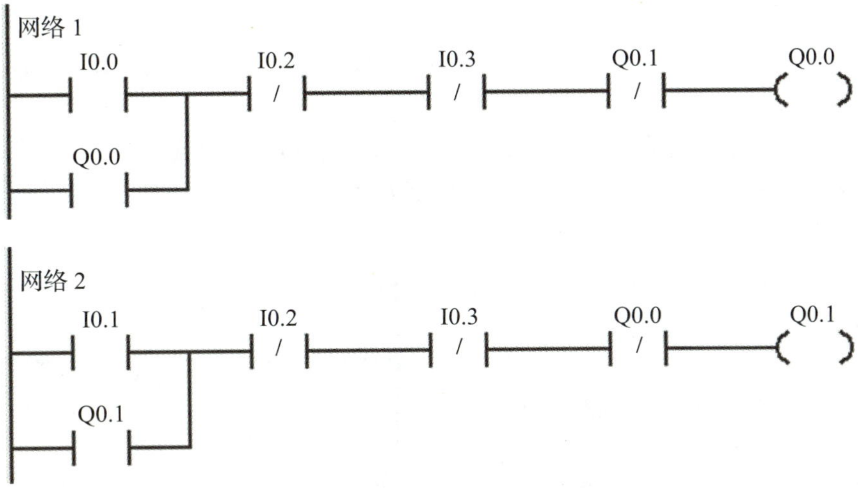

图 3-26　电动机正反转梯形图

此外，这个程序也可用置位、复位指令来编写。常见的电动机正反转强制置位、复位编写梯形图如图 3-27 所示。

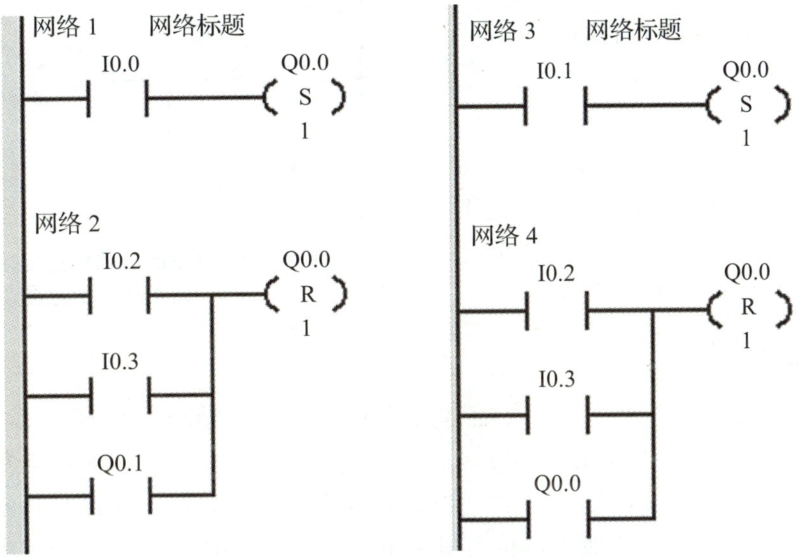

图 3-27　常见的电动机正反转强制置位、复位编写梯形图

五、上机操作及要求

（1）连接主电路。

（2）连接 PLC 外部连线，开启 STEP 7-Micro/WIN SMART 编程软件。

（3）打开符号表编辑器，根据表的要求，将相应的符号与地址分别录入符号表的符号栏和地址栏。比如，符号栏写“正转起动按钮”，相应的地址栏则写“I0.2”。

（4）打开梯形图编辑器，录入程序并下载到 PLC 中，使 PLC 进入运行状态。

（5）调试程序。

使 PLC 进入梯形图监控状态。简单的电动机正反转强制置位、复位编写梯形图如图 3-28 所示。

1）不做任何操作，观察 I0.1、I0.2、I0.3、Q0.0、Q0.1 的状态。

2）交替按下正反转按钮及停止按钮，观察 I0.1、I0.2、I0.3、Q0.0、Q0.1 的状态。

将电动机的连续运行控制程序下载到 CPU 中。首先，断开负载流接触器 KM 的电源，然后按下起动按钮 SB1，观察输入点 I0.0 和输出点 Q0.0 的指示灯状态。松开起动按钮 SB2，观察输出点 Q0.0 的指示灯是否依然点亮。按下停止按钮 SB1，观察输出点 Q0.0 的指示灯是否熄灭。若熄灭，则再次按下起动按钮 SB2，此时输出点 Q0.0 指示灯再次点亮，然后人工拨动热继电器 FR 的测试开关，观察输出点 Q0.0 的指示灯是否熄灭。若熄灭，则说明程序及 PLC 的输入外部接线正确。按下热继电器 FR 的复位按钮，使其触点复位，以便电动机正常工作。最后，给负载交流接触器 KM 供电，按上述方法操作，观察电动机的工作是否和控制要求一致。如果一致，则说明程序及外部硬件接线全部正确。

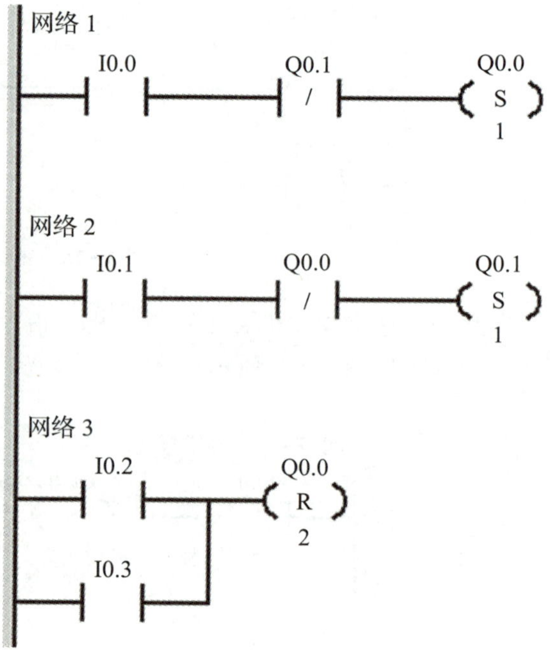

图 3-28　简单的电动机正反转强制置位、复位编写梯形图

六、项目拓展

三人抢答器 PLC 控制：主持人配有抢答开始按钮、结束按钮和抢答开始指示灯，A、B、C 三人分别配有抢答按钮和抢答成功指示灯。当主持人起动抢答开始按钮后，抢答开始指示灯点亮，第一轮抢答开始。当一人抢答成功时，其抢答成功指示灯点亮，同时抢答开始指示灯熄灭，其他人再抢答则无效。当主持人按下抢答结束按钮后，上一轮抢答者的抢答成功指示灯熄灭。另外，若主持人不按抢答开始按钮，三人按抢答按钮无效。

任务分析：根据任务要求，主持人决定抢答开始与结束，可以采用置位、复位指令实现；三人仅能有一人成功抢答，可以采用互锁电路；成功抢答者必须确保抢答有效，可以采用自锁电路，也称为起保停电路。

1. I/O 分配及功能

三人抢答器 PLC 地址分配如表 3-6 所示。

表 3-6　三人抢答器 PLC 地址分配

输入		输出	
名称	地址	名称	地址
抢答结束按钮 SB1	I0.0	控制抢答开始指示灯 L1	Q0.0
A 抢答按钮 SB2	I0.1	控制抢答开始指示灯 L2（A）	Q0.1
B 抢答按钮 SB3	I0.2	控制抢答开始指示灯 L3（B）	Q0.2
C 抢答按钮 SB4	I0.3	控制抢答开始指示灯 L4（C）	Q0.3

2. PLC 接线图

在断电情况下，连接好 PLC 外部接线电路，如图 3-29 所示。

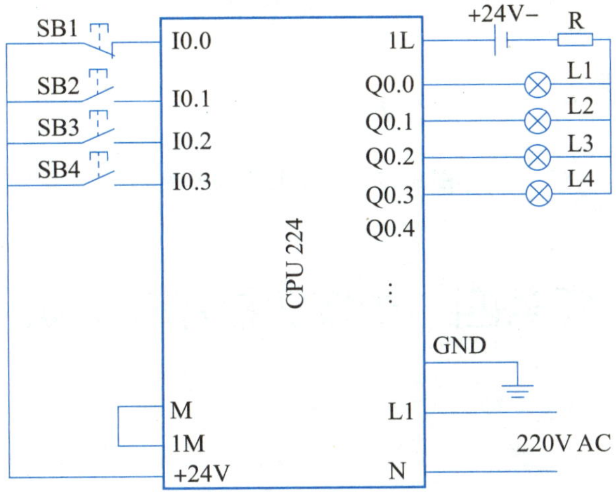

图 3-29　三人抢答 PLC 外部接线图

3. 编写程序

根据自锁、互锁电路编写程序。三人抢答梯形图如图 3-30 所示。

4. 调试

在教师的现场监护下进行通电调试，验证是否符合设计要求。

（1）编写梯形图程序，编译完成后将梯形图程序下载到 PLC 中。

（2）一人抢答成功时，其抢答成功指示灯点亮，同时熄灭抢答开始指示灯，其他人再抢答则无效。

（3）主持人起动抢答结束按钮后，抢答者的抢答成功指示灯熄灭；抢答开始指示灯点亮，开始新一轮抢答。

5. 检修

如果出现故障，学生应能独立完成检修和调试，直至系统能够正常工作。

（1）检查线路连接是否正确。

（2）检查梯形图程序中自锁、互锁电路及置位、复位指令的使用是否正确。

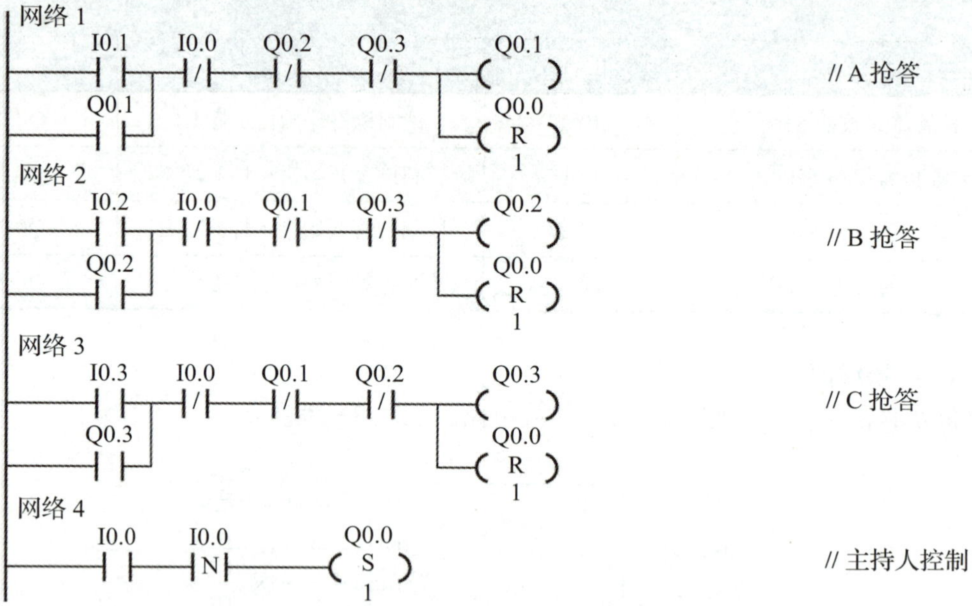

图 3-30　三人抢答梯形图

任务四　单按钮控制电动机

知识目标

（1）掌握边沿触发指令的功能及编程应用；

（2）熟悉 S7-200 系列 PLC 的结构和外部 I/O 接线方法。

技能目标

（1）练习边沿触发等基本操作指令的使用方法，能够正确编制单按钮起动电动机控制程序；

（2）能够正确选择 PLC 的型号，能够独立完成单按钮、起动电动机控制线路的连接；

（3）能够按照规定进行通电调试。

任务引入

一个按钮控制一台电动机。第一次按下按钮 SB 时，电动机起动；第二次按下按钮 SB 时，电动机停止，即奇数次起动，偶数次停止。

知识储备

边沿触发指令

边沿触发指令就是专门检测输入信号从 OFF 到 ON（上升沿）、从 ON 到 OFF（下降沿）的变化，或者根据驱动信号的变化（上升沿或下降沿）输出一个扫描周期的脉冲信号的指令。边沿触发（脉冲形成）指令格式如表 3-7 所示。

表 3-7　边沿触发（脉冲形成）指令格式

LAD	STL	功能、注释
┤P├	EU（Edge Up）	正跳变，无操作元件
┤N├	ED（Edge Down）	负跳变，无操作元件

（1）P 指令检测到上升沿（OFF→ON）时，则产生宽度为一个扫描周期的脉冲，驱动其后的线圈。

（2）N 指令检测到上升沿（ON→OFF）时，则产生宽度为一个扫描周期的脉冲，驱动其后的线圈。

【例 3-7】边沿触发指令应用，如图 3-31 所示。

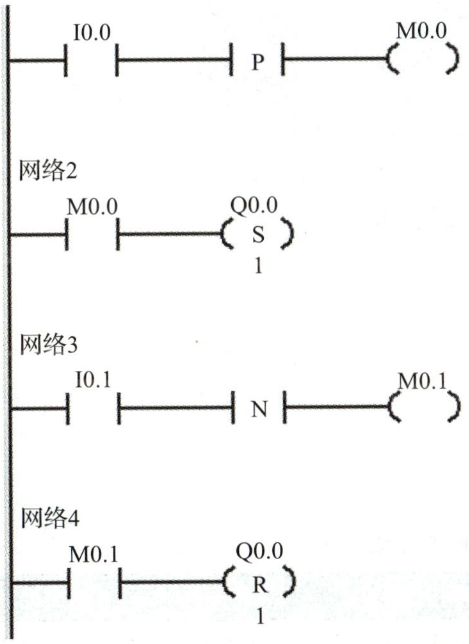

（a）梯形图

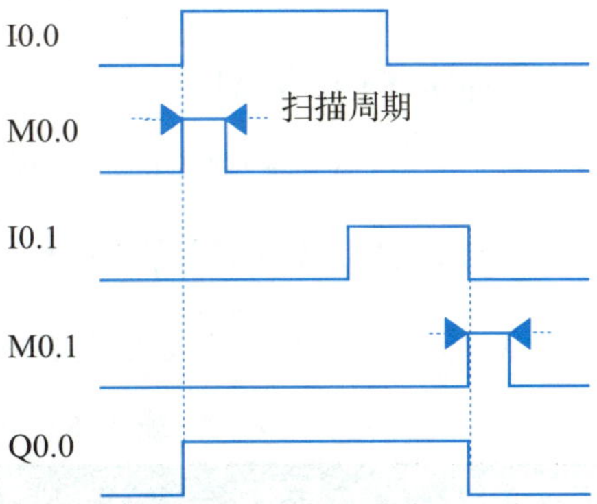

（b）时序图

图 3-31　边沿触发指令应用

程序说明如下：

（1）当检测到 I0.0 上升沿时，触点（EU）产生一个扫描周期的时钟脉冲，M0.0 接通一个扫描周期，M0.0 常开触点闭合一个扫描周期，使输出线圈 Q0.0 置位并保持。

（2）当检测到 I0.1 下降沿时，触点（ED）产生一个扫描周期的时钟脉冲，M0.1 接通一个扫描周期，M0.1 常开触点闭合一个扫描周期，使输出线圈 Q0.0 复位并保持。

任务实施

一、控制要求

（1）要求用一个控制按钮控制一台电动机的起动和停止。

（2）第 1 次按下按钮电动机起动，第 2 次按下按钮电动机停止，第 3 次按下按钮电动机起动，如此循环。单按钮控制电动机电路图如图 3-32 所示。

3-4　单按钮控制电动机起停

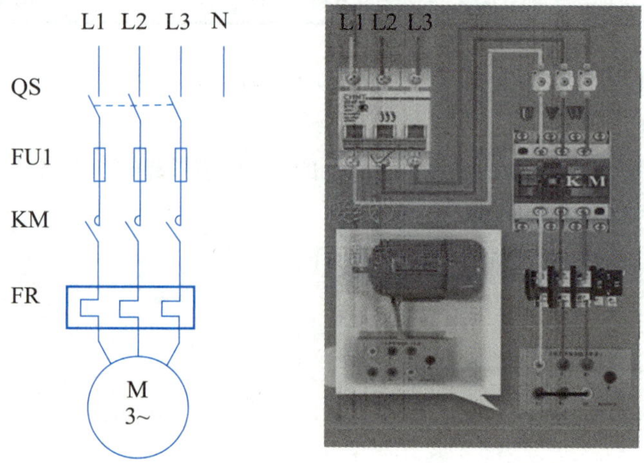

（a）主电路　　（b）主电路连接图

图 3-32　单按钮控制电动机电路图

二、确定 PLC 类型

控制对象为交流接触器，因此选择输出类型为继电器的 PLC，在此选用 SR20 PLC。

三、PLC 输入输出端子分配

单按钮控制 PLC 地址分配如表 3-8 所示。

表 3-8　单按钮控制 PLC 地址分配

输入元件	符号	输入地址	输出元件	符号	输出地址
起动按钮	SB	I0.0	接触器线圈	KMQ0.0	

四、PLC 外部接线

PLC 外部接线图如图 3-33 所示。

五、程序设计

单按钮控制电动机梯形图如图 3-34 所示，根据控制要求可知 $Q0.0 = M0.0\uparrow \cdot \overline{Q0.0} + \overline{M0.0\uparrow} \cdot Q0.0$。按照该式编写程序。

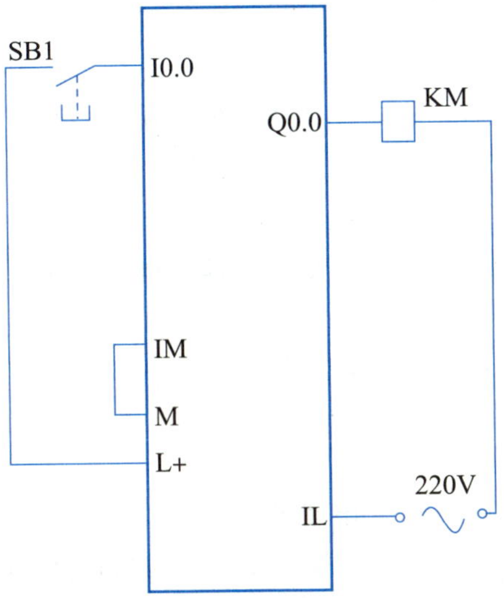

图 3-33 PLC 外部接线图

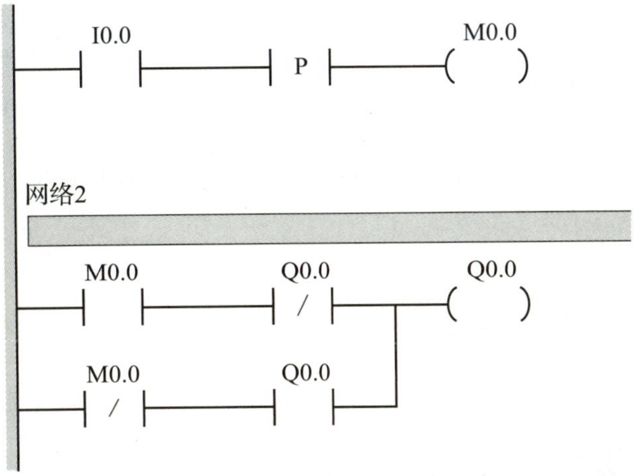

图 3-34 单按钮控制电动机梯形图

六、上机操作及要求

（1）连接主电路。

（2）连接 PLC 外部电路，开启 STEP 7-Micro/WIN SWART 编程软件。

（3）打开符号表编辑器，根据表的要求，将相应的符号与地址分别录入符号表的符号栏和地址栏。

（4）打开梯形图编辑器，录入程序并下载到 PLC 中，使 PLC 进入运行状态。

（5）使 PLC 进入梯形图监控状态。

1）不做任何操作，观察 I0.0、Q0.0 的状态。

2）交替按下起动按钮，观察 M0.0、Q0.0 的状态。

任务五　三相电动机 Y-△降压起动（定时器 / 计数器指令）

知识目标

（1）掌握定时器指令的功能及编程应用；

（2）熟悉 S7-200 系列 PLC 的结构和外部 I/O 接线方法；

（3）熟悉 STEP 7-Micro/WIN SMART 编程软件的使用方法；

（4）熟悉 PLC 产生方波信号的控制原理和程序设计方法。

技能目标

（1）练习定时器指令的基本使用方法，能够正确编写三相电动机 Y-△降压起动 PLC 控制程序；

（2）能够独立完成三相电动机 Y-△降压起动 PLC 控制的线路安装；

（3）能够按规定进行通电调试；出现故障时，能根据设计要求独立检修，直至系统正常工作。

任务引入

三相电动机 Y-△降压起动任务要求：按下起动按钮 SB1，电动机 M 成 Y 接法，电动机起动，同时开始定时；定时时间到，电动机 M 成△接法，正常运转。延时可以采用通电延时型定时器定时通断来实现。

知识储备

定时器指令

3-5　定时器指令格式及应用

S7-200 系列 PLC 的定时器是内部时钟累计时间增量计时的。每个定时均有一个 16 位的当前值寄存器用于存放当前值（16 位符号整数）；一个 16 位的预置值寄存器用于存放时间的设定值；还有一位状态位，反映其触点状态。

1. 工作方式

S7-200 系列 PLC 定时器按工作方式分三大类，其指令格式及功能如表 3-9 所示。

表 3-9　定时器指令的格式及功能

LAD	STL	功能及说明	工作原理
???? IN TON ????-PT ??? ms	TON	通电延时定时器	使能端（IN）输入有效时，定时器开始计时，当前值从 0 开始递增。大于或等于预设值（PT）时，定时器输出状态位置 1，当前值的最大值为 32 767；使能端输入无效时（断开），定时器状态复位为 0（当前值清零）

续表

LAD	STL	功能及说明	工作原理
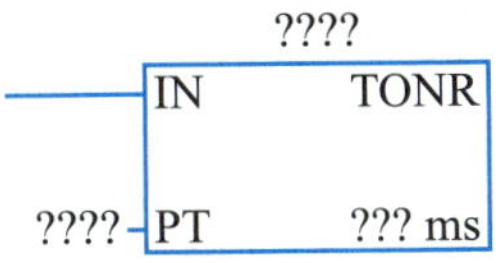	TONR	记忆型通电延时定时器	使能端（IN）输入有效时，定时器开始计时，当前值递增。当前值大于或等于预置值（PT）时，输出状态位置1。使能端输入无效（断开）时，当前值保持（记忆）。使能端（IN）输入有效时，在原记忆值的基础上递增计时。TONR 记忆型通电延时定时器采用线圈复位指令 R 进行复位操作，当复位线圈有效时，定时器当前位清零，输出状态位置 0
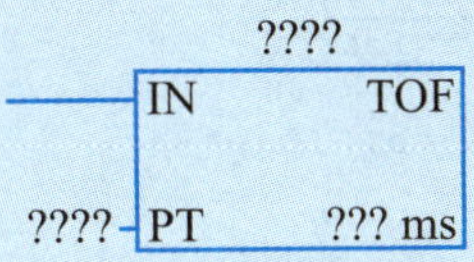	TOF	断电延时定时器	使能端（IN）输入有效时，定时器输出状态位置 1，当前值复位为 0。使能端（IN）断开时，定时器开始计时，当前值从 0 递增，当前值达到预置值时，定时器状态位复位为 0，并停止计时，当前值保持

注：IN 是使能输入端，编程范围为 T0 ～ T255；PT 是预置值输入端，最大预置值为 32 767。PT 的数据类型为 INT，PT 寻址范围有 VW、IW、QW、MW、SW、SMW、LW、AIW、T、C、AC、*AC、*VD、*LD 和常数。

2. 时基

按照时基标准，定时器分为 1ms、10ms、100ms 三种类型。不同的时基标准，定时精度、定时范围和定时器刷新的方式不同，定时器的类型如表 3-10 所示。

表 3-10　定时器的类型

工作方式	时基	最大定时范围	定时器号
TONR	1	32.767	T0，T64
	10	327.67	T1 ～ T4，T65 ～ T68
	100	3 276.7	T5 ～ T31，T69 ～ T95
TON/TOF	1	32.767	T32，T96
	10	327.67	T33 ～ T36，T97 ～ T100
	100	3 276.7	T37 ～ T63，T101 ～ T255

1ms 定时器采用中断刷新方式，每隔 1ms 刷新一次，与扫描周期和程序处理无关。当扫描周期较长时，1ms 定时器在一个周期内可能被多次刷新，其当前值在一个扫描周期内不一定保持一致。

10ms 定时器则由系统在每个扫描周期开始时自动刷新。在每次程序处理阶段，其状态位及当前值不变。

100ms 定时器是在该定时器指令执行时被刷新。下一条执行的指令，即可使用刷新结果，方便可靠。如果在一个扫描周期内多次执行该定时器指令，则该定时器就会多计时基脉冲，可能使定时器提前动作。

【例 3-8】 通电延时定时器指令编程举例如图 3-35 所示。

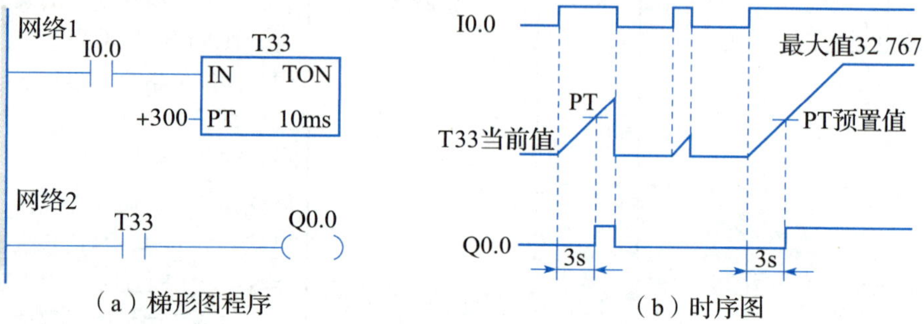

（a）梯形图程序　　（b）时序图

图 3-35　通电延时定时器指令编程举例

程序说明：

（1）PLC 上电后的第一个扫描周期内，定时器位为断开（OFF）状态，当前值为 0。输入端 I0.0 接通后，定时器当前值从 0 开始计时，在当前值达到预置值时定时器位闭合（ON），当前值仍会连续计数到 32 767。

（2）在输入端断开后，定时器自动复位，定时器位同时断开（OFF），当前值恢复为 0。

（3）若再次将 I0.0 闭合 3s 后，则定时器重新开始计时。若未到定时时间 I0.0 已断开，则定时器复位，当前值也恢复为 0。

（4）在本例中，I0.0 闭合 3s 后，定时器 T33 闭合，输出线圈 Q0.0 接通。I0.0 断开，定时器复位，即定时器线圈断电，常开触点断开，常闭触点闭合。

（5）通电延时定时器用于单一时间间隔的定时。

【例 3-9】 断电延时定时器指令编程举例如图 3-36 所示。

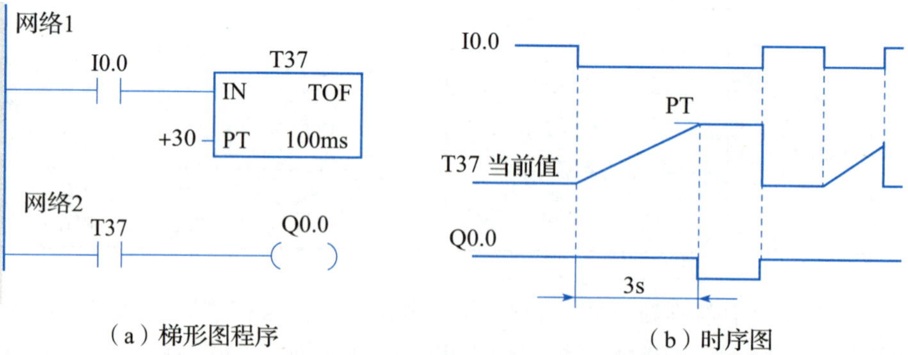

（a）梯形图程序　　（b）时序图

图 3-36　断电延时定时器指令编程举例

程序说明：

（1）PLC 上电后的第一个扫描周期内，定时器位为断开（OFF）状态，当前值为 0。

输入端 I0.0 接通后，定时器位为 ON，当前值保持为 0。当输入端由闭合变为断开时，定时器开始计时，在当前值达到预置值时定时器位断开（OFF），同时停止定时。

（2）定时器动作后，若输入端由断开变为闭合，TOF 定时器位及当前值复位；若输入端再次断开，定时器可以重启。

（3）本例中，在 PLC 刚刚上电运行时，输入端 I0.0 没有闭合，定时器位 T37 为断开状态；I0.0 由断开变为闭合时，定时器位 T37 闭合，输出端 Q0.0 接通，定时器并不开始定时；I0.0 由闭合变为断开时，定时器当前值开始累计时间，达到 3s 时，定时器位 T37 断开，输出端 Q0.0 同时断开。

（4）断电延时定时器用于输入端断开后的单一时间间隔定时。

【例 3-10】 记忆型通电延时定时器指令编程举例如图 3-37 所示。

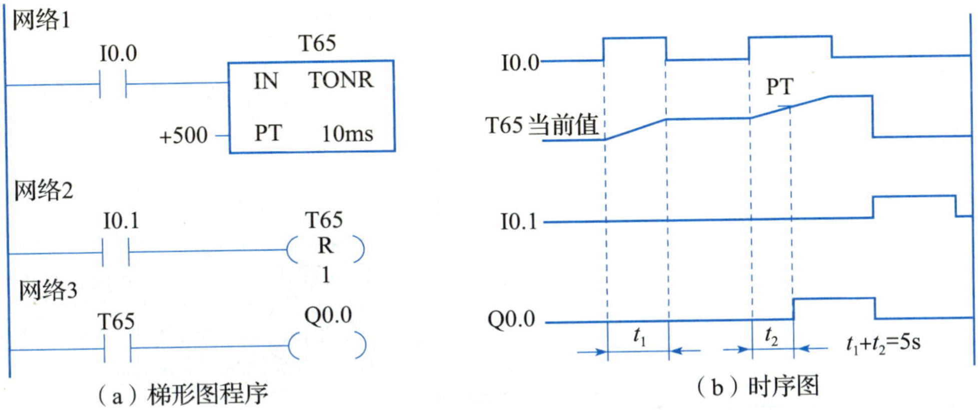

图 3-37 记忆型通电延时定时器指令编程举例

程序说明：

（1）PLC 上电后的第一个扫描周期内，定时器位为断开（OFF）状态，当前值保持掉电之前的值。输入端 I0.0 每次接通时，定时器当前值从上次的保持值继续定时，在当前值达到预置值时定时器位闭合（ON），当前值仍会连续计数到 32 767。

（2）TONR 的定时器一旦闭合，只能用复位指令 R 进行复位操作，同时清除当前值。

（3）在本例中，当前值最初为 0，每一次输入端 I0.0 闭合时间累计达到 5s 时，定时器 T65 闭合，输出线圈 Q0.0 接通。I0.1 闭合时，由复位指令复位 T65 的位及当前值。

（4）TONR 定时器的复位只能用复位指令来实现。

利用 TONR 定时器指令的时间记忆功能，可实现对多次输入接通时间的累计，如图 3-38 所示。

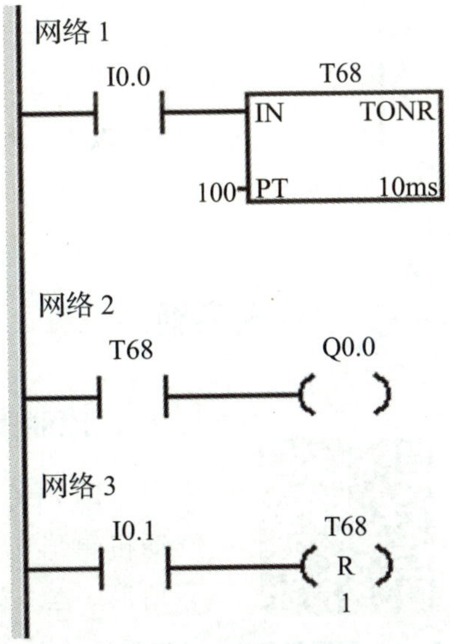

图 3-38 保持型通电延时定时器指令应用

【例 3-11】设计方波发生器。

控制要求：产生周期为 5s 的方波信号。

根据要求，方波信号是占空比（指高电平在一个周期内所占的时间比率）为 0.5 的高低电平信号，高低电平信号可以采用 PLC 输出端口是否产生输出来获得，占空比可以通过通电延时定时器定时通断来实现。程序如图 3-39 所示。

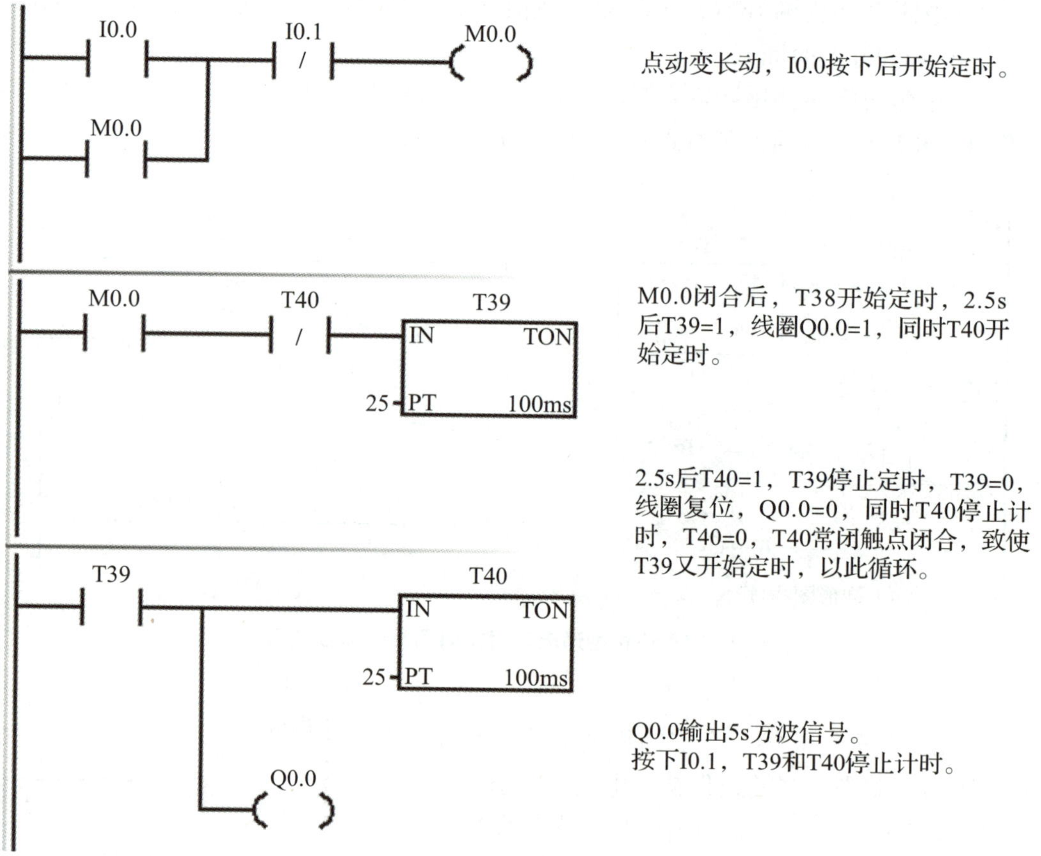

图 3-39　5s 方波梯形图程序

任务实施

一、控制要求

3-6　星形三角形降压起动

用 PLC 实现电动机的 Y-△降压起动控制，即按下起动按钮，电动机星形（Y）起动；起动结束后（起动时间为 5s），电动机切换成三角形（△）运行；若按下停止按钮，电动机停止运转。系统要求起动和运行时有相应指示，同时电路还必须具有必要的短路保护、过载保护等功能。其传统继电器控制的主电路和控制电路如图 3-40 所示。

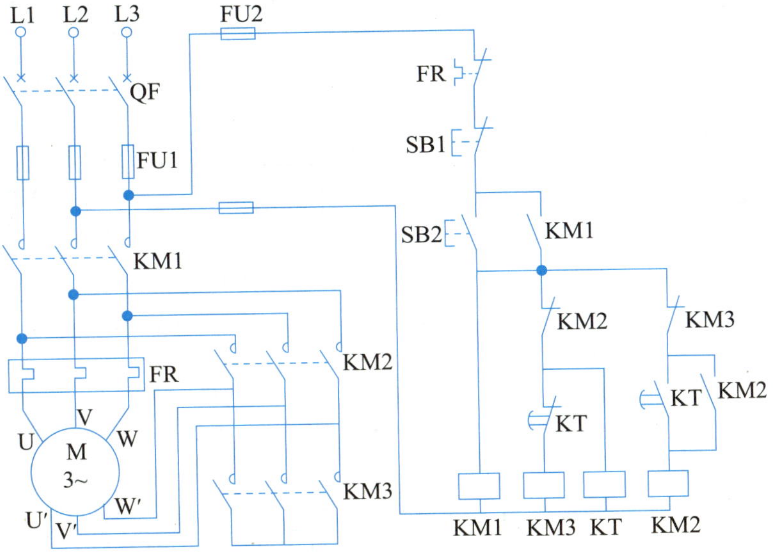

（a）主电路　　（b）控制电路

图 3-40　三相异步电动机 Y-△降压起动的主电路和控制电路

KM2 和 KM3 实现了互锁，防止二者同时接通，导致电源短路。起动过程：按下起动按钮 SB1，KM1 线圈通电，主电路中 KM1 的主触点闭合。与此同时，控制电路中 KM1 常开触点闭合，KT 定时器开始定时，此时 KM2 线圈不得电，因此 KM2 的常闭触点闭合。KT 定时器定时时间没有到，KT 常闭触点闭合，因此 KM3 线圈闭合，主电路中 KM3 主触点闭合，电动机 Y 起动。定时时间到，KT 常闭触点断开，KM3 线圈失电，主电路中 KM3 失电，电动机 Y 起动停止。与此同时，KM3 常闭触点闭合，常开触点闭合，KM2 线圈得电，并形成自锁。主电路中，KM2 主触点闭合，电动机实现△全压起动。

二、PLC 控制

上述功能用 PLC 也可以实现。根据控制要求，PLC 输入有 3 个，输出有 5 个，输出控制交流接触器线圈，因此采用继电器输出，PLC 选用 SR20。I/O 地址分配如表 3-11 所示。

表 3-11　Y-△降压起动 I/O 地址分配

输入		输出	
名称	地址	名称	地址
起动按钮	I0.0	接触器线圈 KM1	Q0.0
停止按钮	I0.1	Y 接触器线圈 KM2	Q0.1
热继电器	I0.2	△接触器线圈 KM3	Q0.2
		星形起动指示 HL1	Q0.3
		三角形运行指示 HL2	Q0.4

主电路和 PLC 外部接线图如图 3-41 所示，其中 KM2 和 KM3 实现了硬件互锁。

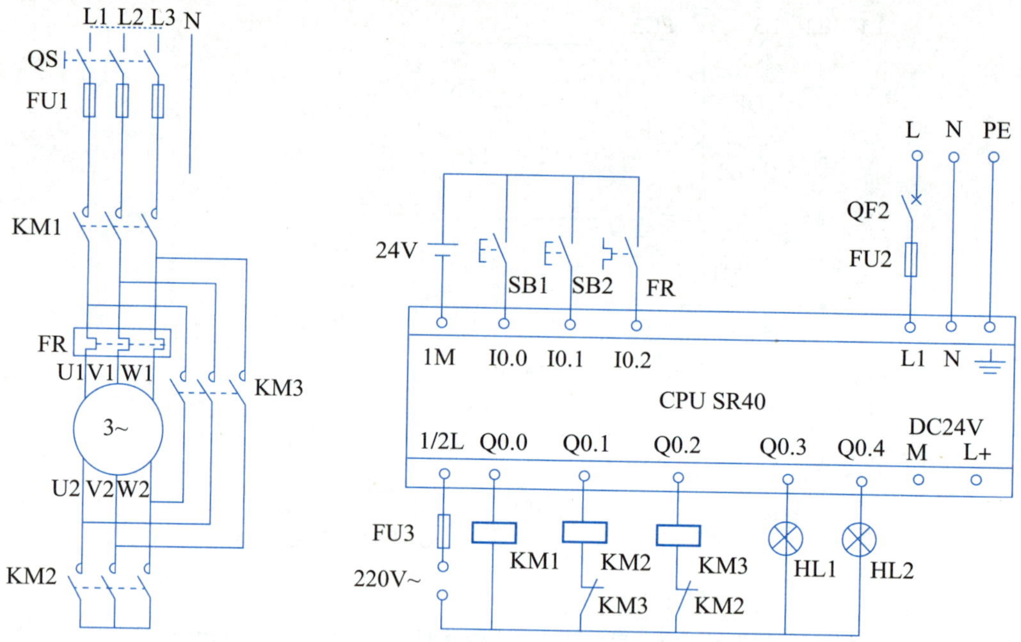

（a）Y-△主电路　　（b）PLC外部接线图

图 3-41　主电路和 PLC 外部接线图

具体控制要求如下：

（1）按下起动按钮 SB1，接触器线圈 KM1、KM2 得电，主电路电动机 M 成 Y 接法，电动机起动，同时开始定时；定时时间到，接触器线圈 KM2 失电，KM3 得电，电动机 M 成△接法，正常运转。

（2）按下停止按钮 SB2，接触器线圈均失电，主电路电动机 M 停止。

（3）电动机过载时，FR 动合触点闭合，接触器线圈均失电，电动机 M 停止。

（4）KM2 和 KM3 除在输出电路中有电路硬触点互锁外，在梯形图程序中有软触点互锁。

按照控制要求可得：

主触点 KM1 $Q0.0 = (I0.0 + Q0.0) * /\overline{I0.1} * /\overline{I0.2}$；

Y 接触器 KM2 $Q0.1 = Q0.0 * /\overline{T33} * /\overline{Q0.2}$；

△接触器 KM3 $Q0.2 = T33 * /\overline{Q0.1}$。

将上述公式转换成梯形图，如图 3-42 所示。

当按下起动按钮 SB1 时，触点 I0.0 闭合，输出继电器 Q0.0 得电并自锁，常开触点 Q0.0 闭合，导致输出继电器 Q0.1 也得电，此时 KM1、KM2 得电，电动机成星形起动；与此同时，定时器 T33 开始计时；2s 定时时间到，常闭触点 T33 断开，输出继电器 Q0.1 失电，其常闭触点 Q0.1 闭合，又因为常开触点 T33 闭合，所以输出继电器 Q0.2 得电，此时 KM1、KM3 得电，电动机接成三角形投入稳定运行。输出线圈 Q0.1 和 Q0.2 各自电路中串联的常闭触点 Q0.2 和 Q0.1 互锁。热继电器和停止按钮的功能同前面所述。注意，在实际项目中，需要根据电动机功率的大小，对起动时间做相应的调整。

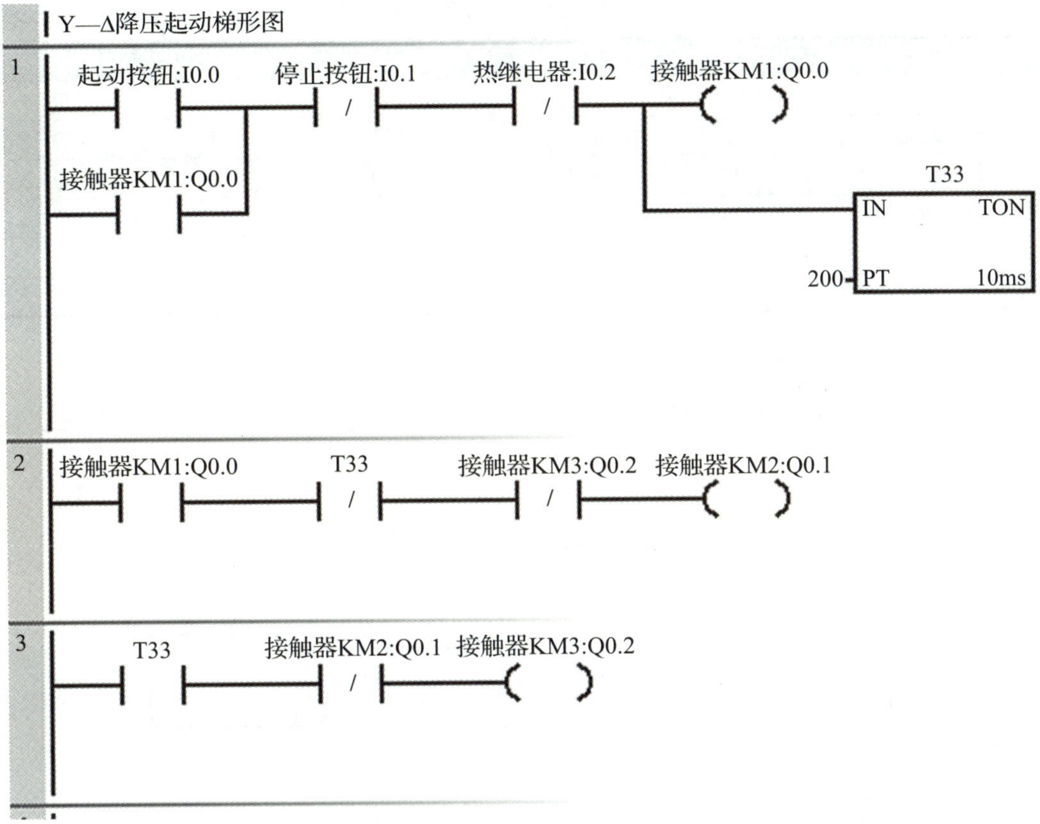

图 3-42　Y-△降压起动梯形图

三、拓展训练：带式运输机控制

1. 控制要求

（1）正常起动：起动时为了避免在前段运输带上堆积物料，要求逆物料流动方向按一定时间间隔顺序起动，起动顺序为 M1 → M2 → M3 → YV，时间间隔分别为 6s、5s、4s。

（2）正常停止：停止顺序为 YV → M3 → M2 → M1，时间间隔均为 4s。

（3）紧急停止：YV、M3、M2、M1 立即停止。

（4）故障处理。

M1 过载时：YV、M3、M2、M1 立即停止；

M2 过载时：YV、M3、M2 立即停止，M1 延时 4s 后停止；

M3 过载时：YV、M3 立即停止；延时 4s，M2 停止；再延时 4s，M1 停止。

3-7　带式传输机的控制

2. 带式传输机 I/O 地址分配

带式传输机 I/O 地址分配表如表 3-12 所示。

为了分析问题方便，将上述要求分两步：第一步只需考虑顺序起动和紧急停止；第二步是在第一步的基础上，完成所有的控制要求。

表 3-12　带式传输机 I/O 地址分配表

输入元件	符号	输入地址	输出元件	符号	输出地址
起动按钮	SB1	I0.1	电磁阀	YV	Q0.0
急停按钮	SB2	I0.2	M1 接触器	KM1	Q0.1
停止按钮	SB3	I0.3	M2 接触器	KM2	Q0.2
热继电器 1 动合触点	FR1	I0.4	M3 接触器	KM3	Q0.3
热继电器 2 动合触点	FR2	I0.5			
热继电器 3 动合触点	RR3	I0.6			

3. 顺序起动和紧急停止

顺序起动和紧急停止梯形图如图 3-43 所示。共 3 个定时器，各个定时器的常开触点

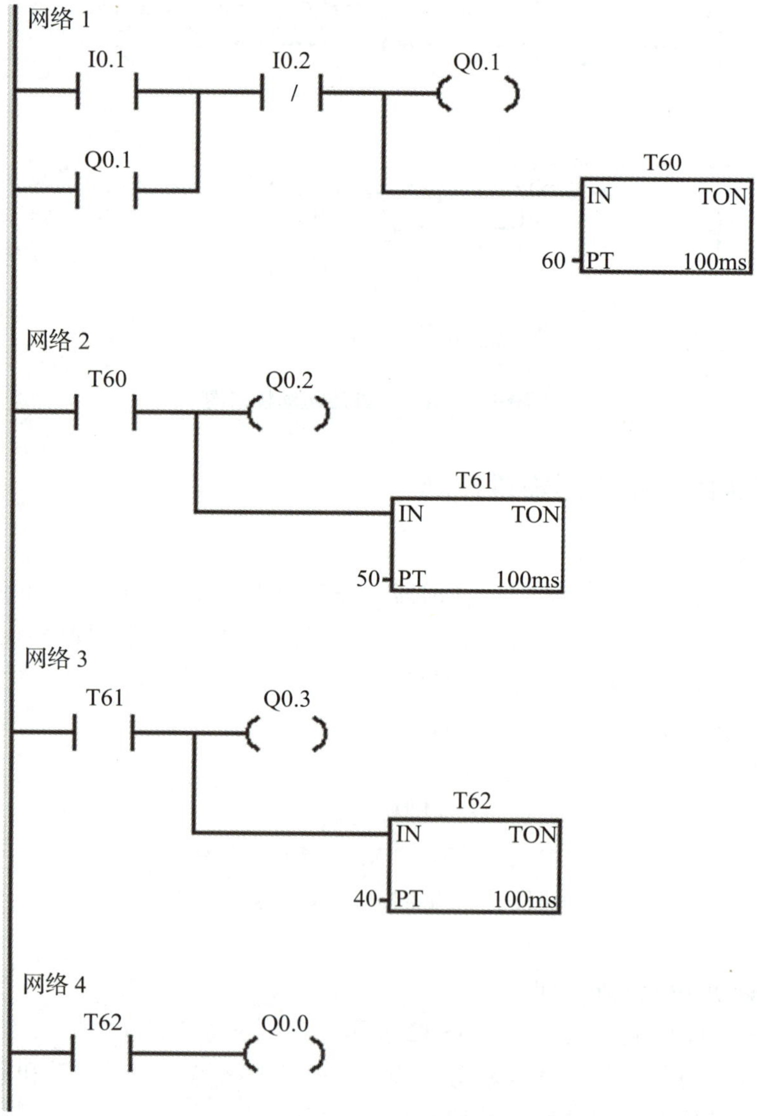

图 3-43　顺序起动和紧急停止梯形图

依次控制下一个状态的实现。起动时，按下起动按钮 SB1，触点 I0.1 闭合，输出继电器 Q0.1 得电并自锁，同时定时器 T60 开始计数，定时 6s；定时时间到，常开触点 T60 闭合，输出继电器 Q0.2 得电，同时定时器 T61 开始定时，直到输出继电器 Q0.0 得电。按下急停按钮 SB2，则常闭触点 I0.2 断开，按梯形图顺序，依次使 Q0.1、T60 复位，Q0.2、T61 复位，Q0.3 失电，T62 复位，Q0.0 失电，在一个扫描周期内完成所有停止动作。

顺序起动、紧急停止、正常停止和过载保护功能完整的梯形图如图 3-44 所示，其中增加了 3 条梯形图，用于正常停止控制。在新增加的第 1 条梯形图中，按下正常停止按钮 SB3 时，触点 I0.3 闭合，M0.1 得电并自锁，定时器 T33 开始定时，然后依次起动 T34、T35，进入正常停止过程；M0.1 和定时器各自的常闭触点串联到前四条梯形图中，如虚线框内所示，使线圈 Q0.0、Q0.3、Q0.2、Q0.1 依次失电，T60、T61、T62 依次复位；当最后 I0.1 失电后，其常开触点断开，使 T33、T34、T35 复位，为下一次操作做好准备。对过载情况的处理，根据控制要求，将各热继电器的触点接入梯形图中点画线框所示位置，其作用请读者自己分析。

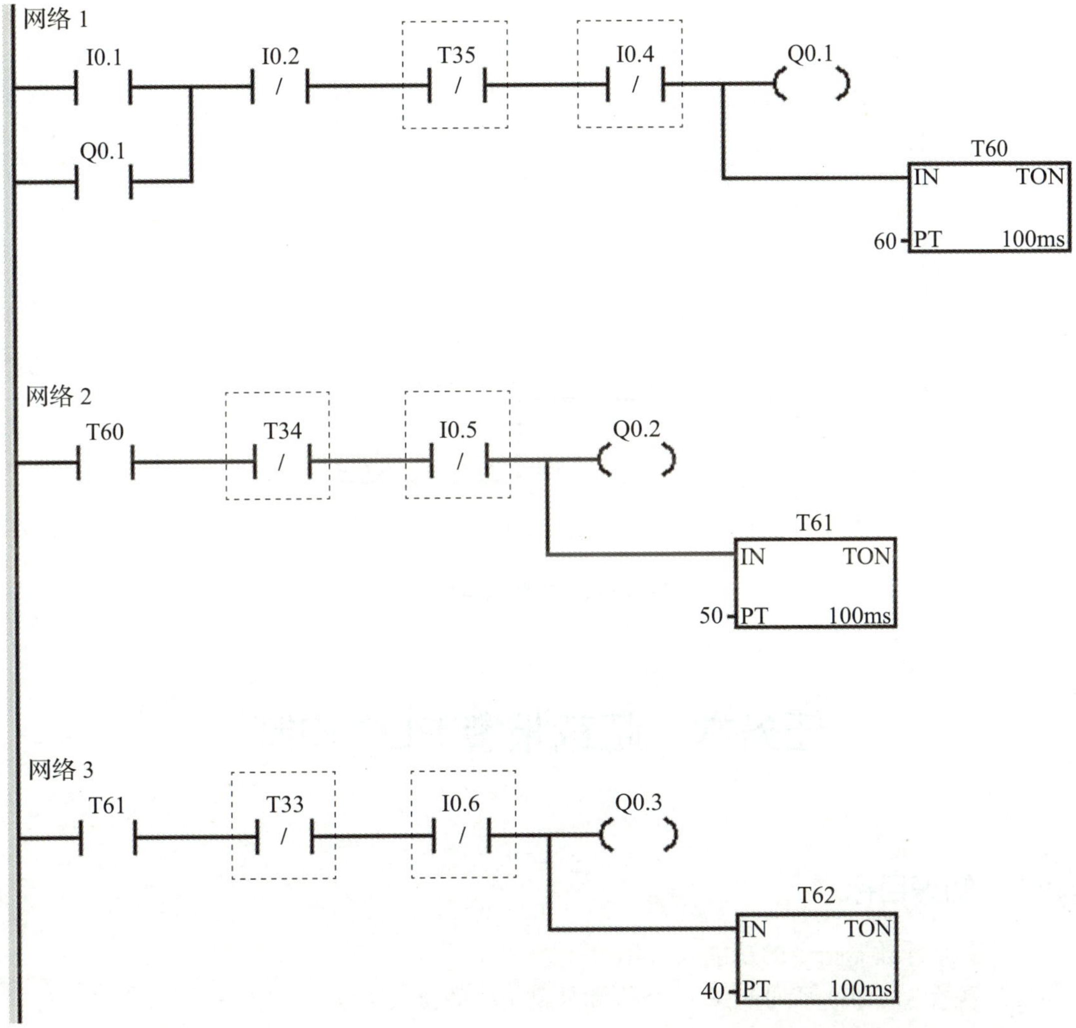

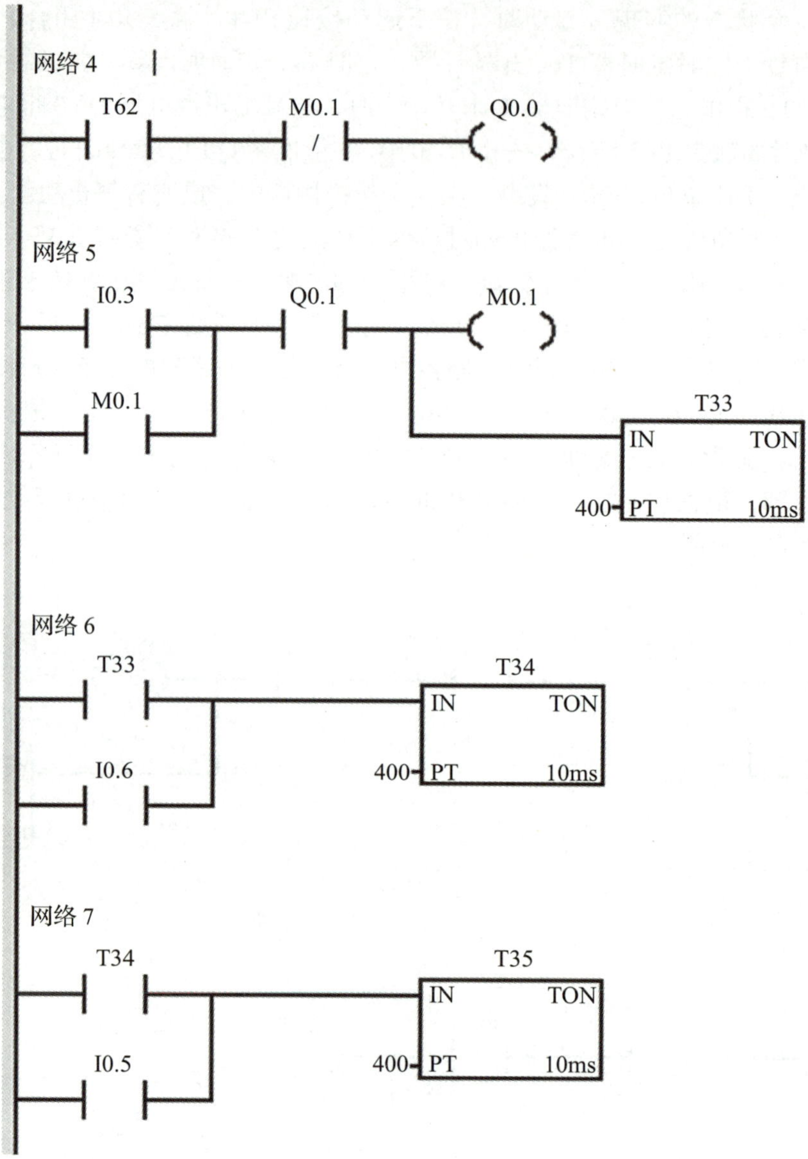

图 3-44　完整的梯形图

任务六　超载报警 PLC 控制

知识目标

（1）掌握计数器指令的功能及应用；

（2）熟悉 S7-200 系列 PLC 的结构和外部 I/O 的接线方法；

（3）熟悉 STEP 7-Micro/WIN32 V4.0 SP9 编程软件的使用方法；

（4）熟悉超载报警 PLC 控制的工作原理和程序设计方法。

技能目标

（1）能够正确编制超载报警 PLC 控制程序；

（2）能够独立完成超载报警 PLC 控制线路的连接；

（3）能够按规定进行通电调试；出现故障时，能根据设计要求独立检修，直至系统正常工作。

任务引入

超载报警 PLC 控制：为了确保交通安全，客车不能超载。当乘客超过 20 人时，报警灯闪烁，提示司机客车超载。

知识储备

计数器指令

计数器利用输入脉冲上升沿累计脉冲个数。S7-200 系列 PLC 有 3 类计数器：增计数器（CTU）、减计数器（CTD）和增减计数器（CTUD）。

计数器指令的格式及功能如表 3-13 所示。端子说明：PV 取值范围为 1 ～ 32 767，计数器的号码 C××× 的取值范围为 0 ～ 255。计数器也可通过复位指令复位。

表 3-13　计数器指令的格式及功能

LAD	STL	功能及说明	工作原理
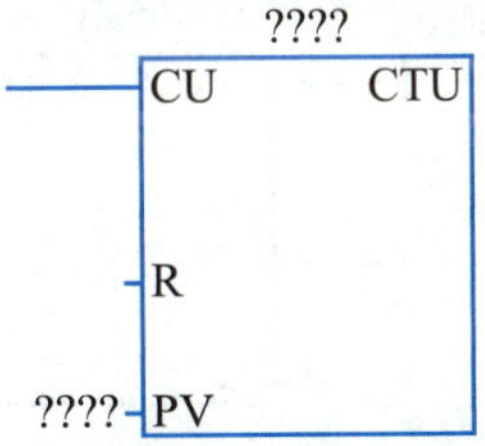	CTU	增计数器	当复位（R）端为 1 或首次扫描 CTU 时，计数器被复位，当前值 SV=0，同时状态为 0；当 R 端为 0 时，计数器工作。 每当 CU 端输入一个脉冲的上升沿，计数器的当前值增加 1。当 SV=PV 时，计数器状态为 1，当前值继续增加，最大值为 32 767
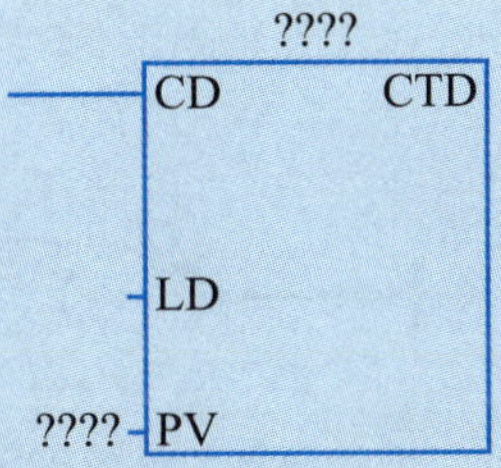	CTD	减计数器	当装载端（LD）为 1 时，计数器预置值（PV）装入当前值存储器；当计数器状态为 0，装载端（LD）为 0 时，即计数脉冲有效时，开始计数，当 CD 端输入一个脉冲的上升沿时，计数器的当前值减 1。当当前值（SV）=0 时，计数器状态为 1，并停止计数，直到装载端为 1 时止

续表

LAD	STL	功能及说明	工作原理
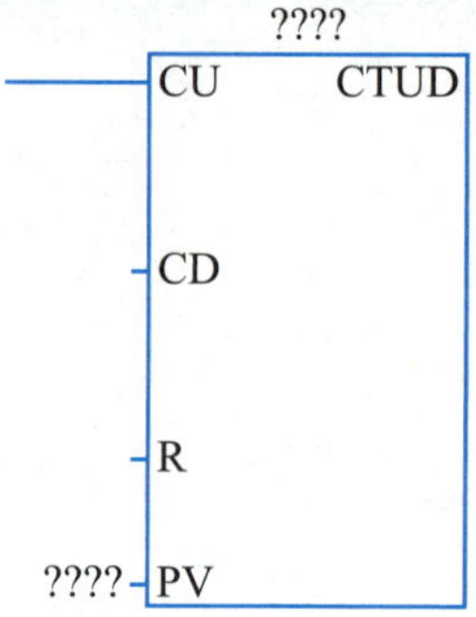	CTUD	增减计数器	当复位（R）端为 1 或首次扫描 CTU 时，计数器被复位，当前值 SV = 0，同时状态为 0；当 R 端为 0 时，计数器工作。 每当 CU 端输入一个脉冲的上升沿，计数器的当前值增加 1；每当 CD 端输入一个脉冲的上升沿，计数器的当前值减 1。当 SV ≥ PV 时，计数器状态为 1

说明：梯形图指令符号中，CU 为增计数器脉冲输入端，CD 为减计数器脉冲输入端，R 为复位脉冲输入端，LD 为减计数器复位脉冲输入端，PV 为预置值。编程范围为 C0 ~ C255，PV 预置值最大值为 32 767，PV 的数据类型为 INT，PV 操作数为 VW、IW、QW、MW、SW、SMW、LW、AIW、T、C、AC、*VD、*LD 和常数。

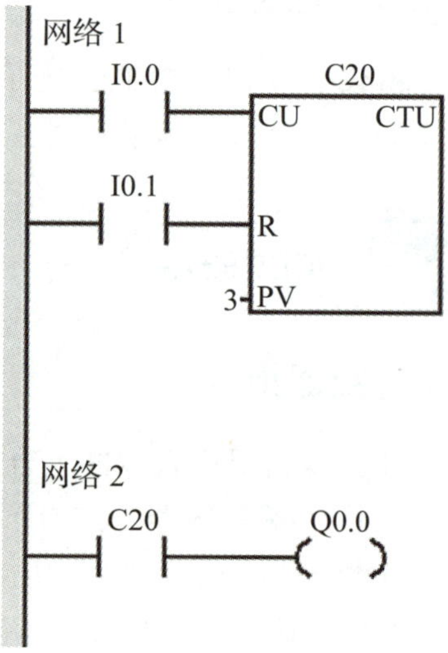

图 3-45　增计数器的编程应用

【例 3-12】增计数器的编程应用如图 3-45 所示。

程序说明：

（1）PLC 上电后的第一个扫描周期内，计数器位为断开（OFF）状态，当前值为 0。计数器脉冲输入端 CU 每检测到一个正跳变，当前值增加 1，当前值等于预置值 3 时，计算器位为闭合（ON）状态。如果 CU 端仍有计数脉冲输入，则当前值继续累计，直到最大值为 32 767 时，停止计数。

（2）复位输入端 R 有效时（由 OFF 变为 ON），计数器位将被复位为断开（OFF）状态，当前值则复位为 0，也可直接用复位指令 R 对计数器进行复位操作。

（3）在本例中，当 I0.0 第 3 次闭合时，计数器位被置位，输出线圈 Q0.0 接通。当 I0.1 闭合时，计数器位被复位，同时当前值 SV=0，Q0.0 断开。

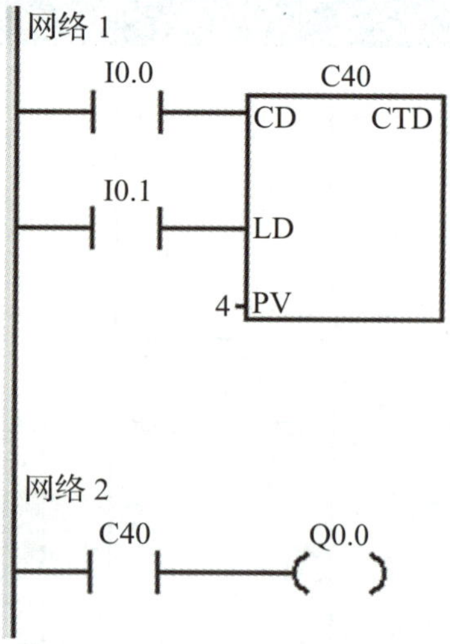

图 3-46　减计数器的编程应用

【例 3-13】减计数器的编程应用如图 3-46 所示。

程序说明：

（1）PLC 上电后的第一个扫描周期内，计数器位为断开（OFF）状态，当前值为预置值 PV，即 4。计数脉冲输入端 CD 每检测到一个正跳变，当前值减 1，当前值减小至 0 时，停止计数，计数器位为闭合（ON）

状态。

（2）LD 为装载输入端，当 LD 端有效时，计数器位复位，同时将预置值 PV 赋给当前值。

（3）在本例中，当 I0.0 第 4 次闭合时，计数器位被置位，输出线圈 Q0.0 接通。当 I0.1 闭合时，计数器位被复位，Q0.0 断开，计数器可以重新工作。

【例 3-14】增 / 减计数器的编程应用如图 3-47 所示。

程序说明：

（1）PLC 上电后的第一个扫描周期内，计数器位为断开（OFF）状态，当前值为 0。计数脉冲输入端 CU 每检测到一个正跳变，当前值增加 1；输入端 CD 每检测到一个正跳变，当前值减 1。当前值大于或等于预置值时，计数器位为闭合（ON）状态。当前值小于预置值时，计数器位为断开（OFF）状态。只要两个计数脉冲输入端有计数脉冲，计数器就会一直计数。在当前值增加到最大值 32 767 后，再来一个增脉冲，当前值变为最小值 -32 768。同理，当前值减小到 -32 768 后，再来一个减脉冲，当前值会变为最大值 32 767。

（2）复位输入端 R 有效时（由 OFF 变为 ON），计数器位将被复位为断开（OFF）状态，当前值则复位为 0，也可直接用复位指令 R 对计数器进行复位操作。

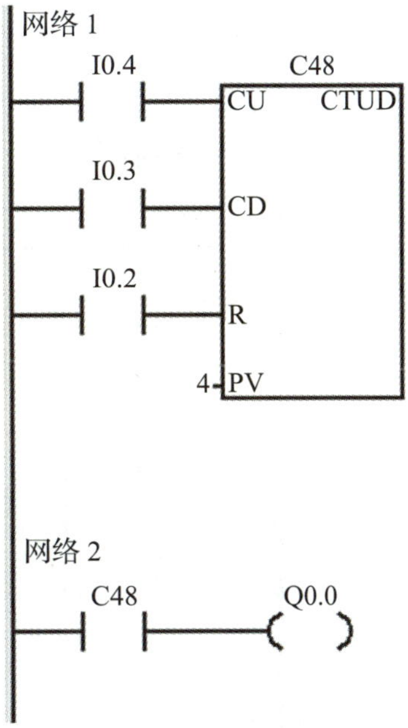

图 3-47　增 / 减计数器的编程应用

（3）在本例中，C48 当前值大于或等于 4 时，C48 触点闭合；当前值小于 4 时，C48 触点断开。当 I0.2 闭合时，复位当前值及计数器位。输出线圈 Q0.0 在 C48 触点闭合时接通。

【例 3-15】设计定时 10 小时的定时器。

分析：不管哪种定时精度的定时器，其最长定时时间都不能达到 1 小时，可以运用定时器和计数器组合来实现长时间的定时。方法是运用定时器产生一个 60s 的脉冲，然后对脉冲进行计数，计数 600 次即可。即在触点 I0.0 闭合，产生一个周期为 600s 的序列脉冲，作为计数器 C21 的计数脉冲，当 C21 计数 600 次时，输出继电器 Q0.0 得电。从触点 I0.0 闭合到输出继电器 Q0.0 得电，共用时 60s × 600 次 = 36 000s = 10h，其控制程序如图 3-48 所示。

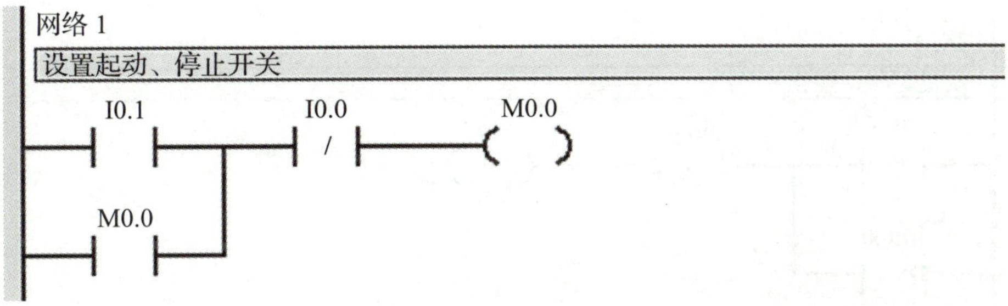

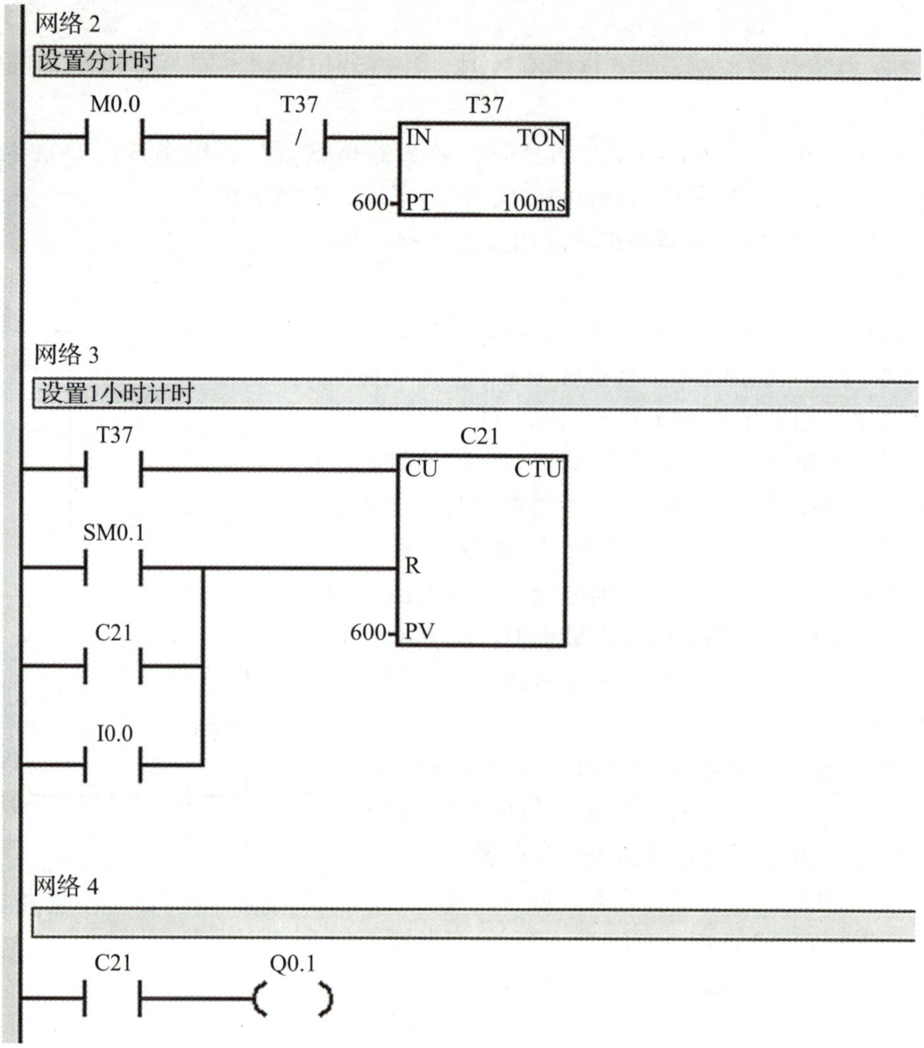

图 3-48　长定时器梯形图（10 小时）

【例 3-16】计数器和定时器构成的长定时设计。

要求：编制长定时电路程序，要求 I0.1 输入信号有效后，经过 10 小时 30 分钟，Q0.1 置位。网络 1、网络 2 的作用是用定时器定时 600 次 ×100ms = 60s，即 1 分钟，网络 3 中用计数器 C21 每 60s 计 1 次，共计 60s×60 次 = 1h，网络 4 中 C22 再对 C21 每小时计数 10 次，即定时 10 小时，网络 5 是 10 小时后再定时 30 分钟。具体程序如图 3-49 所示。

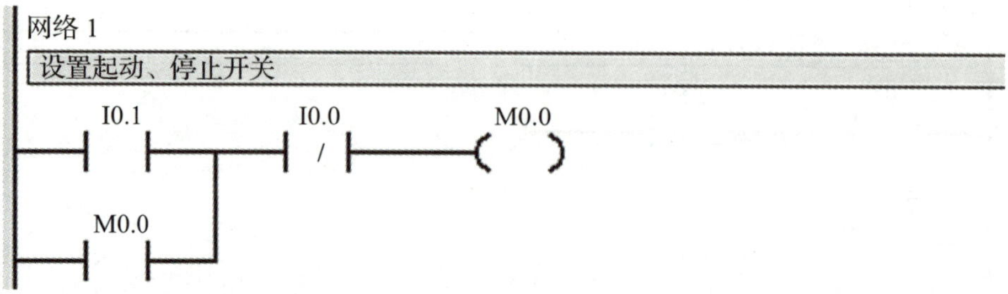

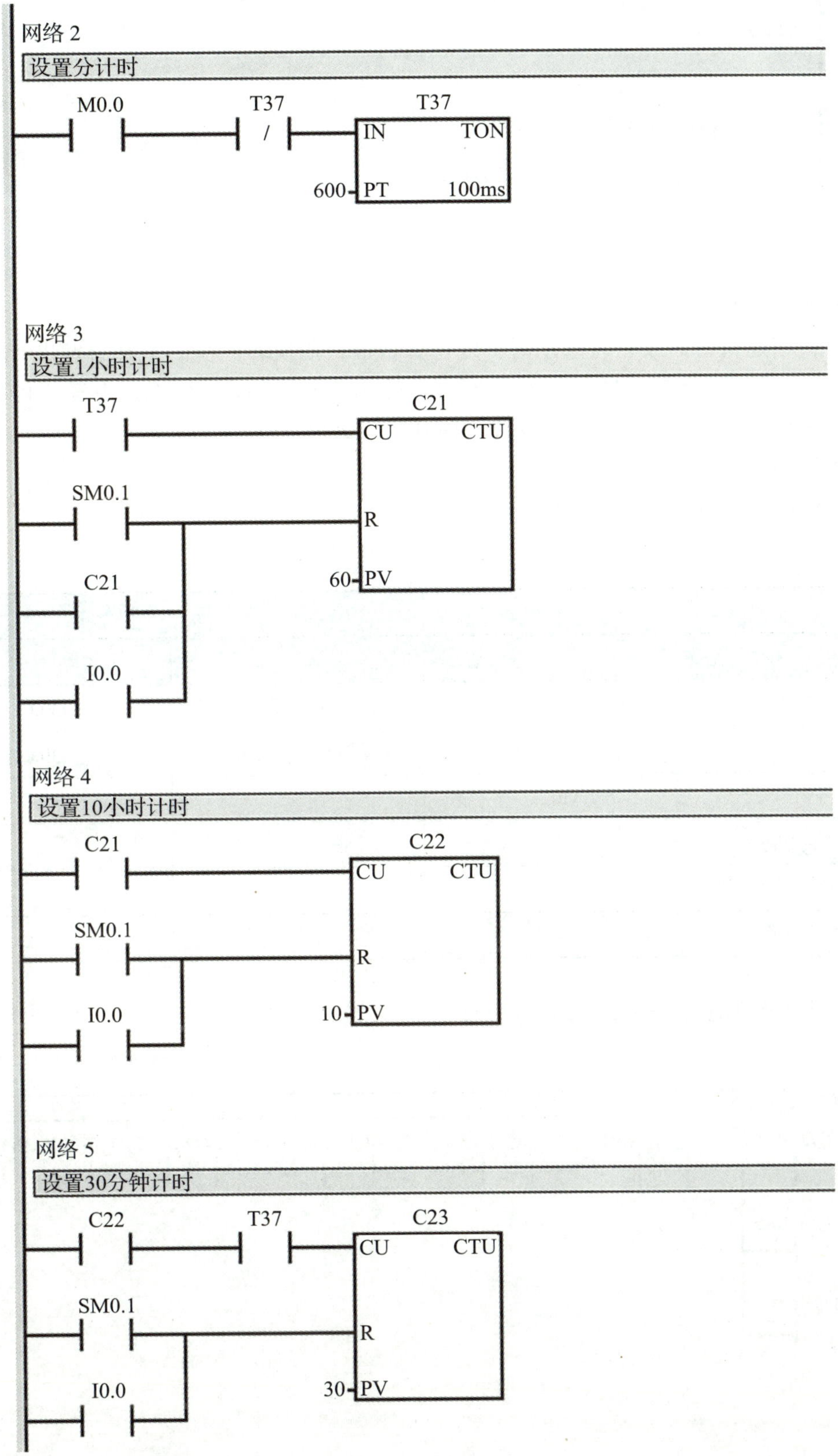
网络 2
设置分计时
M0.0
T37
T37
IN
TON
600
PT
100ms
网络 3
设置1小时计时
T37
C21
CU
CTU
SM0.1
R
C21
60
PV
I0.0
网络 4
设置10小时计时
C21
C22
CU
CTU
SM0.1
R
I0.0
10
PV
网络 5
设置30分钟计时
C22
T37
C23
CU
CTU
SM0.1
R
I0.0
30
PV

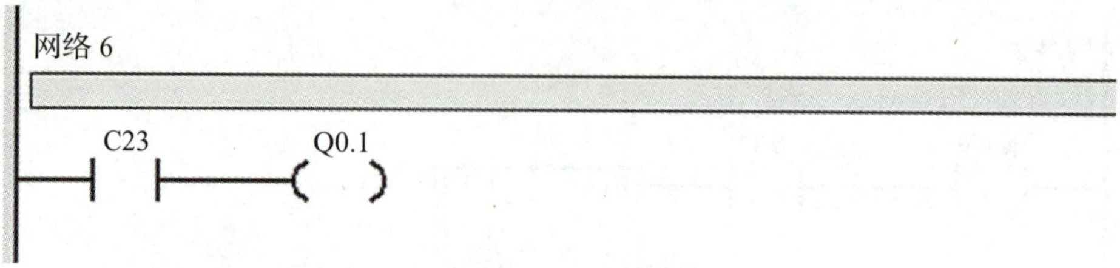

图 3-49　计数器和定时器构成的长定时程序

【例 3-17】限制循环次数的控制。

控制要求：要求电动机正反转运动循环 10 次后，停止运动。

分析：当运行开始或正转起动时，复位计数器，用反转到位的上升沿发出计数脉冲，当循环 10 次后，计数器常闭触点 C20 断开，输出 Q0.0 和 Q0.1 失电，电动机停止转动。需注意，在运行开始时，对计数器复位，使其当前值为 10。

程序控制如下：

（1）I/O 地址分配表如表 3-14 所示。

表 3-14　I/O 地址分配表

输入		输出	
名称	地址	名称	地址
正转起动	I0.0	正转接触器 KM1	Q0.0
反转起动	I0.1	反转接触器 KM2	Q0.1
停止	I0.2		
热继电器	I0.3		
正转到位行程开关	I0.4		
反转到位行程开关	I0.5		

（2）梯形图如图 3-50 所示。

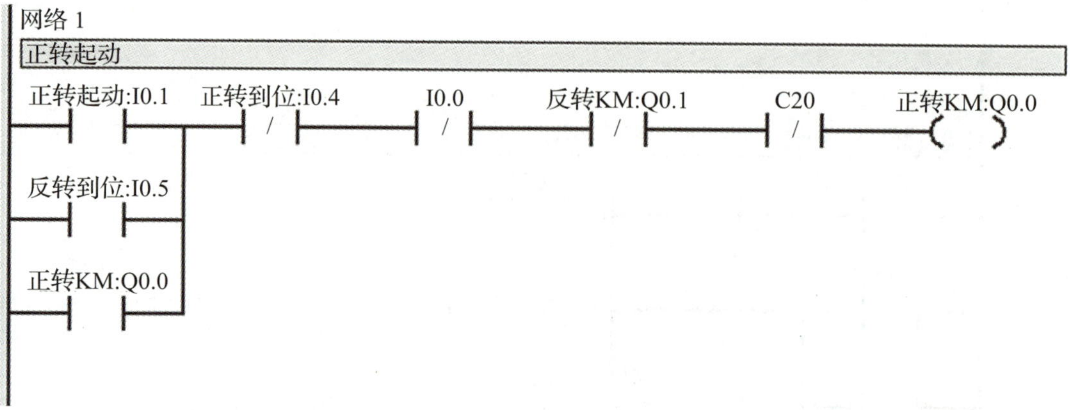

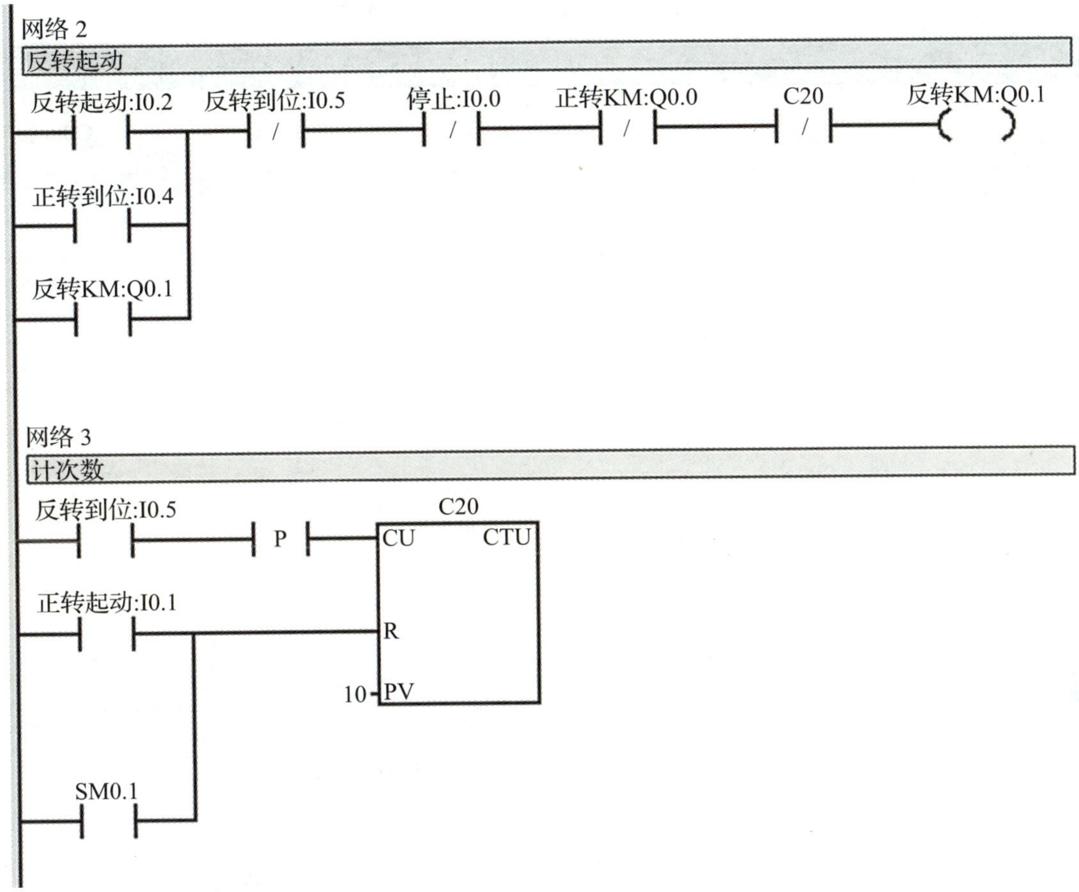

图 3-50 电动机正反转运动循环 10 次停止运行梯形图

任务实施

一、控制要求

根据任务要求，可以在前后车门处各设置一个光电开关，用来检测是否有乘客从前门上车或从后门下车。若有乘客上车或下车，则光电开关处于闭合状态；反之，处于断开状态。利用光电开关检测的信号驱动计数器累计乘客人数。若有乘客上车，则计数器加 1 计数；若有乘客下车，则计数器减 1 计数，超载时报警灯闪烁。

3-8 超载报警 PLC 控制

二、PLC 输入 / 输出端子分配

根据控制要求，PLC 输入 / 输出端子分配表见表 3-15，PLC 外部接线图如图 3-51 所示。

表 3-15 PLC 输入/输出端子分配表

输入元件	符号	输入地址	输出元件	符号	输出地址
上车检测光电开关	SC1	I0.0	报警灯	L	Q0.0
下车检测光电开关	SC2	I0.1			
起动停止按钮	SB1	I0.2			

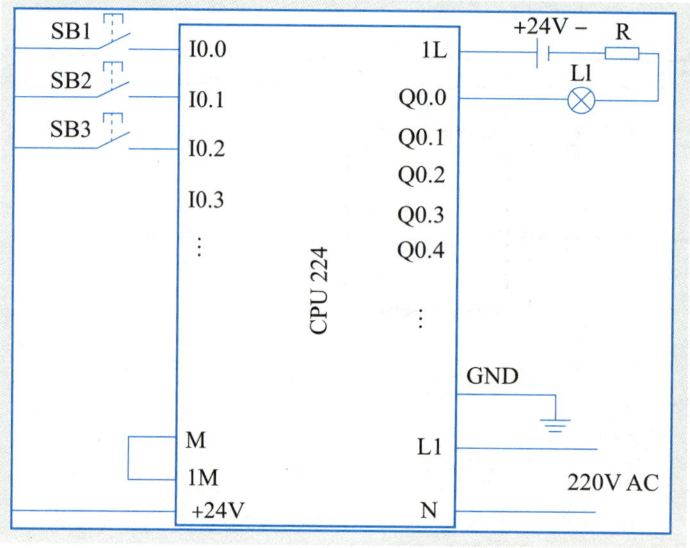

图 3-51 PLC 外部接线图

三、程序设计

程序设计如图 3-52 所示。

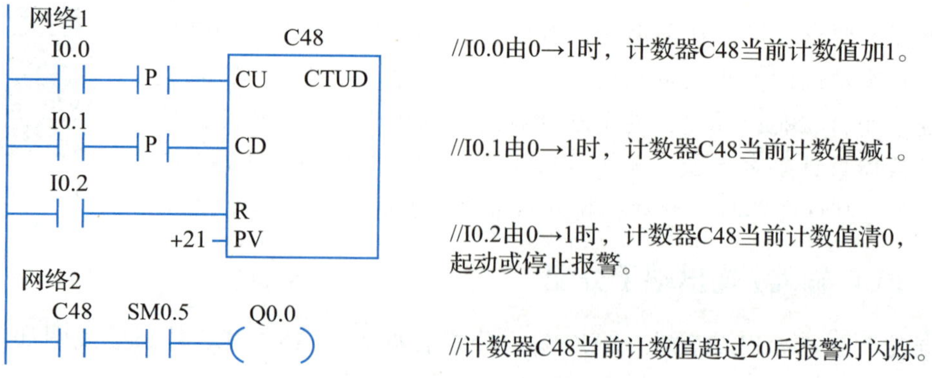

图 3-52 超载报警 PLC 梯形图程序设计

四、上机操作步骤及要求

（1）连接 PLC 输入输出接线，开启 STEP7-Micro/WIN32 V4.0 SP9 编程软件。

（2）打开符号表编辑器，根据表 3-15 的要求，将相应的符号与地址分别录入符号表的符号栏和地址栏。

（3）打开梯形图编辑器，录入程序并下载到 PLC 中，使 PLC 进入运行状态。

（4）PLC 进入梯形图监控状态。

1）不做任何操作，观察计数器 C48 的状态。

2）按下按钮 SB3，复位计数器 C48。

3）分别多次按下 SB1 和 SB2，观察计时器 C48 的当前值变化。

4）观察 C48 当前值大于或等于 20 时，Q0.0 的状态。

习 题

1. 接通延时定时器 TON 的使能（IN）输入电路________时开始定时，当前值大于或等于预设值时其定时器位变为________，梯形图中常开触点________，常闭触点________。使能电路________时被复位，复位后梯形图中的常开触点________，常闭触点________，当前值等于________。

2. 保持型接通延时定时器 TONR 的使能输入电路________时开始定时，使能输入电路断开时，当前值________。使能输入电路再次接通时________。必须用________指令来复位 TONR。

3. 断开延时定时器 TOF 的使能输入电路接通时，定时器位立即变为________，当前值被________。使能输入电路断开时，当前值从 0 开始________。当前值等于预设值时，定时器位为________，梯形图中其常开触点________，常闭触点________，当前值________。

4. 若加计数器的技术输入电路 CU________、复位输入电路 R________，计数器当前值加 1。当前值 SV 大于或等于预设值 PV 时，梯形图中其常开触点________，常闭触点________。复位输入电路________时，计数器被复位，复位后梯形图中常开触点________，常闭触点________，当前值________。

5. 编程实现多地控制，在两个地方实现对一台电动机的起停控制。

6. 使用 CPU SR20 的 PLC 设计两地均能控制同一台电动机的起停。

7. 用 R 指令、S 指令或 RS 指令编程实现电动机的正反转运行控制。

8. 两台电动机的顺序起动和顺序停止控制，即按下起动按钮第一台电动机立即起动，10s 后第二台电动机方能起动。按下停止按钮后，第一台电动机立即停止运行，延时 20s 后第二台电动机方能停止运行。

模块四 功能指令的编程及应用

学习重点

学习 S7-200 SMART PLC 的功能指令，包括数据传送、数据比较、数据移位、数据交换、子程序、中断控制、高速计数 / 脉冲输出、步进指令等。

素质目标

培养严谨细致的职业素养；培养积极进取精神和团队协作精神；遵守操作行为规范，树立环保意识。

任务一 小车自动呼叫系统控制

知识目标

（1）掌握数据传送指令的格式及应用；

（2）掌握数据比较指令的格式及应用；

（3）掌握程序编制的基本原则和步骤，掌握程序调试的步骤和方法。

技能目标

（1）能够在程序中合理使用数据传送指令和比较指令；

（2）能够正确使用数据类型。

任务引入

料斗（小车）有 6 个工作位置，分别通过行程开关 SQ1 ～ SQ6 来检测；每个工作位置设有一只呼叫按钮，分别是 SB1 ～ SB6。工作时，首先按下起动按钮起动该系统，然后在任意位置按下呼叫按钮时，料斗都会自动向这一位置运动，到达后自动停止。工作过程中若遇紧急情况，可及时按下紧急停车按钮。

知识储备

一、传送指令

传送指令的主要作用是将常数或某存储器中的数据传送到另一存储器中，分为单一数据传送及成组数据传送两大类，通常用于设定参数、协助处理有关数据以及建立数据或参数表格等。传送指令根据数据类型的不同又可分为字节、字、双字及实数传送指令。

1. 数据传送指令

数据传送指令的格式及功能见表 4-1。

表 4-1　数据传送指令的格式及功能

梯形图	语句表		功能
	操作码	操作数	
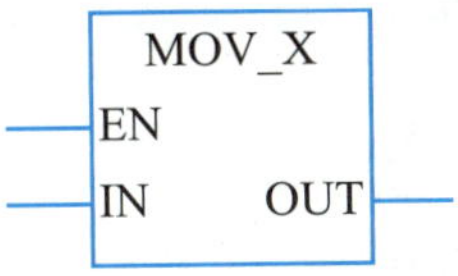	MOV_X	IN，OUT	当使能位 EN 为 1 时，把输入的数据 IN 传送到输出 OUT。在传送过程中不改变数据的大小。传送后，输入存储器 IN 中的内容不变

其中，MOV 为传送指令符号，X 代表被传送数据的长度，包括四种数据长度，即字节（B）、字（W）、双字（D）和实数（R）。数据传送指令的可用操作数见表 4-2。

表 4-2　数据传送指令的可用操作数

指令	IN/OUT	操作数	数据类型
MOVB	IN	VB、IB、QB、MB、SB、SMB、LB、AC、常数，*VD、*AC、*LD	BYTE
	OUT	VB、IB、QB、MB、SB、SMB、LB、AC、常数，*VD、*AC、*LD	BYTE
MOVW	IN	VW、IW、QW、MW、SW、SMW、LW、AC、T、C、常数、*VD、*AC、*LD	WORD、INT
	OUT	VW、IW、QW、MW、SW、SMW、LW、AC、*VD、*AC、*LD	WORD、INT

续表

指令	IN/OUT	操作数	数据类型
MOVD	IN	VD、ID、QD、MD、SD、SMD、LD、HC、&VB、&IB、&QB、&MB、&SB、&T、&C、AC、常数、*VD、*AC、*LD	DWORD、INT
	OUT	VD、ID、QD、MD、SD、SMD、LD、AC、*VD、*AC、*LD	DWORD、INT
MOVR	IN	VD、ID、QD、MD、SD、SMD、LD、AC、常数、*VD、*AC、*LD	REAL
	OUT	VD、ID、QD、MD、SD、SMD、LD、AC、*VD、*AC、*LD	REAL

【例 4-1】数据传送指令编程举例。

假定 I0.0 闭合时，将 VD100 中的数据传送到 AC1 中，则对应的梯形图程序及传送结果如图 4-1 所示。

程序说明：

（1）在 I0.0 闭合瞬间，将 VD100（包括 4 个字节：VB100 ~ VB103）中的数据传送到 AC1 中。

（2）在 I0.0 闭合期间，MOVD 指令每个扫描周期运行一次，若希望其只在 I0.0 闭合时运行一个扫描周期，则需要在 I0.0 后串联一个正跳变指令，如图 4-2 所示。

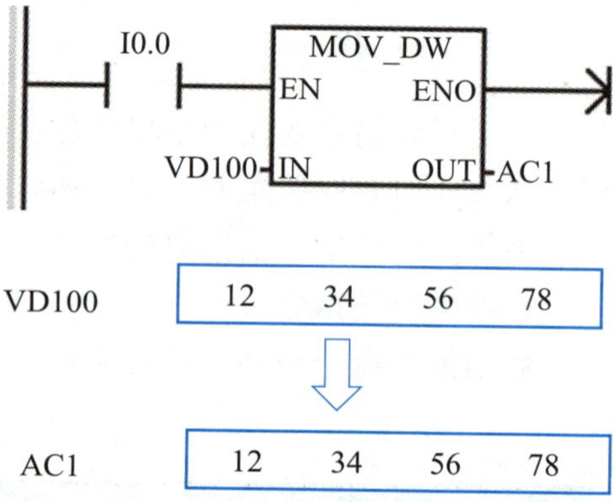

图 4-1 数据传送指令编程举例

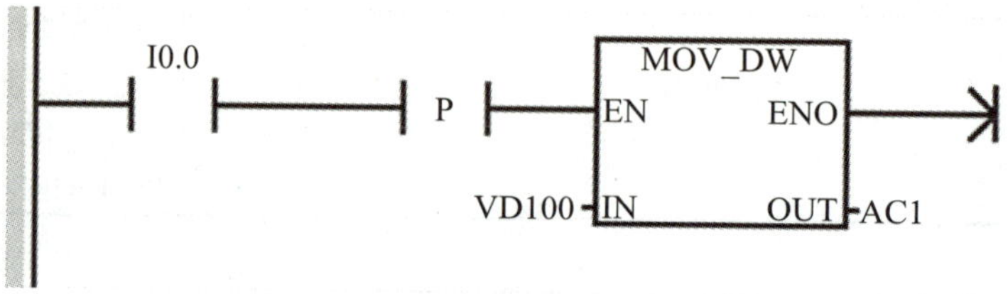

图 4-2 在 I0.0 后串联一个正跳变指令

【例 4-2】设三台电动机分别由 Q0.0、Q0.1、Q0.2 驱动，I0.0 为起动输入信号，I0.1 为停止信号。

分析：QB0

	Q0.7	Q0.6	Q0.5	Q0.4	Q0.3	Q0.2	Q0.1	Q0.0
I0.0 接通时	0	0	0	0	0	1	1	1

QB0 = 2#00000111 = 16#07 = 7

	Q0.7	Q0.6	Q0.5	Q0.4	Q0.3	Q0.2	Q0.1	Q0.0
I0.1 接通时	0	0	0	0	0	0	0	0

QB0 = 0

将上述过程转换成梯形图，如图 4-3 所示。

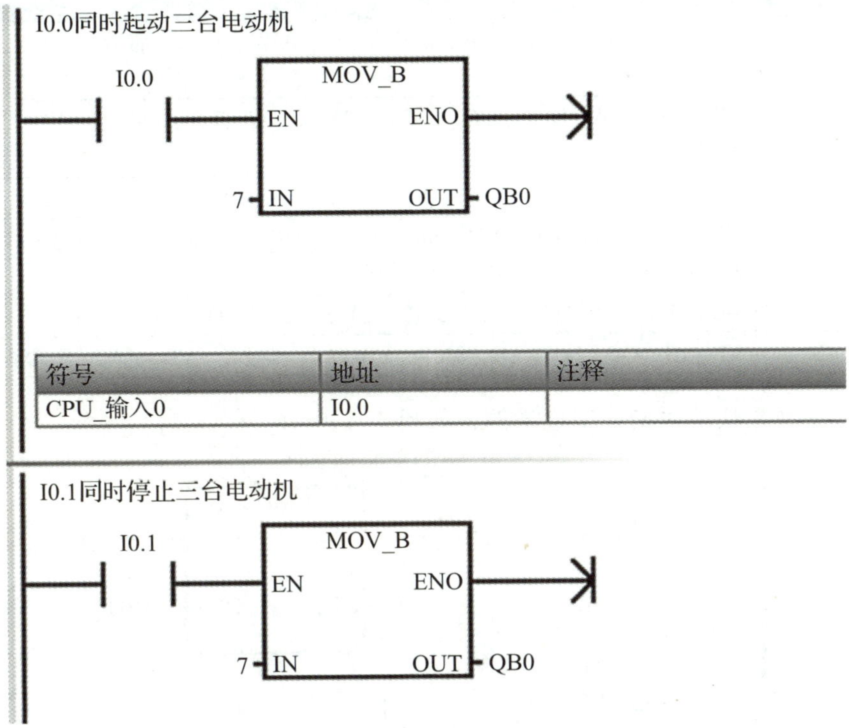

图 4-3　三台电动机同时起停控制程序

2. 数据块传送指令

数据块传送指令的格式及功能见表 4-3。

表 4-3　数据块传送指令的格式及功能

梯形图	语句表		功能
	操作码	操作数	
BLK MOV_X EN IN N　OUT	BMX	IN，OUT，N	当使能位 EN 为 1 时，把从 IN 存储单元开始的连续的 N 个数据传送到从 OUT 开始的连续的 N 个存储单元中

其中，BLK MOV 为块传送指令符号，X 表示数据类型，分为字节（B）、字（W）、双字（D）三种。N 指定被传送数据块的长度，可取范围是 1 ～ 255。数据块传送指令的可用操作数见表 4-4。

表 4-4　数据块传送指令的可用操作数

指令	IN/OUT	操作数	数据类型
BMB	IN/OUT	VB、IB、QB、MB、SB、SMB、LB、*VD、*AC、*LD	BYTE
	N	VB、IB、QB、MB、SB、SMB、LB、AC、常数，*VD、*AC、*LD	BYTE

续表

指令	IN/OUT	操作数	数据类型
BWM	IN	VW、IW、QW、MW、SW、SMW、LW、AIW、T、C、常数、*VD、*AC、*LD	WORD
	OUT	VW、IW、QW、MW、SW、SMW、LW、AQW、T、C、常数、*VD、*AC、*LD	WORD
	N	VB、IB、QB、MB、SB、SMB、LB、AC、常数，*VD、*AC、*LD	
BMD	IN	VD、ID、QD、MD、SD、SMD、LD、HC、&VB、&IB、&QB、&MB、&SB、&T、&C、AC、常数、*VD、*AC、*LD	DWORD
	OUT	VD、ID、QD、MD、SD、SMD、LD、AC、*VD、*AC、*LD	DWORD
	N	VB、IB、QB、MB、SB、SMB、LB、AC、常数，*VD、*AC、*LD	BYTE

【例 4-3】数据块传送指令编程举例，如图 4-4 所示。

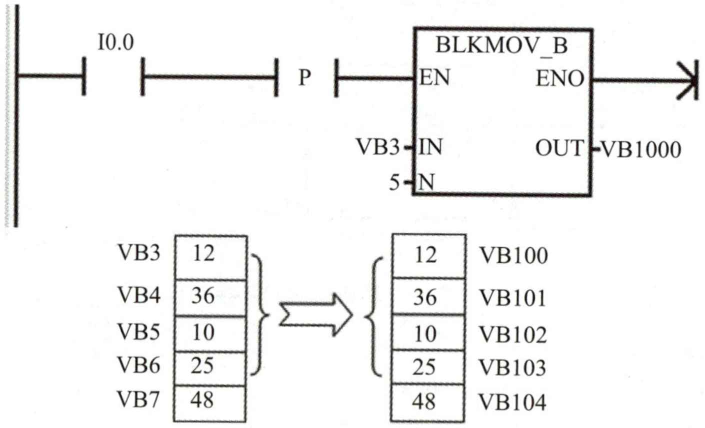

图 4-4 数据块传送指令编程举例

当 I0.0 上升沿到来时，将 VB3 ~ VB7 连续 5 个字节中的内容传送至 VB100 ~ VB104 中。

二、高低字节交换指令

高低字节交换指令的格式及功能见表 4-5，其可用操作数见表 4-6。

表 4-5 高低字节交换指令的格式及功能

梯形图	语句表		功能
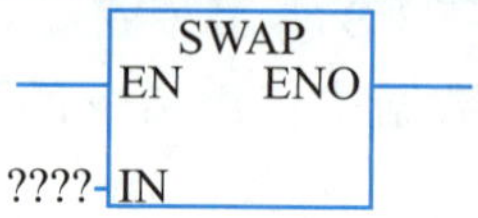	操作码	操作数	当使能位 EN 为 1 时，将输入字 IN 中的高字节与低字节交换
	SWAP	IN	

表 4-6 高低字节交换指令的可用操作数

指令	IN/OUT	操作数	数据类型
SWAP	IN	VW、IW、QW、MW、SW、SMW、LW、T、C、AC、*VD、*AC、*LD	WORD

说明：操作数 IN 不能寻址常数，只能对字节地址寻址。

【例 4-4】高低字节交换指令编程举例。

假定变量存储器 VW4 单元中存放一数据 0A06。当 I0.0 由 0 变为 1 后，SWAP 指令将使 VW4 中的内容的高字节与低字节交换，其结果变为 060A，其梯形图程序及结果如图 4-5 所示。

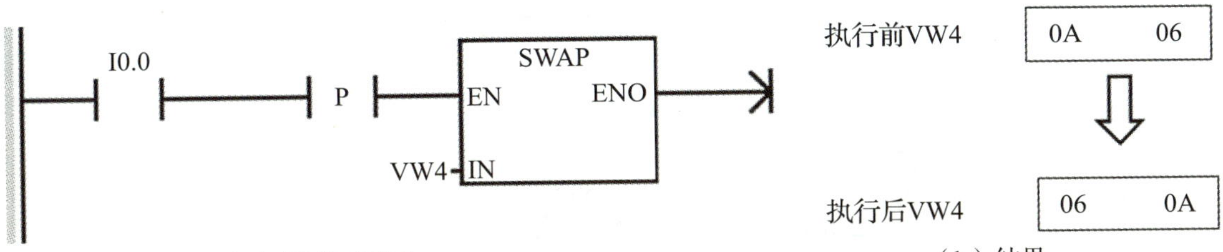

（a）梯形图程序　　（b）结果

图 4-5　高低字节交换指令编程举例

说明：使用 SWAP 指令时，若不使用正跳变指令，则在 I0.0 闭合的每一个扫描周期执行一次高低字节交换，不能保证结果正确。

三、数据比较指令

数据比较指令用于比较两个数据的大小，并根据比较的结果使触点闭合，进而实现某种控制要求。所以数据比较指令也是一种位控制指令，可以对其进行与、或编程。数据比较指令包括字节比较、字整数比较、双字整数比较及实数比较指令四种，其格式及功能见表 4-7。

表 4-7　数据比较指令的格式及功能

梯形图	语句表		功能
	操作码	操作数	
IN1 —| F X |— IN2	LDXF AXF OXF	IN1，IN2 IN1，IN2 IN1，IN2	比较两个数 IN1 和 IN2 的大小，若比较为真，则该触点闭合

说明：

（1）操作码中的 F 代表比较符号，可分为 =、<>、>=、<=、>、< 六种。

（2）操作码中的 X 代表数据类型，分为字节（B）、字整数（I）、双字整数（D）和实数（R）四种。

（3）操作数的寻址范围要与指令码中的 X 一致。

（4）字节指令是无符号的，字整数、双字整数及实数比较都是有符号的。

【例 4-5】数据比较指令编程举例，如图 4-6 所示。

程序运行后，增计数器 C3 开始计数，计数脉冲由 SM0.5 输出 1s 脉冲。当计数器当前值大于或等于 10 时，Q0.0 接通；当 I0.1 闭合，同时计数器当前值大于或等于 20 时，Q0.1 接通；当 I0.2 闭合或计数器当前值大于或等于 30 时，Q0.2 接通。

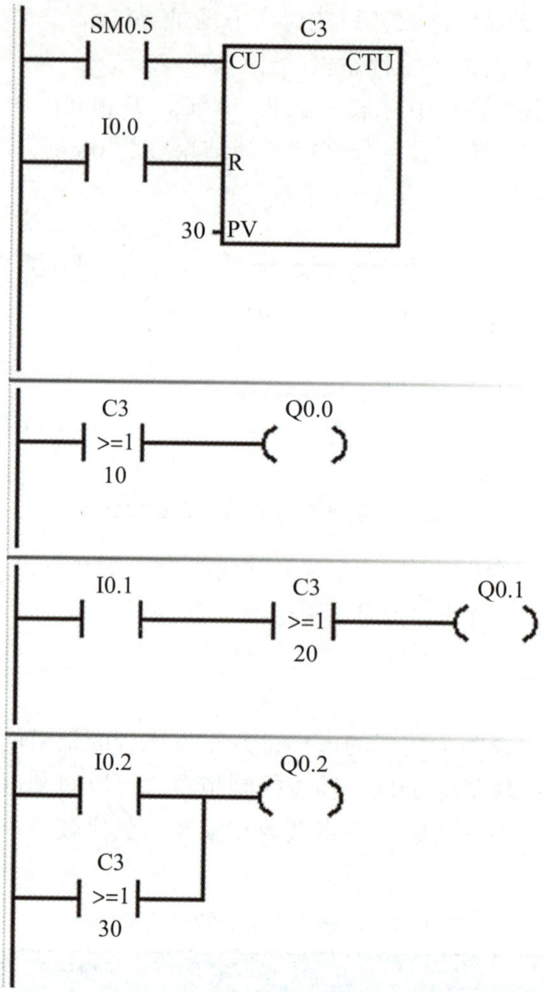

图 4-6　数据比较指令编程举例

【例 4-6】一自动仓库存放某种货物，最多 6 000 箱，需对所存的货物进行计数。货物多于 1 000 箱，灯 L1 亮；货物多于 5 000 箱，灯 L2 亮。其中，L1 和 L2 分别受 Q0.0 和 Q0.1 控制，数值 1 000 和 5 000 分别存储在 VW20 和 VW30 字存储单元中。梯形图程序如图 4-7 所示，I0.0 为入货检测，I0.1 为出货检测，I0.2 接复位按钮。

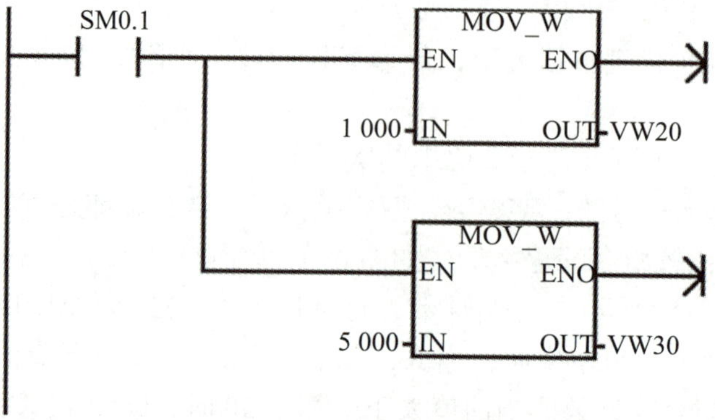

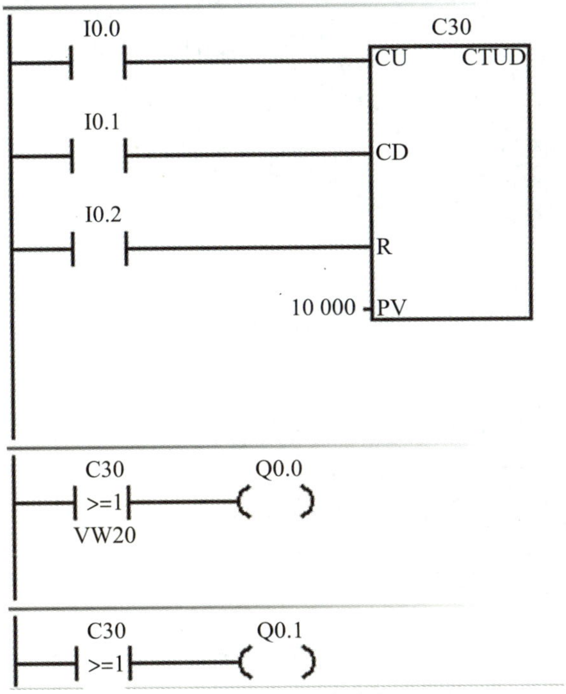

图 4-7 梯形图程序

任务实施

一、PLC I/O 分配

料斗方向自动控制 PLC I/O 分配如表 4-8 所示。

表 4-8 料斗方向自动控制 PLC I/O 分配

输入				输出	
1# 位置	I0.1	1# 呼叫	I1.1	向右运动接触器	Q0.0
2# 位置	I0.2	2# 呼叫	I1.2		
3# 位置	I0.3	3# 呼叫	I1.3		
4# 位置	I0.4	4# 呼叫	I1.4	向左运动接触器	Q0.1
5# 位置	I0.5	5# 呼叫	I1.5		
6# 位置	I0.6	6# 呼叫	I1.6		
起动按钮	I0.0	急停按钮	I1.0		
内部存储器字节					
料斗位置存储器字节		VB0	呼叫位置存储器字节		VB1

二、PLC I/O 接线

料斗往返自动控制系统 PLC I/O 接线图如图 4-8 所示。

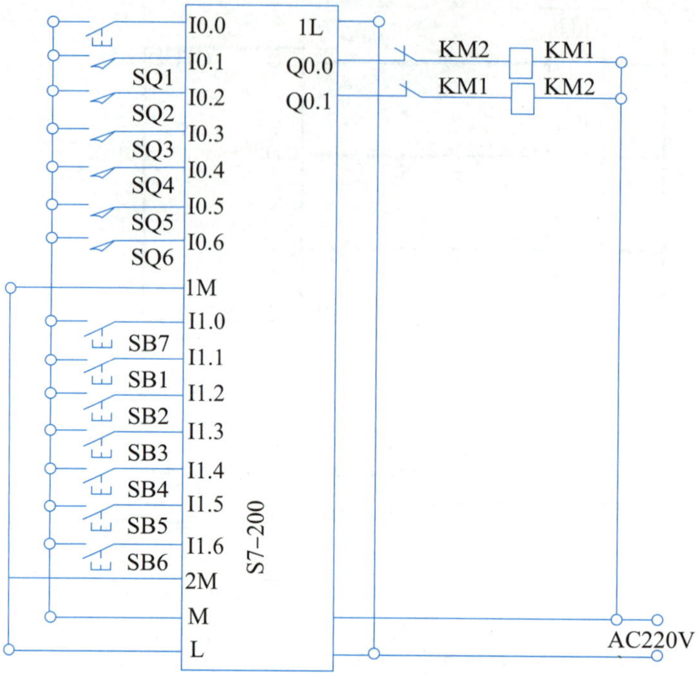

图 4-8　料斗往返自动控制系统 PLC I/O 接线图

三、控制程序设计

编写该自动控制 PLC 程序的主要指导思想是解决料斗位置与呼叫位置之间的关系问题。比如，料斗位置及呼叫位置都采用数字号码表示，则只需对位置号码与呼叫号码进行比较便可得出料斗的运动方向。为此，应设法使位置信号及呼叫信号与相应的数字号码一一对应。可考虑使用传送指令或编码指令来解决这一问题。为显示料斗的位置，定义 PLC 的变量存储器字节 VB0 存储料斗的位置；为显示呼叫按钮位置，定义 PLC 的变量存储器字节 VB1 存储呼叫位置。

对应的梯形图程序如图 4-9 所示。

四、上机操作步骤及要求

（1）连接 PLC I/O 接线。

（2）开启 STEP 7-Micro/WIN32 编程软件，将程序录入并下载到 PLC 中，使 PLC 进入运行状态。

（3）打开状态表编辑器，使用强制、取消强制操作，观察料斗位置存储器 VB0、呼叫位置存储器 VB1 的值，输出 Q0.0、Q0.1 的工作情况。

按下起动按钮，料斗会在没有选择呼叫的情况下自动向左运动，此时应及时按下呼叫按钮，否则料斗会移出显示器；在料斗位置与呼叫位置不相同的情况下，程序应能使料斗自动选择运动方向。工作过程中，按下急停按钮后料斗应能自动停车。模拟运行过程中要注意 PLC 内部寄存器位的变化，以便进一步掌握 PLC 程序的执行情况。

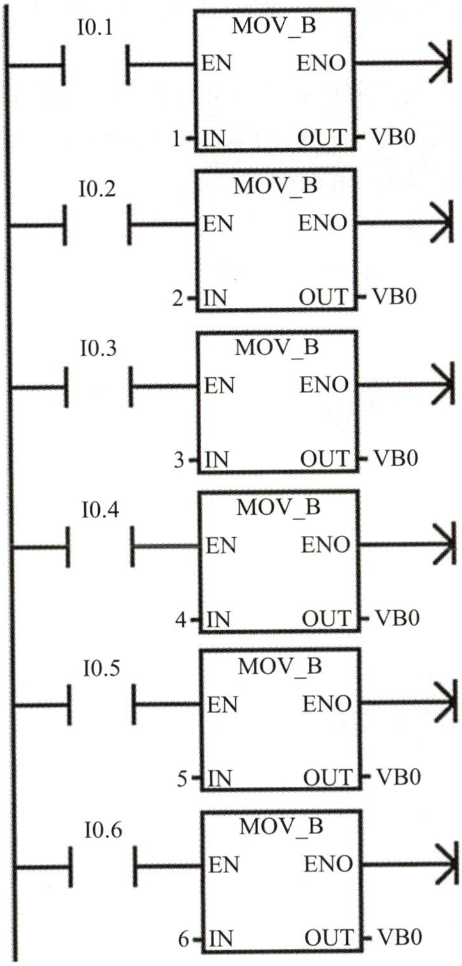

（a）料斗位置记录

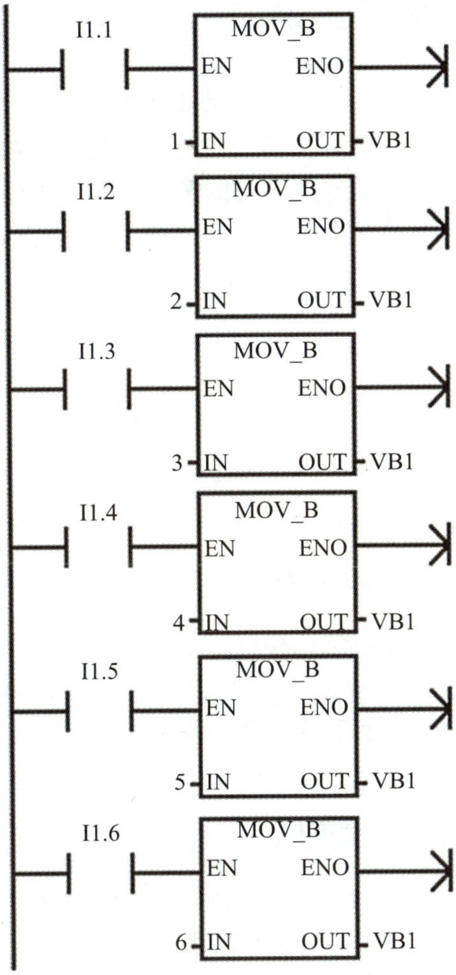

（b）料斗呼叫记录

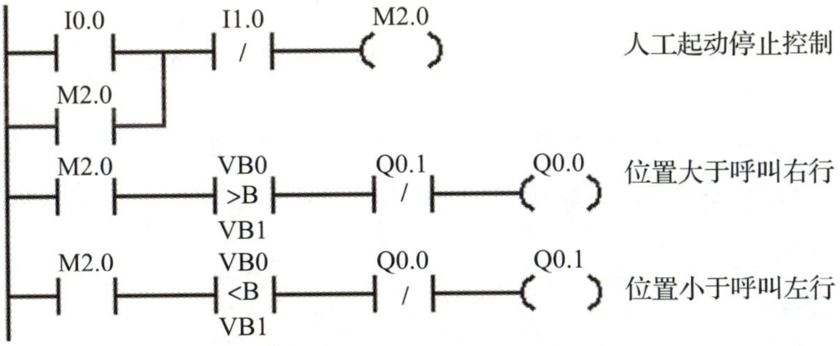

（c）料斗起动停止及运动方向判别控制

图 4-9　料斗起动方向自动控制梯形图

五、任务拓展

（1）编写多台电动机分时起动控制程序。

要求：按下起动按钮，3 台电动机每隔 3s 依次起动；按下停止按钮，3 台电动机同时停止。

（2）编写简单的定尺裁剪控制程序。材料的定尺裁剪可通过脉冲计数的方式控制。在电动机轴上装一个多齿凸轮，用接近开关检测多齿凸轮，产生的脉冲输入 PLC 的计数器。脉冲数反映电动机转过的角度，进而间接地反映材料前进的距离。

要求：电动机起动后计数器开始计数，计数至 4 900 个脉冲时，电动机减速；计数到 5 000 个脉冲时，电动机停止，同时剪切机运行，将材料切断，并使脉冲计数复位。

任务二　彩灯控制

知识目标

（1）掌握数据移位指令的格式及应用；

（2）熟悉 S7-200 SMART 的结构和外部接线方法；

（3）掌握程序编制的基本原则，掌握程序调试的步骤和方法。

技能目标

（1）能够在程序中合理使用数据移位指令；

（2）能够正确使用数据类型。

任务引入

流水灯显示 PLC 控制：PLC 的输出端口控制 8 个指示灯（任意时刻仅有 1 个指示灯点亮）。

按下起动按钮，8 个彩灯自 Q0.0 开始每隔 1s 依次向左循环点亮，保持任意时刻只有一个指示灯亮，到达最右端后，再从左到右依次点亮，直到发出停止信号后熄灭。

知识储备

移位指令

移位指令分为左、右移位指令，循环左、右移位指令，寄存器移位指令三大类。前两类移位指令按移位数据的长度分为字节型、字型和双字型三种。移位指令最大移位位数大于或等于数据类型（B、W、DW）对应的位数，移位位数（次数）N 为字节型数据。

1. 左、右移位指令

左、右移位指令将数据存储单元与 SM1.1（溢出）相连，移出位被放到特殊标志存储器 SM1.1 位。移位数据存储单元的另一端补入 0。左、右移位指令的格式及功能见表 4-9。

表 4-9 左、右移位指令的格式及功能

数据移位指令	格式		功能
	梯形图	语句表	
数据左移位指令	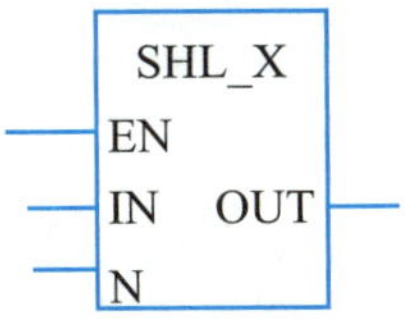	SLX OUT，N	使能输入 EN 有效时，将输入的字节、字或双字 IN 左移 N 位（右端补 0），然后将结果输出到 OUT 指定的存储器中，最后一次移出位保存在 SM1.1 中
数据右移位指令	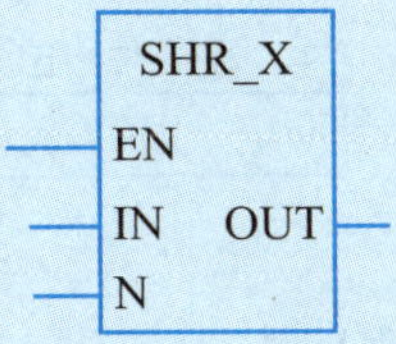	SRX OUT，N	使能输入 EN 有效时，将输入的字节、字或双字 IN 右移 N 位（左端补 0），然后将结果输出到 OUT 指定的存储器中，最后一次移出位保存在 SM1.1 中

（1）左移位指令（SHL）：使能输入有效时，将输入 IN 的无符号数的字节、字或双字中的各位向左移 N 位后（右端补 0），将结果输出到 OUT 所指定的存储单元中，如果移位次数大于 0，最后一次移出位保存在“溢出”存储位 SM1.1。如果移位结果为 0，零标志位 SM1.0 置 1。

（2）右移位指令（SHR）：使能输入有效时，将输入 IN 的无符号数的字节、字或双字中的各位向右移 N 位后（左端补 0），将结果输出到 OUT 所指定的存储单元中，移出位补 0，最后一次移出位保存在 SM1.1。如果移位结果为 0，零标志位 SM1.0 置 1。

数据移位指令可用的操作数见表 4-10。

表 4-10 数据移位指令可用的操作数

指令	输入 / 输出	操作数	数据类型
SRB，SLB	IN	VB，IB，QB，MB，SB，SMB，LB，AC，常数，*VD，*AC，*LD	BYTE
	OUT	VB，IB，QB，MB，SB，SMB，LB，AC，*VD，*AC，*LD	BYTE
	N	VB，IB，QB，MB，SB，SMB，LB，AC，常数，*VD，*AC，*LD	BYTE
SRW，SLW	IN	VW，IW，QW，MW，SW，SMW，LW，T，C，AC，常数，*VD，*AC，*LD	WORD
	OUT	VW，IW，QW，MW，SW，SMW，LW，T，C，AC，*VD，*AC，*LD	WORD
	N	VB，IB，QB，MB，SB，SMB，LB，AC，常数，*VD，*AC，*LD	BYTE
SRD，SLD	IN	VD，ID，QD，MD，SD，SMD，LD，AC，常数，*VD，*AC，*LD	DWORD
	OUT	VB，IB，QB，MB，SB，SMB，LB，AC，*VD，*AC，*LD	DWORD
	N	VB，IB，QB，MB，SB，SMB，LB，AC，常数，*VD，*AC，*LD	BYTE

【例 4-7】数据左移指令编程举例。

假定 VW0 中存有十六进制数 E2AD，现将其左移 3 位，I0.1 为移位控制信号。对应的梯形图及工作时序如图 4-10 所示。

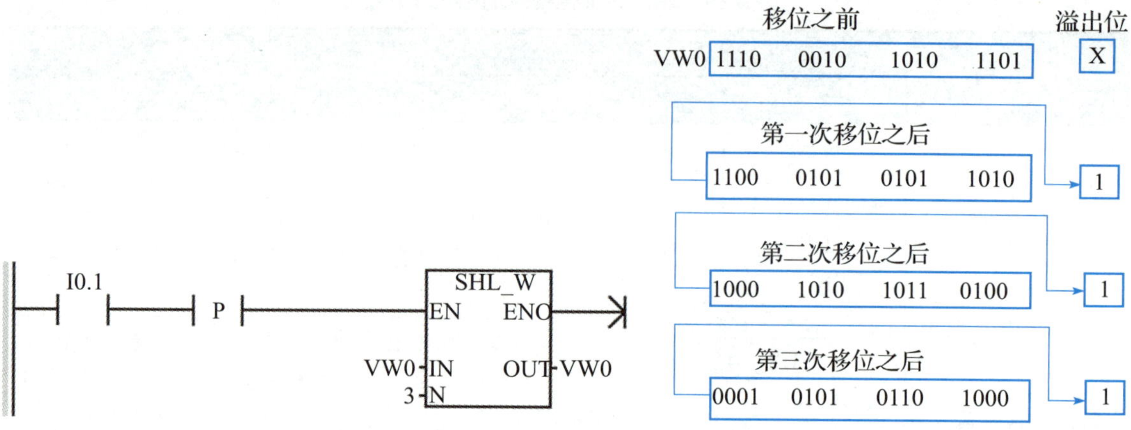

（a）梯形图　　（b）工作时序

图 4-10　数据左移位指令编程举例

程序说明：在 I0.1 上升沿到来时，VW0 中的数据向左移 3 位，并将最高位移到 SM1.1 中。使能信号如果不加上升沿 EU，那么 PLC 每扫描一次都会向左移 3 位，移动次数不可控，致使运行结果错误。

2. 数据循环左、右移位指令

数据循环左、右移位指令的格式及功能见表 4-11。

表 4-11　数据循环左、右移位指令的格式及功能

数据循环移位指令	格式		功能
	梯形图	语句表	
数据循环左移位指令	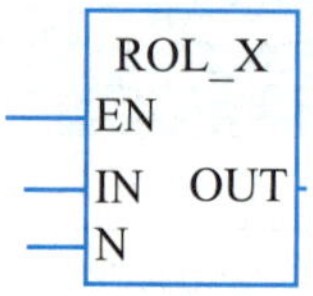	RLX OUT，N	使能输入 EN 有效时，将输入的字节、字或双字 IN 循环左移 N 位，然后将结果输出到 OUT 指定的存储器中，最后一次移出位保存在 SM1.1 中
数据循环右移位指令	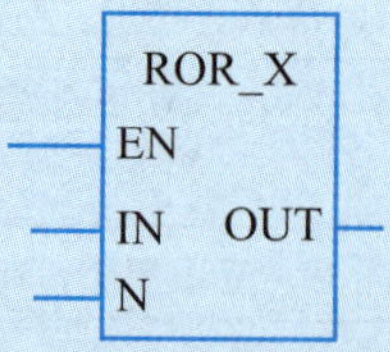	RRX OUT，N	使能输入 EN 有效时，将输入的字节、字或双字 IN 循环右移 N 位，然后将结果输出到 OUT 指定的存储器中，最后一次移出位保存在 SM1.1 中

说明：ROL 是数据循环左移位指令，ROR 是数据循环右移位指令。循环移位将移位数据存储单元的首尾相连，同时又与溢出标准 SM1.1 连接，SM1.1 用来存放被移出的位。数据循环移位指令可用的操作数见表 4-12。

表 4-12　数据循环移位指令可用的操作数

指令	输入 / 输出	操作数	数据类型
RRB，RLB	IN	VB，IB，QB，MB，SB，SMB，LB，AC，常数，*VD，*AC，*LD	BYTE
	OUT	VB，IB，QB，MB，SB，SMB，LB，AC，*VD，*AC，*LD	BYTE
	N	VB，IB，QB，MB，SB，SMB，LB，AC，常数，*VD，*AC，*LD	BYTE
RRW，RLW	IN	VW，IW，QW，MW，SW，SMW，LW，T，C，AC，常数，*VD，*AC，*LD	WORD
	OUT	VW，IW，QW，MW，SW，SMW，LW，T，C，AC，*VD，*AC，*LD	WORD
	N	VB，IB，QB，MB，SB，SMB，LB，AC，常数，*VD，*AC，*LD	BYTE
RRD，RLD	IN	VD，ID，QD，MD，SD，SMD，LD，AC，常数，*VD，*AC，*LD	DWORD
	OUT	VB，IB，QB，MB，SB，SMB，LB，AC，*VD，*AC，*LD	DWORD
	N	VB，IB，QB，MB，SB，SMB，LB，AC，常数，*VD，*AC，*LD	BYTE

【例 4-8】数据循环右移指令编程举例。

假定 VW200 中的内容循环右移 2 位，I0.1 为移位控制信号。对应的梯形图及工作时序如图 4-11 所示。

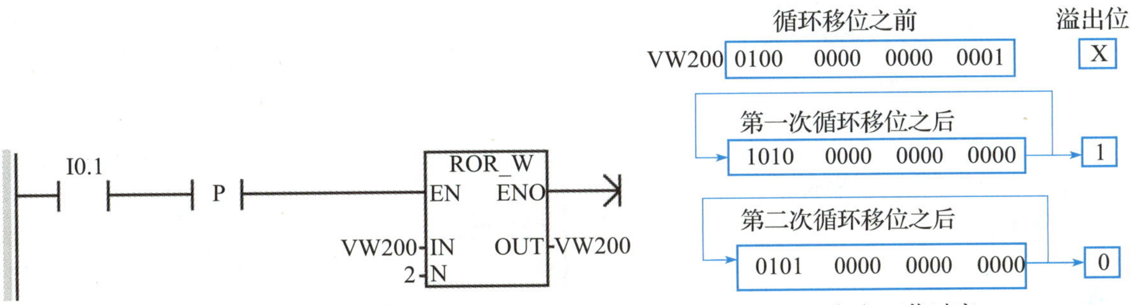

（a）梯形图　　（b）工作时序

图 4-11　数据循环右移指令编程举例

3. 寄存器移位指令（SHRB）

寄存器移位指令的格式及功能见表 4-13。

表 4-13　寄存器移位指令的格式及功能

数据移位指令	格式		功能
	梯形图	语句表	
寄存器移位指令	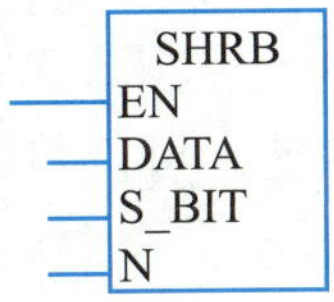	SHRB	DATA 为数值输入，指令执行时将该位的值移入移位寄存器，S_BIT 为寄存器的最低位，N 为移位寄存器的长度（最大为 64 位）和移位方向。N 为正值时为左移位（由低位到高位），DATA 值从 S-BIT 位移入，移出位存入 SM1.1；N 为负值时为右移位（由高位到低位），S_BIT 移出到 SM1.1，另一端补充 DATA 移入位的值，每次使能输入 EN 有效时，整个移位寄存器移动 1 位

说明：

（1）S_BIT 和 N 共同决定要移位的寄存器，S_BIT 指定该寄存器的最低位，N 指定移位寄存器的长度，其最大长度为 64 位。

（2）DATA 端指定移动位的状态（0 或 1），它的输入应为位操作数。

（3）寄存器的移位方向由 N 的符号决定，N 为正表示左移位，输入数据（DATA）移入移位寄存器的最低位（S_BIT），并移出移位寄存器的最高位，移出的数据被放置在溢出内存位（SM1.1）中。N 为负表示右移位，输入数据移入移位寄存器的最高位中，并移出最低位（S_BIT），移出的数据被放置在溢出内存位（SM1.1）中。

SHRB 指令可用的操作数如表 4-14 所示。

表 4-14　SHRB 指令可用的操作数

指令	输入 / 输出	操作数	数据类型
SHRB	DATA/S_BIT	I，Q，M，SM，T，C，V，S，L	BIT/BYTE
	N	VB，IB，QB，MB，SMB，LB，AC，SB，常数，*VD，*AC，*LD	INT

【例 4-9】寄存器移位指令编程举例。

寄存器移位指令提供了一种排列和控制产品流的简单方法，非常实用。其梯形图及工作时序如图 4-12 所示。

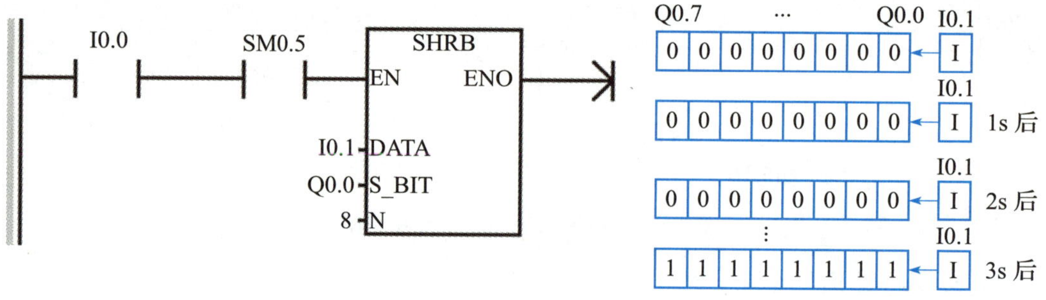

（a）梯形图　　（b）工作时序

图 4-12　移位寄存器指令编程举例

说明：SM0.5 每来一次脉冲，Q0.0 ~ Q0.7 这 8 位就向左移动一位，Q0.0 每次移入的数据与 I0.1 相同。

任务实施

根据任务要求，采用移位指令实现 8 个流水灯控制功能，可以将 2#00000001 初始化赋值给输出端口 QB0，逐个点亮输出端口 QB0 的 8 个灯。

一、PLC 的 I/O 端子分配

PLC 的 I/O 端子分配（见表 4-15）。

表 4-15　PLC 的 I/O 端子分配表

输入 PLC 地址	说明	输出 PLC 地址	说明
I0.0	起动按钮	Q0.0	L1
I0.1	停止按钮	Q0.1	L2
		Q0.2	L3
		Q0.3	L4
		Q0.4	L5
		Q0.5	L6
		Q0.6	L7
		Q0.7	L8

二、硬件设计

彩灯循环控制 PLC 接线图如图 4-13 所示。

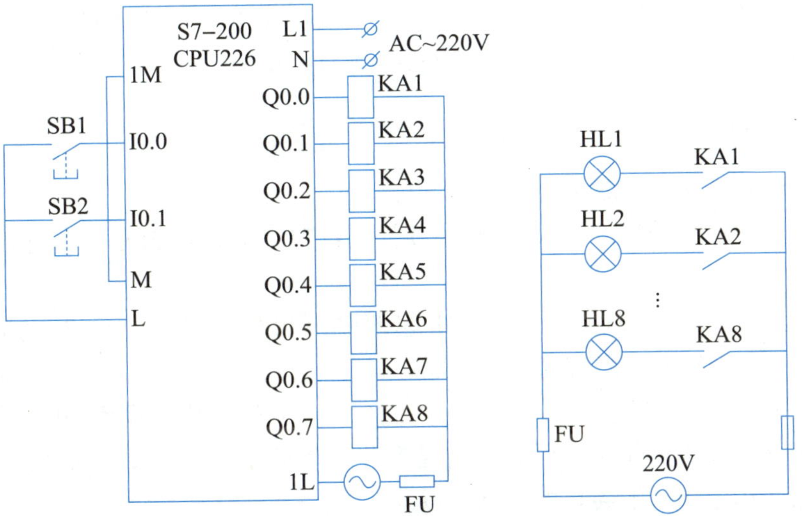

图 4-13　彩灯循环控制 PLC 接线图

三、程序设计

分析：8 个彩灯循环移位控制，可以用字节的循环移位指令。根据控制要求，首先应置彩灯的初始状态为 QB0 = 1，即左边第一个灯亮；接着灯从左往右以 0.5s 的速度依次点亮，即要求字节 QB0 的“1”用循环左移位指令每 1s 移动一位，因此须在 ROL-B 指令的 EN 端接一个 1s 的移位脉冲。编制的字节循环移位指令程序如图 4-14（a）所示，也可以用寄存器移位指令实现，如图 4-14（b）所示。

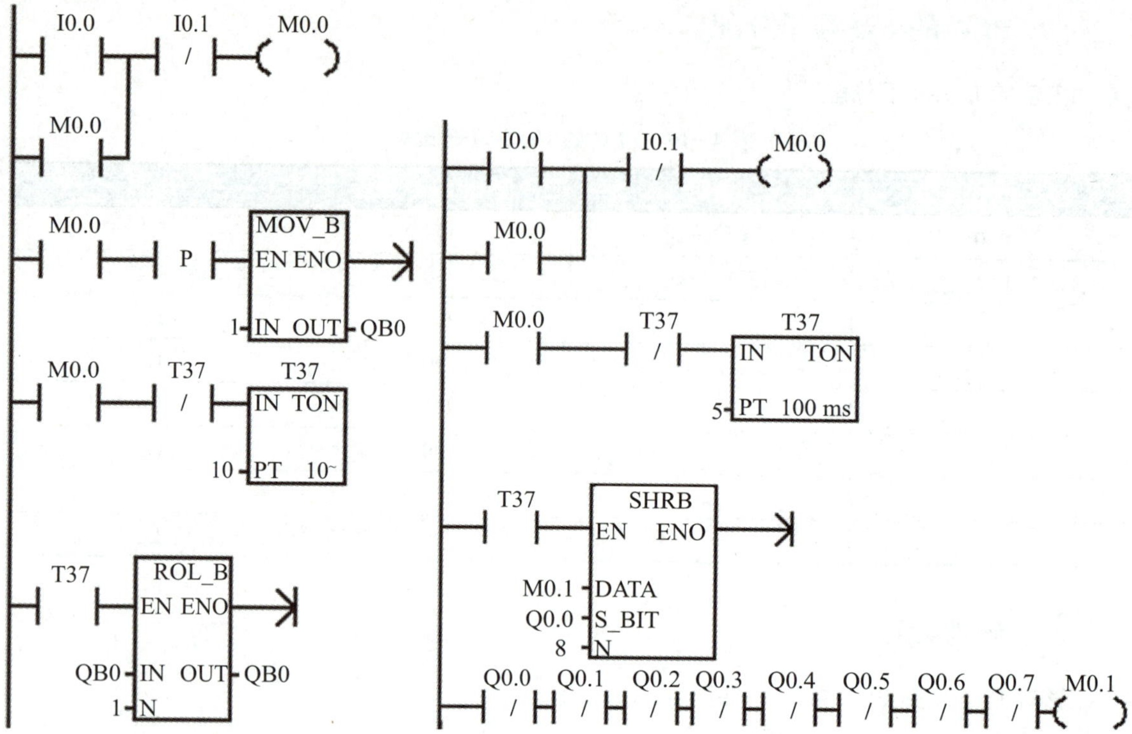

（a）字节循环移位指令程序　　（b）寄存器移位指令程序

图 4-14　彩灯循环控制移位指令程序

四、上机调试

（1）根据题目要求，连接 PLC 输入输出接线。

（2）开启 STEP 7-Micro/WIN 32 编程软件，将程序下载到 PLC 中，并使 PLC 进入运行状态。

（3）进入 PLC 梯形图监控状态，按下起动按钮 I0.0，观察 8 个彩灯的亮灭情况；按下停止按钮 I0.1，观察 8 个彩灯的工作情况。

（4）进入 PLC 状态表监控状态，通过强制、取消强制操作，观察 QB0 的移位过程。

（5）本程序在停止操作时，可能会出现仍有某个彩灯不能熄灭的现象，试采取措施改进程序，以保证在停止时不会有彩灯继续点亮。

任务三　抢答器控制

知识目标

（1）掌握字节数与整数的互换、整数与双字整数的互换、双字整数与实数的互换、

BCD 码与整数的互换、ASCII 码与十六进制数的互换；

（2）译码、编码、段码指令的格式及应用；

（3）掌握程序编制的基本原则和步骤，掌握程序调试的步骤和方法。

技能目标

（1）能在程序中合理使用数据转换指令；

（2）能在程序中合理使用译码、编码指令。

任务引入

有 3 个抢答台和 1 个主持人，每个抢答台上有 1 个抢答按钮。当某参赛者抢先按下按钮时，显示器显示该抢答台号码，此后另外两个抢答台的按钮失效，显示器也不会亮。该题抢答结束后，主持人按下主持台上的复位按钮，显示 0，又可以进行下一题的抢答。显示器为七段数码管。

知识储备

数据转换指令

数据转换指令用于对操作数的类型进行转换，将转换内容输出到指定目标地址。转换指令包括数据的类型转换指令、数据的译码和编码指令以及字符串类型转换指令。它们主要用于数据处理时的数据匹配及数据显示。不同功能的指令对操作数要求也不同。类型转换指令包括字节数与整数的转换、整数与双字整数的转换、双字整数与实数的转换、BCD 码与整数的转换等。

1. 字节数与整数数据转换指令

字节数与整数数据转换指令的格式及功能见表 4-16。

表 4-16　字节数与整数数据转换指令的格式及功能

梯形图	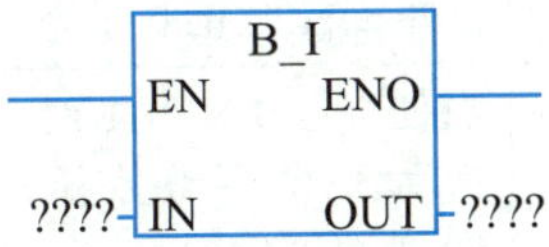	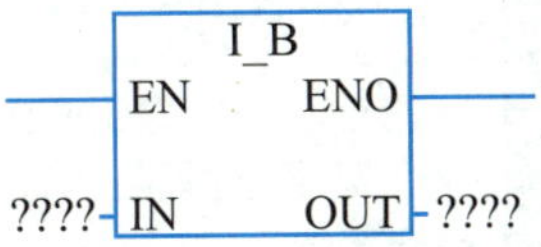
语句表	BTI IN，OUT	ITB　IN，OUT
功能	当使能位 EN 为 1 时，将字节数值 IN 转换为一个整数值，结果存放到指定的 OUT 存储器中	当使能位 EN 为 1 时，将整数值 IN 转换为一个字节数值，结果存放到指定的 OUT 存储器中

续表

操作数	IN：VB，IB，QB，LB，AC，MB，SB，SMB，常数 数据类型：字节 OUT：VW，IW，QW，MW，SW，SMW，LW，T，C，AC 数据类型：整数	IN：VW，IW，QW，MW，SW，SMW，LW，T，C，AIW，AC，常数 数据类型：整数 OUT：VB，IB，LB，QB，MB，SB，SMB，AC 数据类型：字节

【例 4-10】字节数和整数数据转换指令编程举例，如图 4-15 所示。

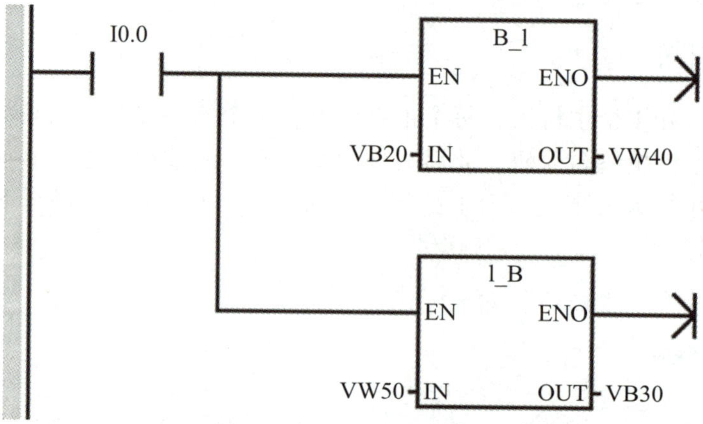

图 4-15　字节数与整数数据转换指令编程举例

当 I0.0 闭合时，将 VB20 中的字节型数据转换为整数值并存在 VW40 中，将 VW50 中的整数转换为字节型数据并存在 VB30 中。

2. 整数与双字整数转换指令

整数与双字整数转换指令的格式及功能见表 4-17。

表 4-17　整数与双字整数转换指令的格式及功能

梯形图	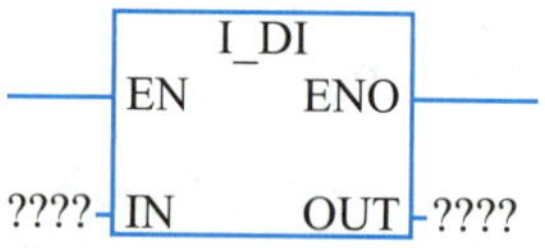	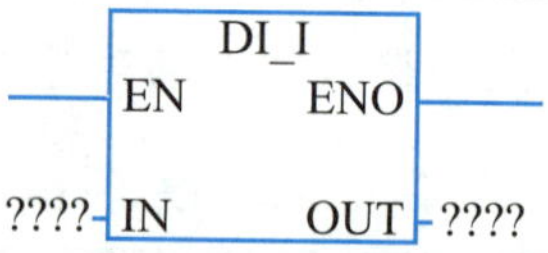
语句表	ITD IN，OUT	DTI　IN，OUT
功能	当使能位 EN 为 1 时，将整数值 IN 转换为一个双字整数值，结果存放到指定的 OUT 存储器中	当使能位 EN 为 1 时，将双字整数值 IN 转换为一个字整数值，结果存放到指定的 OUT 存储器中
操作数	IN：VW，IW，QW，MW，SW，SMW，LW，T，C，AIW，AC，常数 数据类型：整数 OUT：VD，ID，QD，MD，SD，SMW，LD，T，C，AC 数据类型：双字整数	IN：VD，ID，QD，MD，SD，SMW，LD，T，C，AC 数据类型：双字整数 OUT：VW，IW，QW，MW，SW，SMW，LW，T，C，AIW，AC，常数 数据类型：整数

【例 4-11】整数与双字整数转换指令编程举例，如图 4-16 所示。

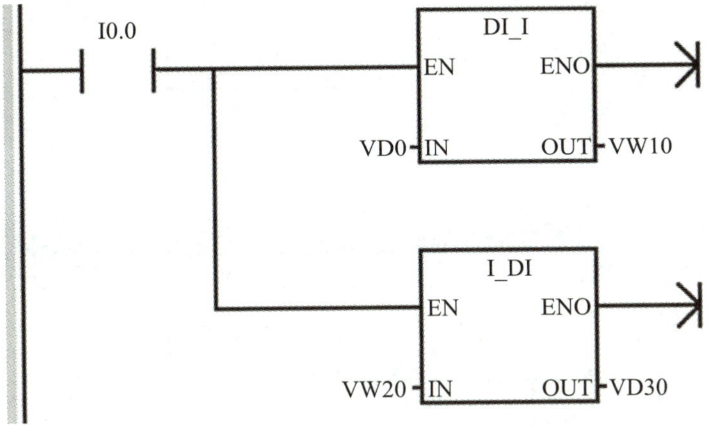

图 4-16　整数与双字整数转换指令编程举例

说明：当 I0.0 闭合时，将 VD0 中的双字整数 16#00000022 转换成整数 16#0022，存入 VW10 中，将 VW20 中的整数 16#004F 转换为双字整数 16#0000004F，存入 VD30 中。

3. 双字整数与实数转换指令

双字整数与实数转换指令的格式及功能见表 4-18。

表 4-18　双字整数与实数转换指令的格式及功能

梯形图	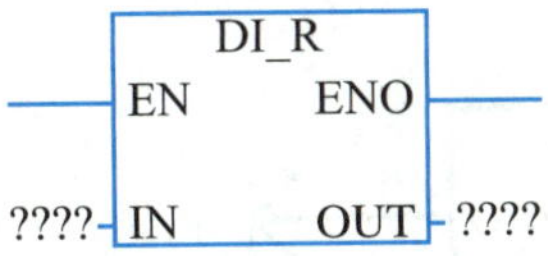 DI_R: EN ENO; ????-IN OUT-????	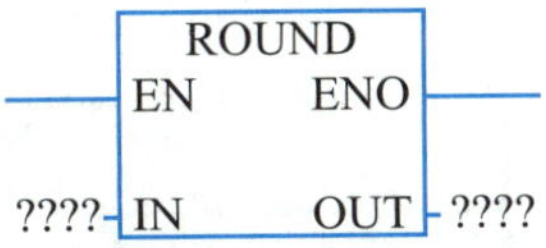 ROUND: EN ENO; ????-IN OUT-????	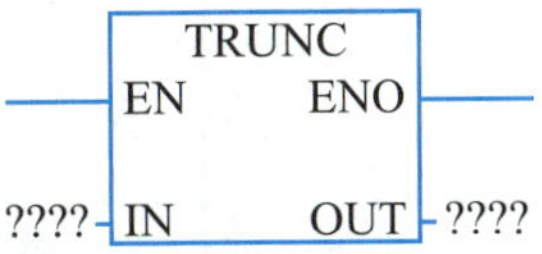 TRUNC: EN ENO; ????-IN OUT-????
语句表	DTR IN，OUT	ROUND　IN，OUT	TRUNC　IN，OUT
功能	当使能位 EN 为 1 时，将整数值 IN 转换为一个双字整数值，结果存放到指定的 OUT 存储器中	当使能位 EN 为 1 时，把 32 位实数 IN 转换成一个双字整数值，实数的小数点部分四舍五入，结果存放到指定的 OUT 存储器中	当使能位 EN 为 1 时，把 32 位实数 IN 转换成一个双字整数值，仅实数的整数部分被转换，小数部分被舍去，结果存放到指定的 OUT 存储器中
操作数	IN：VD，ID，QD，MD，SD，SMD，LD，HC，AC，*VD，*LD，*AC，常数 数据类型：双字整数，常数 OUT：ID，QD，VD，MD，SMD，SD，LD，AC，*VD，*LD，*AC 数据类型：字节	IN：VD，ID，QD，MD，SD，SMD，LD，HC，AC，常数，*VD，*AC，*LD 数据类型：实数 OUT：VD，ID，QD，MD，SD，SMD，LD，AC，*VD，*AC，*LD 数据类型：双字整数	

【例 4-12】双字整数与实数转换指令编程举例，如图 4-17 所示。

下面通过长度转换应用程序实现“英寸 *2.54 = 厘米”。厘米值需要四舍五入取整。

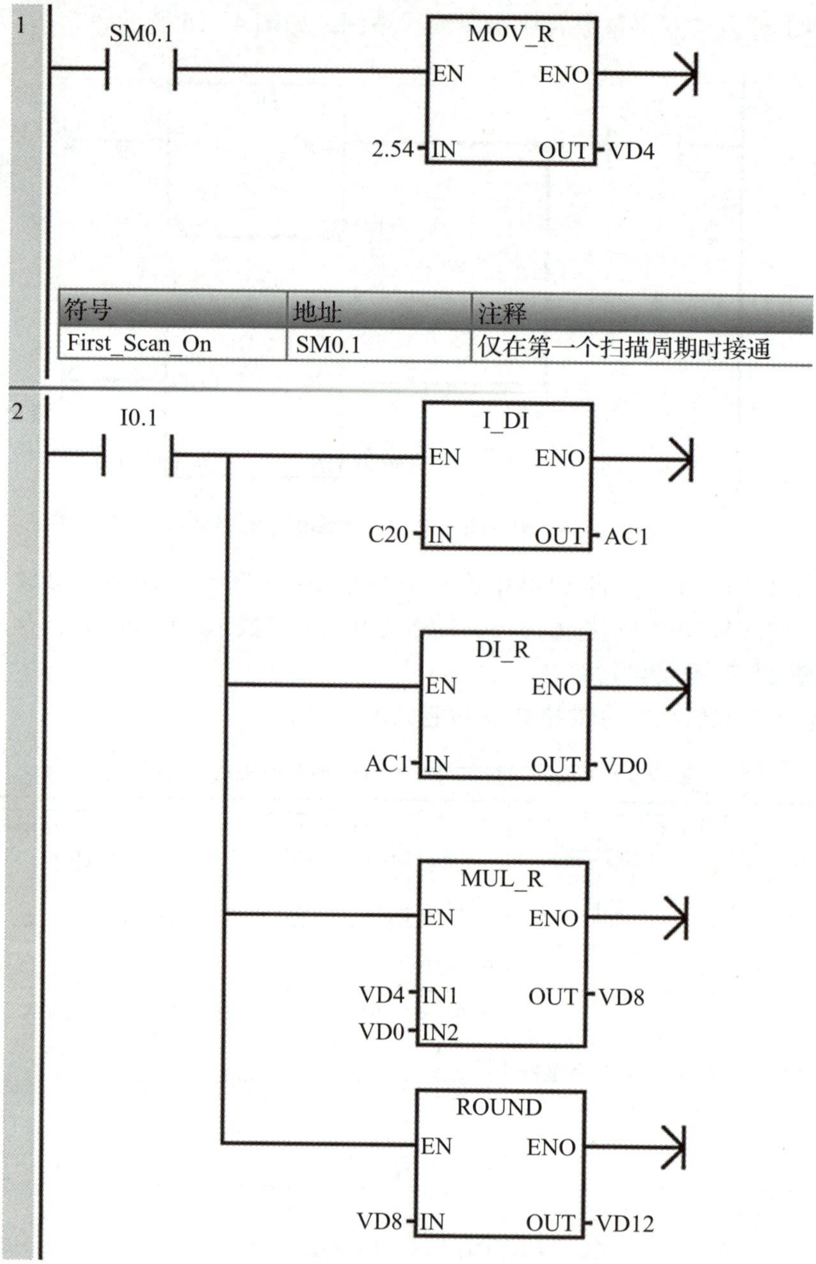

图 4-17　双字整数与实数转换指令编程举例

程序说明：

（1）要想实现长度转换，需要进行乘积运算，而转换系数为一实数，所以英寸值也需要变成实数才能运算。

（2）C20 中为通过计数器检测得到的长度 101 英寸（in），为一个整数值，需要转换为实数值。由于没有整数直接到实数的转换指令，因此要先通过 I_DI 指令转换为双字整数，再通过 DI_R 指令转换为实数，存放在 VD0 中。

（3）英寸到厘米的转换系数为 2.54，存放在 VD4 中，转换为实数的长度和系数使用乘法指令 MUL_R 实现，结果放入 VD8 中。

（4）通过 ROUND 指令将带小数的长度值转换为双字整数的厘米值。

4. BCD 码与整数转换指令

BCD 码与整数转换指令的格式及功能见表 4-19。

表 4-19　BCD 码与整数转换指令的格式及功能

梯形图	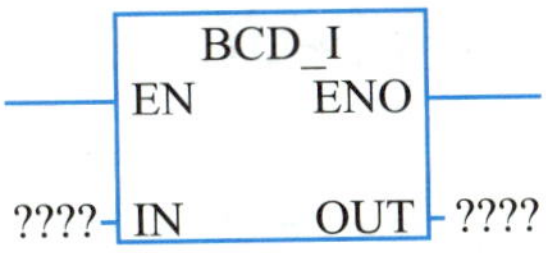	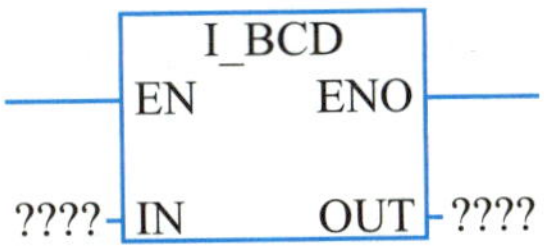
语句表	BTI IN，OUT	ITB IN，OUT
功能	当使能位 EN 为 1 时，将输入的 BCD 转换为整数值，并将结果存放到指定的 OUT 存储器中	当使能位 EN 为 1 时，将输入的整数值 IN 转换为 BCD 码，并将结果存放到指定的 OUT 存储器中
操作数	IN：VW，IW，QW，MW，LW，SW，SMW，T，C，AIW，AC，常数 数据类型：字 OUT：VW，IW，QW，MW，LW，SW，SMW，T，C，AC，常数 数据类型：字	

【例 4-13】BCD 码与整数转换指令编程举例，如图 4-18 所示。

程序说明：I0.0 闭合时，VW30 中的数据 30，转换为 BCD 码；VW50 中存有的 BCD 码数据 100，转换为整数 100。

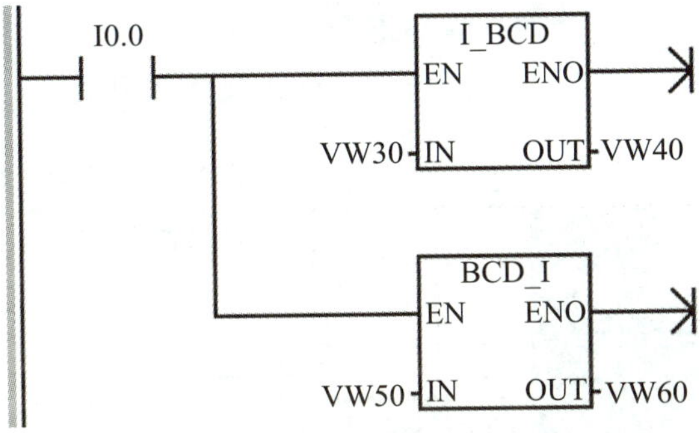

图 4-18　BCD 码与整数转换指令编程举例

5. ASCII 码与十六进制数转换指令

ASCII 码与十六进制数转换指令的格式及功能见表 4-20。

表 4-20　ASCII 码与十六进制数转换指令的格式及功能

梯形图	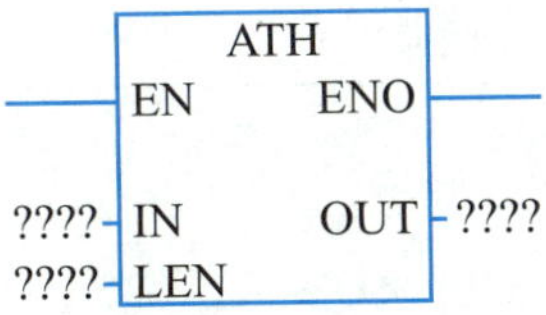	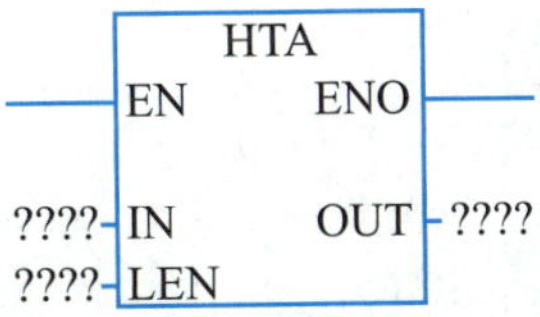
语句表	ATH IN，OUT，LEN	HTA　IN，OUT，LEN
功能	当使能位 EN 为 1 时，把从 IN 字符开始、长度为 LEN 的 ASCII 码字符串转换成 OUT 开始的十六进制数	当使能位 EN 为 1 时，把从 IN 字符开始、长度为 LEN 的十六进制数转换成 OUT 开始的 ASCII 码字符串

续表

操作数	IN/OUT：VB，IB，QB，MB，SB，SMB，LB 数据类型：字节 LEN：VB，IB，QB，MB，SB，SMB，LB，AC，常量 数据类型：字节 最大值：255

【例 4-14】ASCII 码与十六进制数互换指令（ATH 指令和 HTA 指令）编程举例如图 4-19 和图 4-20 所示。

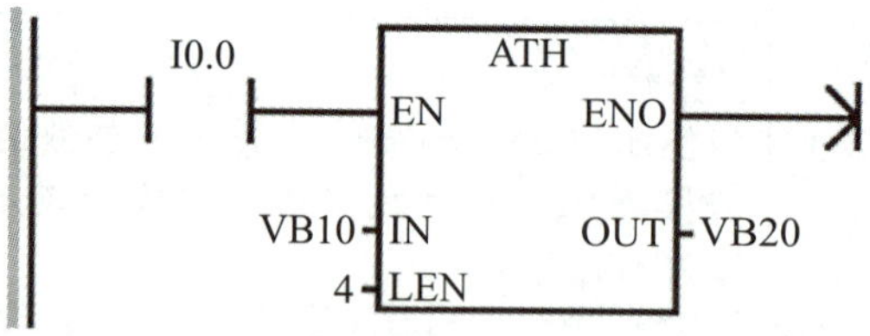

图 4-19 ATH 指令编程举例

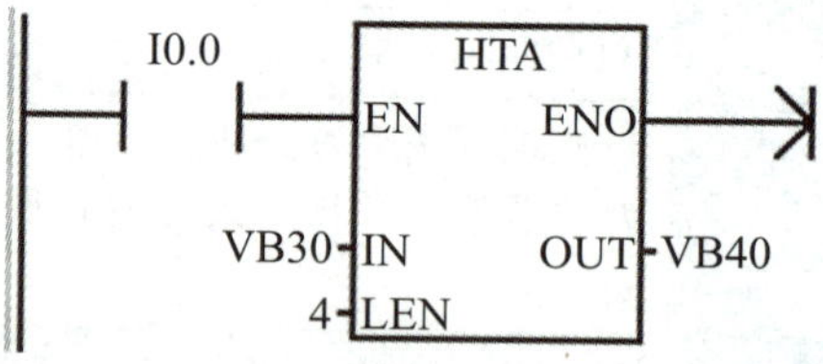

图 4-20 HTA 指令编程

程序说明：I0.0 闭合时，将 VB10 开始的 4 个 ASCII 码转换成 VB20 开始的十六进制数据。I0.0 闭合时，将 VB30 开始的 2 个十六进制数转换为 VB40 开始的 ASCII 码。

6. 译码、编码指令

译码、编码指令的格式及功能见表 4-21。

表 4-21 译码、编码指令的格式及功能

梯形图	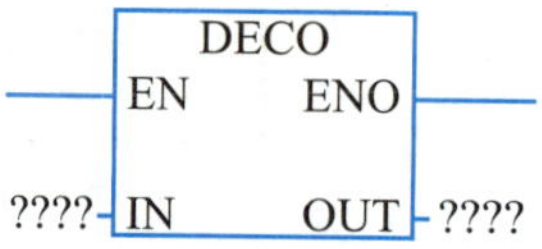	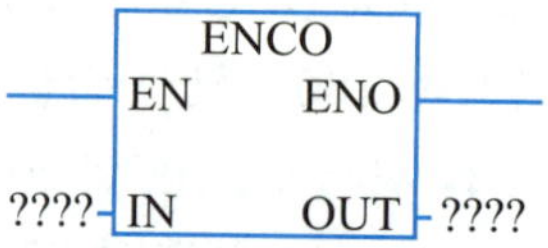
语句表	DECO IN，OUT	ENCO　IN，OUT
功能	当使能位 EN 为 1 时，将字节数值 IN 转换为一个整数值，结果存放到指定的 OUT 存储器中	当使能位 EN 为 1 时，将整数值 IN 转换为一个字节数值，结果存放到指定的 OUT 存储器中
操作数	IN：VB，IB，QB，MB，SMB，LB，SB，AC，常数 数据类型：字节 OUT：VW，IW，QW，MW，SMW，LW，SW，AQW，T，C，AC 数据类型：字 IN：VW，IW，QW，MW，LW，SW，SMW，T，C，AC，常数 数据类型：字 OUT：VB，IB，QB，MB，SMB，LB，SB，AC，常数 数据类型：字节	

【例 4-15】译码、编码指令编程举例，如图 4-21 所示。

程序说明：

（1）如图 4-21（a）所示，当 I0.0 闭合时，VB2 中存储的数据为 16# 0C，即低四位数据为 12，执行译码指令，将使 MW2 中的第 12 位数据位置 1（最低位为第 0 位），而其他数据位置 0。

（2）如图 4-21（b）所示，当 I0.0 闭合时，MW3 中的数据是 16，即低有效位是第 4 位（从第 0 位算起），执行编码指令后，VB30 中的数据为 16#04，其低字节为 MW3 中最低有效位的位号值。

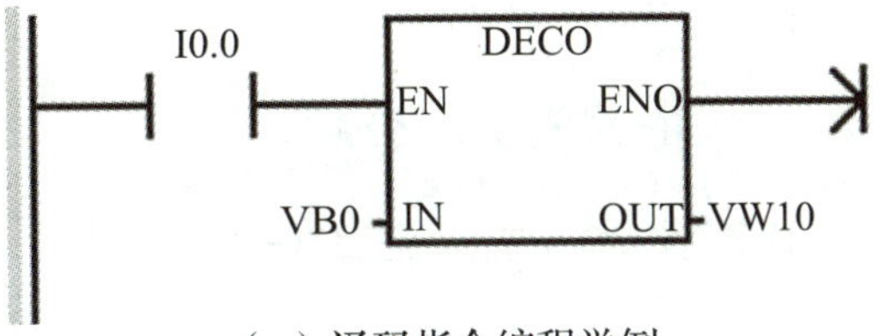

（a）译码指令编程举例

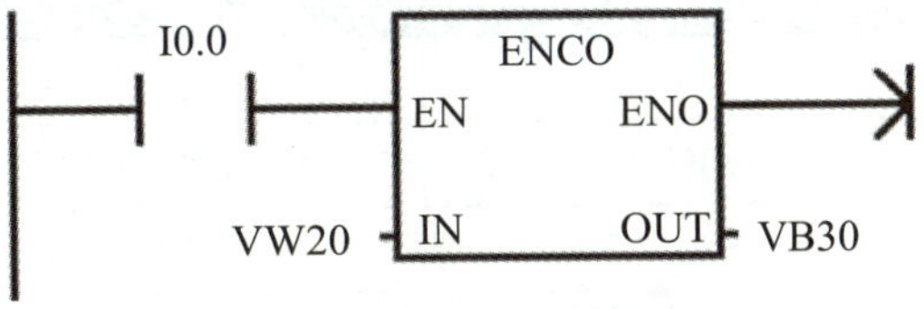

（b）编码指令编程举例

图 4-21　译码、编码指令编程举例

7. 段码指令

段码指令的格式及功能见表 4-22。

表 4-22　段码指令的格式及功能

梯形图	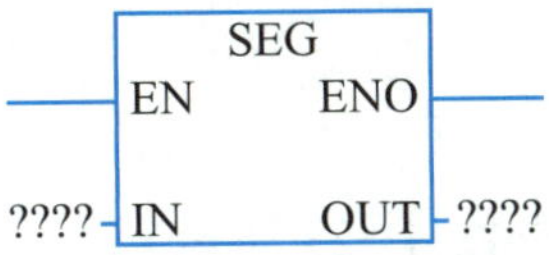
语句表	SEG IN，OUT
功能	当使能位 EN 为 1 时，将输入字节 IN 的低四位有效数值转换为七段显示码，并输出到字节 OUT 中
操作数	IN：VB，IB，QB，MB，SB，SMB，LB，AC，常数，*AC，*LD 数据类型：字节 OUT：VB，IB，QB，MB，SB，SMB，LB，AC，*VD，*AC，*LD 数据类型：字节

【例 4-16】段码指令编程举例，如图 4-22 所示。

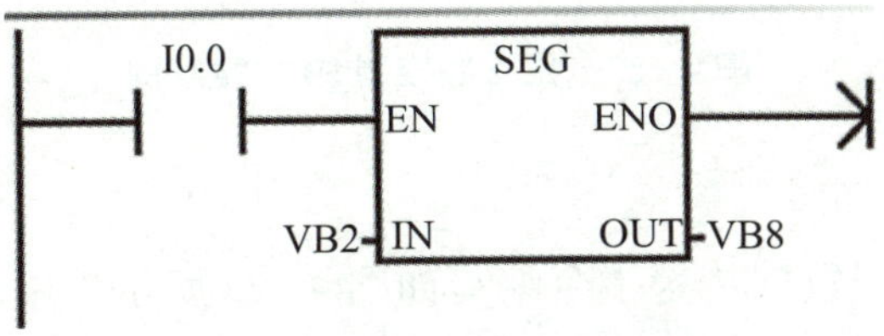

图 4-22　段码指令编程举例

VB2 字节中存有十进制数 9，当 I0.0 闭合时对其进行段码转换，以便显示段码。

任务实施

一、抢答器 I/O 分配

抢答器 I/O 分配（见表 4-23）。

表 4-23 抢答器 I/O 分配表

PLC 输入地址	说明	PLC 输出地址	说明
I0.0	主持人复位按钮 S0	Q0.0	七段数码管显示 A 段
I0.1	1# 抢答按钮 S1	Q0.1	七段数码管显示 B 段
I0.2	2# 抢答按钮 S2	Q0.2	七段数码管显示 C 段
I0.3	3# 抢答按钮 S3	Q0.3	七段数码管显示 D 段
		Q0.4	七段数码管显示 E 段
		Q0.5	七段数码管显示 F 段
		Q0.6	七段数码管显示 G 段

二、硬件设计

抢答器控制 PLC 接线图如图 4-23 所示。

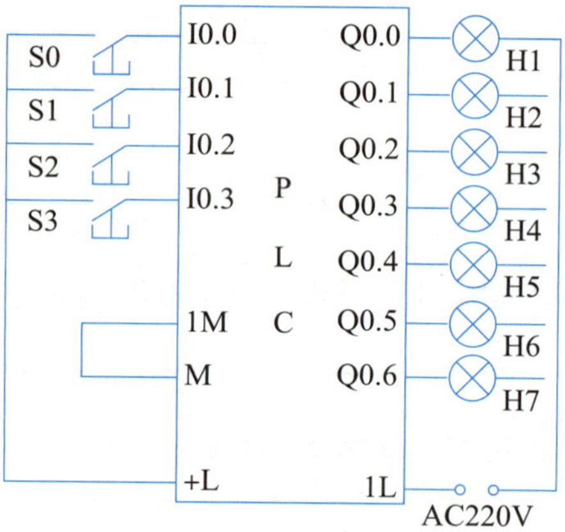

图 4-23 抢答器控制 PLC 接线图

三、程序设计

抢答器程序设计，用数据传送指令编写如图 4-24 所示，用段码指令编写如图 4-25 所示。

本控制程序的关键在于抢答器指示灯的“自锁”功能，即当某一抢答台抢答成功后，即使释放抢答按钮，其指示灯仍然亮，直至主持人进行复位灯才熄灭；3 个抢答台之间具有“互锁”功能，即只有抢答成功的抢答台的灯亮。

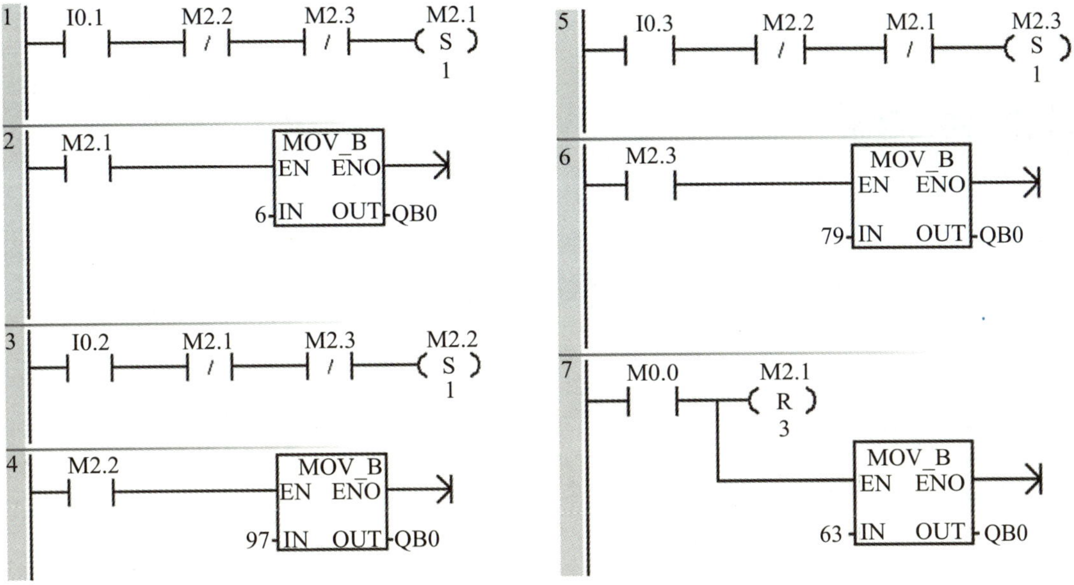

图 4-24　抢答器程序设计（数据传送指令编写）

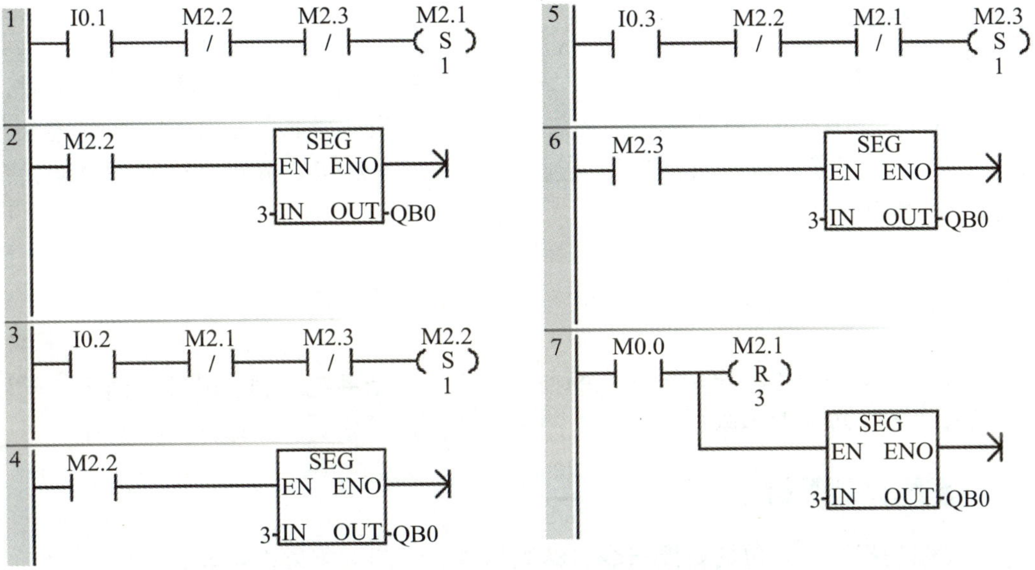

图 4-25　抢答器程序设计（段码指令编写）

四、调试

（1）将程序下载到 PLC 中，并使 PLC 进入运行状态。

（2）交替按下抢答按钮、主持人按钮，观察 Q0.0 到 Q0.6 的值。

（3）打开状态表监控状态，交替按下抢答器按钮、主持人按钮，观察 I0.0、I0.1、I0.2、I0.3、IB0 和 QB0 的值。

任务四　程序类控制指令

知识目标

（1）掌握程序控制指令的格式及应用；
（2）掌握子程序指令的格式及应用；
（3）掌握程序编制的基本原则和步骤；
（4）掌握程序调试的步骤和方法。

技能目标

（1）会在程序中合理使用程序控制指令；
（2）会在程序中合理使用子程序指令；
（3）会使用顺序控制指令。

任务引入

系统设有起动、停止按钮各一个，手动 / 自动选择开关一个。当选择开关接通时，系统进入手动控制方式，Y-△切换必须通过手动完成；当选择开关断开时，系统进入自动控制方式，Y-△切换通过定时器自动进行。为防止 Y-△切换可能出现短路故障，系统必须设有 Y-△互锁措施。

知识储备

程序控制类指令用于程序运行状态的控制，主要包括系统控制、跳转、循环、子程序调用等指令。在工程实践中常用来解决生产流程的选择行分支、并行分支控制等。

一、系统控制类指令

系统控制类指令主要包括暂停指令、结束指令、看门狗复位指令等。

1. 暂停指令（STOP）

使能输入有效时，立即终止程序的执行，CPU 工作方式由 RUN 模式切换到 STOP 模式。在终端程序中执行 STOP 指令，该中断立即终止，并且忽略所有挂起的中断，继续扫描程序的剩余部分。在本次扫描的最后，将 CPU 由 RUN 模式切换到 STOP 模式。

2. 结束指令（END/MEND）

梯形图结束指令直接连在左侧母线时，为无条件结束指令（MEND）；不连在左侧母线时，为条件结束指令（END）。

条件结束指令在使能输入有效时，终止用户程序的执行，返回主程序的第一条指令执行（循环扫描工作方式）。

执行无条件结束指令时，立即终止用户程序的执行，返回主程序的第一条指令执行。

结束指令只能在主程序使用，不能在子程序和中断服务程序使用。

3. 看门狗复位指令（WDR）

看门狗定时器有一定的重起动时间，若程序扫描周期超过 300s，最好使用看门狗复位指令重新触发看门狗定时器，可以增加一次扫描时间。

工作原理：使能输入有效时，将看门狗定时器复位。在没有看门狗错误的情况下，可以增加一次扫描允许的时间。使能输入无效时，看门狗定时器定时时间到，程序中止当前指令的执行，重新起动，返回第一条指令重新执行。

注意：使用 WDR 指令时，要防止过度延迟扫描完成时间，否则，在终止本次扫描之前，通信、I/O 更新、强制更新、SM 更新、运行时间诊断、中断程序中的 STOP 指令操作将被禁止。扫描时间超过 25s 时，10ms 和 100ms 时基的定时器不能正确计时。

二、跳转、循环和子程序调用指令

跳转、循环指令用于程序执行顺序控制，指令格式见表 4-24。

表 4-24　跳转、循环指令格式

梯形图	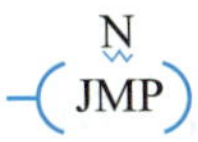 	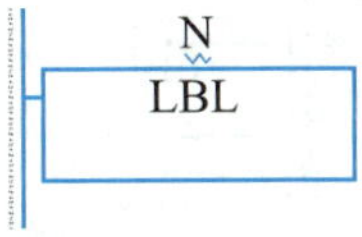
语句表	JMP N	LBL N
操作数及数据类型	条件满足时，跳转指令（JMP）可使程序转移到同一程序的具体标号（N）处	跳转标号指令（LBL）标记跳转的位置（N）
操作数及操作类型	N：常数（0 ～ 255） 数据类型：字	N：常数（0 ～ 255） 数据类型：字

1. 跳转指令（JMP）

跳转指令（JMP）和跳转标号指令（LBL）配合实现程序的跳转。使能输入有效时，可使程序跳转到指定标号 N 处执行（在同一程序内），跳转标号 N 为 0 ～ 255。使能输入无效时，程序顺序执行。

【例 4-17】跳转与跳转标号指令编程举例，如图 4-26 所示。

设 I0.2 为点动 / 连动控制选择开关，当 I0.2 得电时，选择连动控制；当 I0.2 不得电时，选择点动控制。

（1）程序说明。

1）I0.2 得电，执行 JMP 指令，程序跳转到标号 6 处，运行连动控制程序。

2）I0.2 不得电，顺序执行，运行起保停程序。

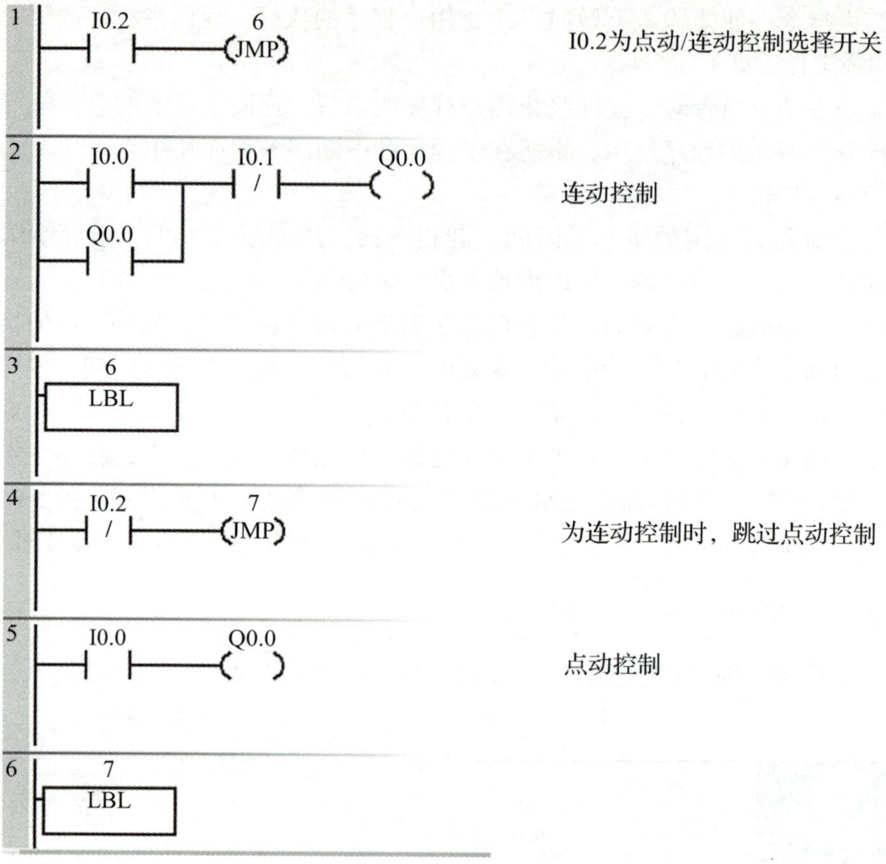

图 4-26　跳转与跳转标号指令编程举例

3）在跳转过程中，被跳过的程序段停止执行。

（2）指令使用注意事项。

1）JMP 和 LBL 指令必须成对使用于主程序、子程序或中断服务程序中，主程序、子程序或中断服务程序之间不允许相互跳转。若在步进程序中使用跳转指令，则必须使 JMP 和 LBL 指令在同一个 SCR 中。

2）多条跳转指令可对应同一标号，但不允许一个跳转指令对应多个相同标号。

3）执行跳转指令时，跳过的程序段中各元件的状态如下：

①各输出线圈保持跳转前的状态。

②计数器停止计数，当前值保持跳转之前的计数值。

③ 1ms、10ms 定时器保持跳转之前的工作状态，原来工作的继续工作，到预置值之后可以正常动作，当前值要累计到 32 767 才停止。100ms 定时器在跳转时停止工作，但不会复位，当前值保持不变，跳转结束后，若条件允许可继续计时，但已经不能准确计时了。

4）跳转标号指令 LBL 一般放置在 JMP 指令之后，以缩短程序执行时间。若要放置在 JMP 指令之前，则必须严格控制跳转指令的运行时间，否则会引起运行瓶颈，导致扫描周期过长。

2. 循环控制指令（FOR）

（1）循环控制指令的格式及功能见表 4-25。

表 4-25　循环控制指令的格式及功能

梯形图	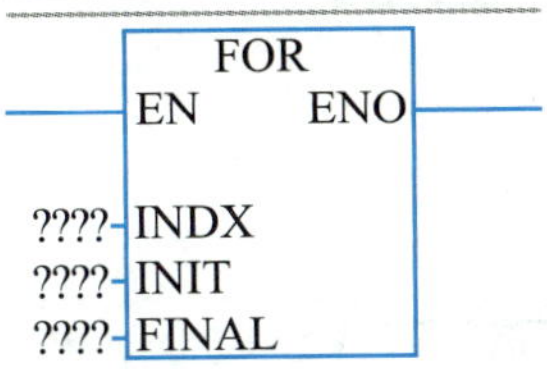	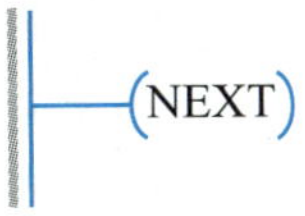
语句表	FOR INDX INIT FINAL	NEXT
功能	1）FOR 指令标记循环程序的开始，NEXT 指令标记 FOR 循环结束； 2）FOR 与 NEXT 共同构成循环指令，用于重复执行指定次数的 FOR 与 NEXT 之间的循环体指令段； 3）FOR 指令中，INDX 指定当前循环计数器，用于记录循环次数；INIT 指定循环次数的初值，FINAL 指定循环次数的终值。当 EN 端口执行条件满足时，开始执行循环体，当前循环计数器从 INIT 指定的初值开始，每执行 1 次循环体，循环计数器值增加 1。当前循环计数器值大于 FINAL 指定的终值时，循环结束	
操作数及数据类型	INDX：VW，IW，QW，MW，SW，SMW，LW，T，C，AC，*VD，*LD，*AC 数据类型：整数 INIT：VW，IW，QW，MW，SW，SMW，T，C，AC，LW，AIW，常数，*VD，*LD，*AC 数据类型：整数 FINAL：VW，IW，QW，MW，SW，SMW，LW，T，C，AC，AIW，常数，*VD，*LD，*AC 数据类型：整数	

程序循环结构用于描述一段程序的重复循环执行。由 FOR 和 NEXT 指令构成程序的循环体。FOR 指令标记循环的开始，NEXT 指令为循环体的结束指令。

FOR 指令为指令盒格式，主要参数有使能输入 EN、当前值计数器 INDX、循环次数初始值 INIT、循环计数终值 FINAL。

工作原理：使能（EN）有效，循环体开始执行，执行到 NEXT 指令时返回，每执行一次循环体，当前计数器（INDX）增加 1，达到终值（FINAL）时，循环结束。

【例 4-18】FOR、NEXT 指令编程举例，如图 4-27 所示。

程序说明：当 I0.0 闭合时，将 INIT 指定初值放入 VW100 中，开始执行循环体，VW100 中的值从 1 增加到 5，循环体执行 5 次，VW100 中的值变为 6（6>5）时，循环结束。

（2）指令使用注意事项。

1）FOR、NEXT 指令必须成对使用。

2）初值大于终值时，循环指令不执行。

3）每次 EN 端口满足条件时，自动复位各参数，同时将 INIT 指定初值放入当前循环计数器中，使循环指令可以重新执行。

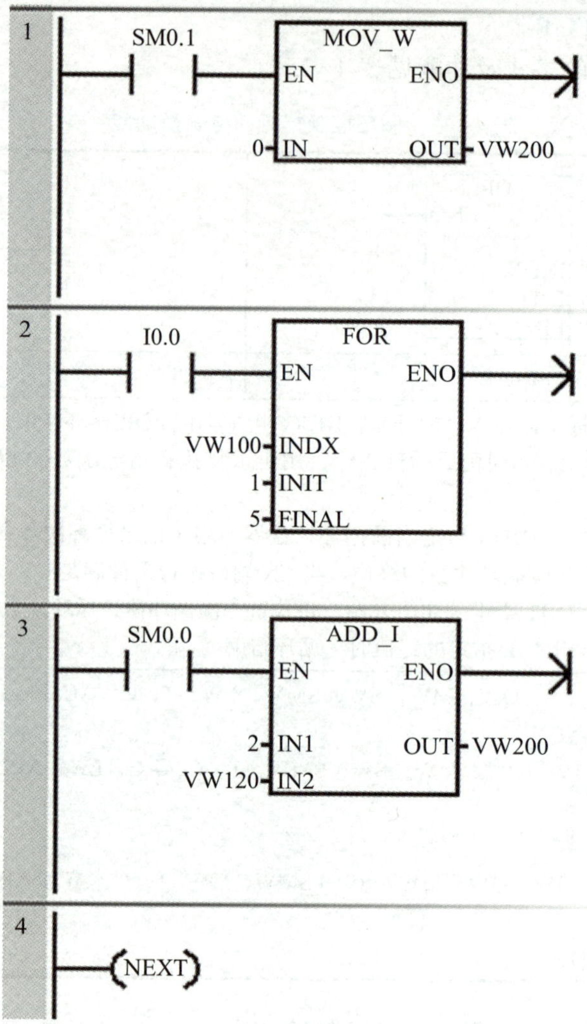

图 4-27　FOR、NEXT 指令编程举例

3. 子程序调用指令（SBR）

子程序是结构化编程的有效工具。它可以对功能独立且需要多次使用的部分程序单独编写，供主程序调用。子程序能够使程序结构清晰、功能明确，并且简单易读。应用时，首先要建立子程序，然后才能调用子程序。

（1）建立子程序的方法有以下几种：

1）执行编程软件“编辑”菜单中的“插入”子菜单下的“子程序”命令来建立一个新的子程序。

2）在“指令树”中，右击“程序块”图标，在弹出的快捷菜单中选择要插入的子程序。

3）在“程序编辑器”窗口中右击任意区域，并在弹出的快捷菜单中选择要插入的子程序。默认的子程序名为 SBR_N，编号 N 的范围为 0 ～ 63，从 0 开始按顺序递增，可以通过“重命名”命令为子程序改名。每一个子程序在程序编辑区内都有一个单独的页面，选中该页面后就可以进行编辑了，其编辑方法与主程序完全一样。

（2）子程序调用与子程序标号、子程序返回指令的格式及功能见表 4-26。

表 4-26　子程序调用与子程序标号、子程序返回指令的格式及功能

梯形图	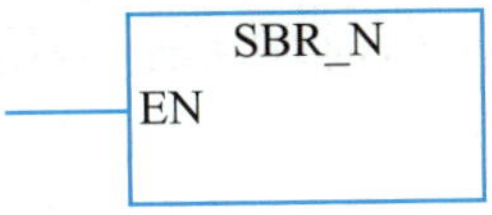	
语句表	CALL SBR_N	CRET
功能	子程序调用与标号指令（CALL）把程序的控制权交给子程序（SBR_N）	有条件子程序返回指令（CRET）根据该指令前面的逻辑关系，决定是否终止子程序（SBR_N）；无条件子程序返回指令（RET）立即终止子程序的执行
操作数及数据类型	N：常数（0～255） 数据类型：字	

【例 4-19】不带参数子程序调用指令编程举例，如图 4-28 所示。

点动 / 连续运转控制程序的点动部分及连续运转部分可分别作为子程序编写，子程序 0（SBR_0）为连续控制子程序，子程序 1（SBR_1）为点动控制子程序。在主程序中根据需要调用也可以很好地完成控制任务。程序整体结构如图 4-29 所示。

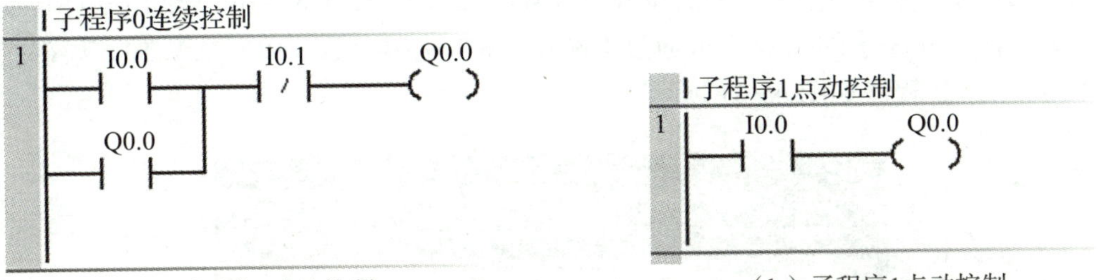

（a）子程序0连续控制　　（b）子程序1点动控制

图 4-28　不带参数子程序调用指令编程

（3）带参数子程序调用指令。

子程序调用指令中可以包含需要传递的参数，它们可以在子程序与调用程序之间传送。参数必须有符号名（最多 8 个字符）、变量和数据类型等内容。子程序最多可传递 16 个参数，传递的参数在子程序局部变量表中定义。局部变量表中的变量有 IN、OUT、IN/OUT 和 TEMP 四类。

IN 类型：将指定位置的参数传入子程序。参数寻址方式可以是直接寻址、间接寻址、立即数，也可以将数据的地址传入子程序。

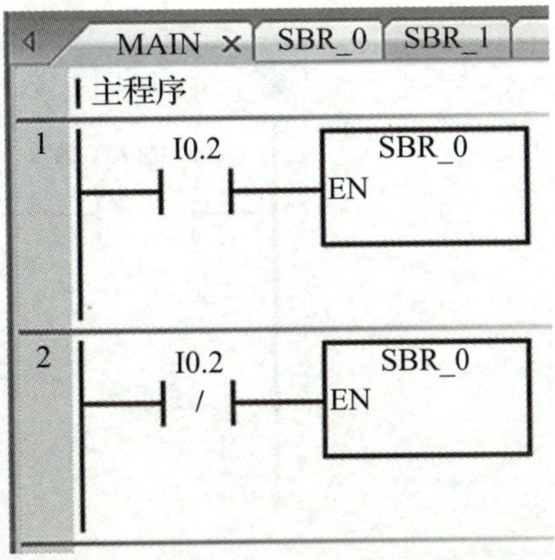

图 4-29　不带参数子程序调用程序整体结构

OUT 类型：从子程序的结果值（数据）传入指定参数位置，常数和地址值不允许作为输出参数。

IN/OUT 类型：将指定位置的参数传到子程序，从子程序得到的结果值被返回到同样的地址。

TEMP 类型：局部存储器只能作为子程序内部的暂时存储器，不能用来传递参数。

局部变量表的数据类型可以是能流、布尔（位）、字节、字、双字、整数、双整数和实数型。能流是指仅允许对位操作的布尔能流（布尔型），梯形图表达形式为触点（位输入），将电源母线和指令盒连接起来。

在局部变量表中输入变量名称、变量类型、数据类型等参数以后，双击指令数中的子程序，梯形图显示区即可显示带参数的子程序调用指令盒。

给子程序传递参数时，将它们放在子程序的局部存储器中，局部变量表最左列是每个被传递参数的局部存储器地址。

子程序调用时，输入参数被拷贝到局部存储器中。子程序完成时，从局部存储器拷贝输出参数到指定的输出参数地址。

【例 4-20】带参数子程序调用编程举例。

假定输入参数 VW2、VW10 到子程序中，则在子程序 0 的局部变量表里定义 IN1 和 IN2，其数据类型选为 WORD。在带参数调用子程序指令中，须将要传递到子程序中的数据 VW2、VW10 与 IN1、IN2 进行连接。这样，数据 VW2、VW10 在主程序调用子程序 0 时就被传递到子程序的局部变量存储单元 LW0、LW2 中，LW0 和 LW2 由软件自动分配地址。这样，子程序中的指令便可通过 LW0、LW2 使用参数 VW2、VW10。局部变量表如图 4-30 所示，程序如图 4-31 所示。

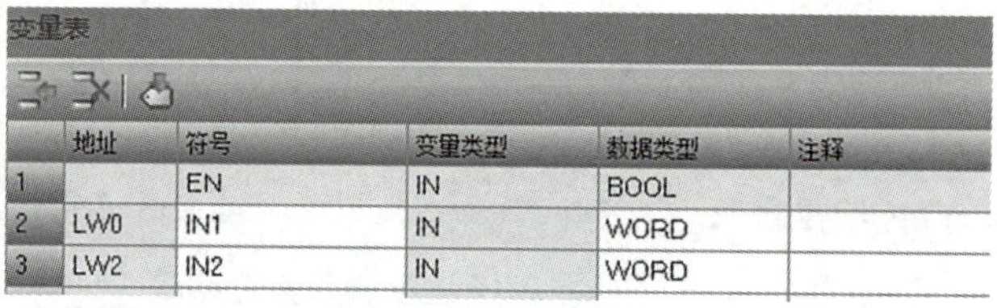
变量表

	地址	符号	变量类型	数据类型	注释
1		EN	IN	BOOL	
2	LW0	IN1	IN	WORD	
3	LW2	IN2	IN	WORD	

图 4-30　局部变量表

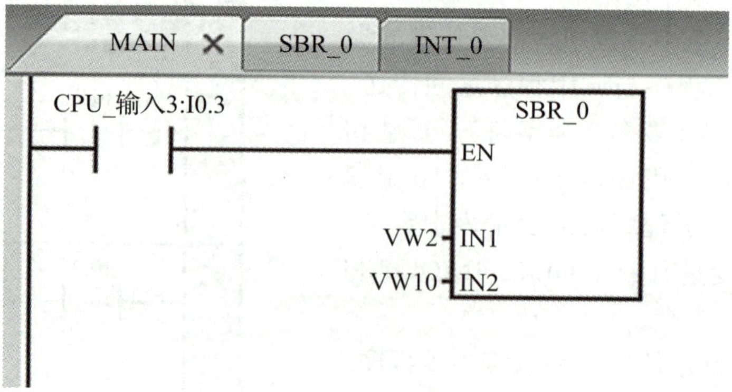

（a）主函数

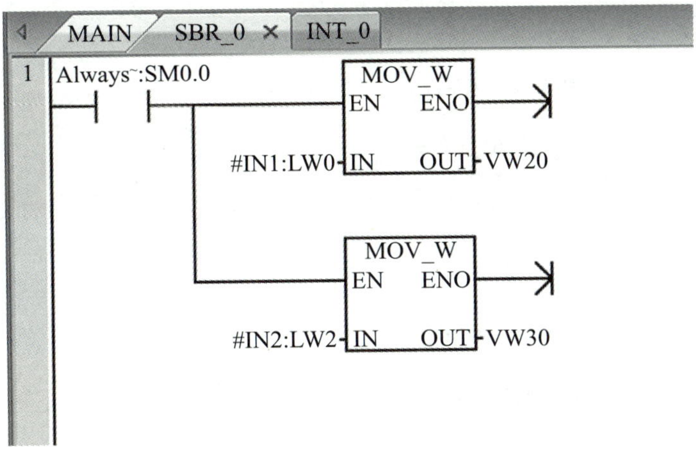

（b）子函数

图 4-31　带参数子程序调用程序图

（4）子程序调用指令使用注意事项。

1）子程序调用指令编写在主程序中，子程序返回指令编写在子程序中。

2）子程序可以不带参数调用，也可以带参数调用。对于带参数调用的子程序，必须事先在局部变量表里对参数进行定义，最多可以传递 16 个参数，参数的变量名最多为 23 个字符。传递的参数有 IN、IN_OUT、OUT 三类，IN（输入）是传入子程序的输入参数；IN_OUT（输入 / 输出）将参数的初始值传给子程序，并将子程序的执行结果返回给同一地址；OUT（输出）是子程序的执行结果，被返回给调用它的程序。被传递参数的数据类型有 BOOL、BYTE、WORD、INT、DWORD、DINT、REAL、STRINGL 共 8 种。

3）在现行的编程软件中，无条件子程序返回指令（RET）为自动默认，不需要在子程序结束时输入任何代码。执行完子程序以后，控制程序回到子程序调用前的下一条指令。

4）局部变量表的使用。按照子程序指令的调用顺序，将参数值分配到局部变量存储器，起始地址是 L0.0。使用编程软件时，地址分配是自动的。

5）子程序可嵌套，深度最多为 8 层。

任务实施

一、PLC 输入、输出端子分配

PLC 输入、输出端子分配见表 4-27。

表 4-27　PLC 输入、输出端子分配表

PLC 输入	说明	PLC 输出	说明
I0.0	SB1 手动 / 自动起动按钮，兼手动切换控制	Q0.1	电源接触器
I0.1	SB2 停止按钮	Q0.2	Y 接触器 KM2
I0.2	SA 手动 / 自动选择开关	Q0.3	△接触器 KM3

二、硬件设计

Y－△减压起动控制系统的接线图如图 4－32 所示。

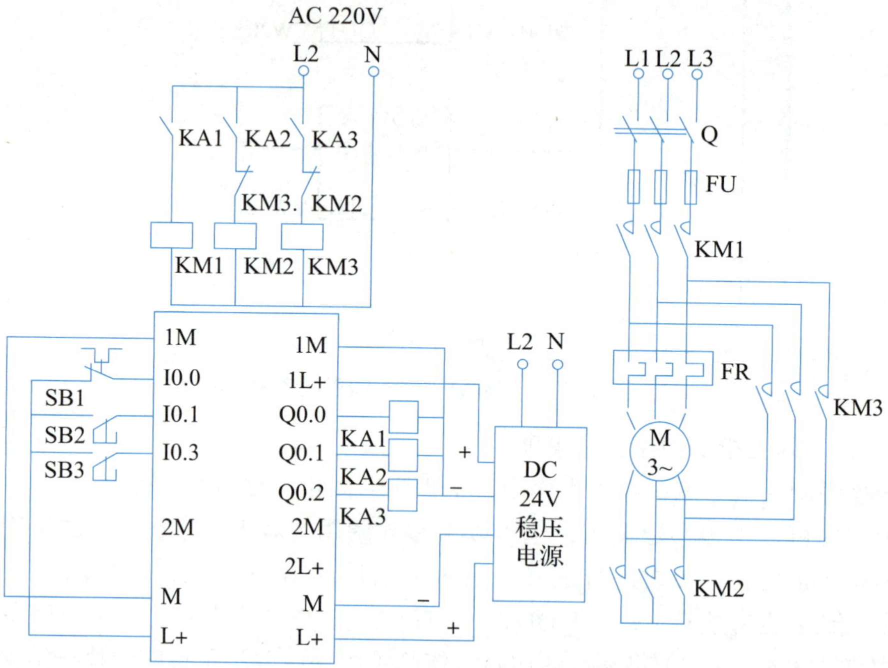

图 4－32　Y－△减压起动控制系统的接线图

三、程序设计

根据三相异步电动机 Y－△减压起动控制要求及 PLC 输入、输出端子分配的结果，用跳转指令编写的手动 / 自动 Y－△减压起动控制程序如图 4－33 所示。

当手动 / 自动选择开关 SA 在闭合状态（I0.3 = 1）时，程序跳转到标号 LBL 2 处，由于 I0.3 常闭触点处于断开状态，故程序不会向 LBL 4 跳转，而是顺序执行下面的手动程序段，电动机的起动必须操作手动按钮进行 Y－△切换；若 SA 在断开状态（I0.3 = 0），则程序将跳转到 LBL 4 后顺序执行，并不断循环，此时电动机将实现 Y－△自动定时切换起动控制。

四、操作调试步骤

（1）根据输入、输出端子分配表的要求，进行输入、输出接线。

（2）开启软件，编辑程序并下载到 PLC 中，使 PLC 进入运行状态。

（3）根据手动 / 自动控制的要求，分别进行手动和自动操作。

（4）使 PLC 进入梯形图监控状态，观察操作后程序的运行情况。

（5）打开状态表编辑器，在状态表监控状态下，通过强制、取消强制操作，进一步了解程序的运行情况。

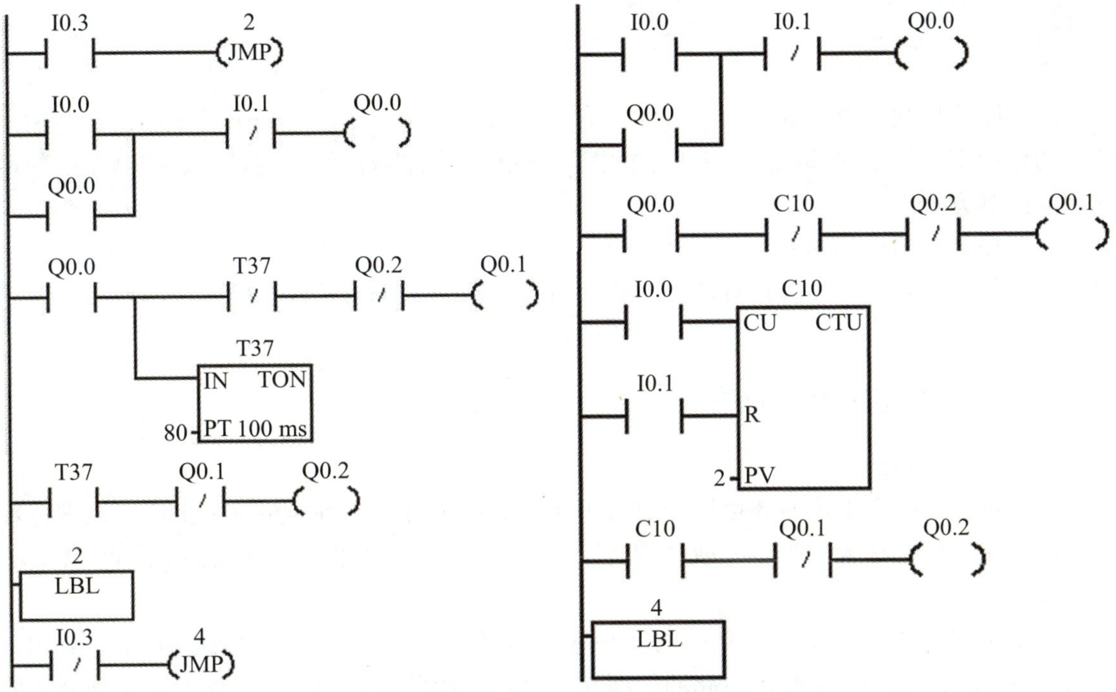

图 4-33　手动 / 自动 Y-△减压起动控制程序

任务五　交通灯控制——顺序控制与步进指令

知识目标

（1）掌握顺序控制指令的格式及功能；

（2）掌握顺序控制相关概念；

（3）了解顺序控制程序的特点。

4-1　顺序控制及步进指令

技能目标

（1）能够运用顺序控制指令编写程序；

（2）具备将顺序流程图转换为梯形图的能力；

（3）具备正确分配 I/O 点和接线的能力。

任务引入

设计一个十字路口交通灯控制系统，具体要求是：南北红灯亮、东西绿灯亮→南北红灯亮、东西黄灯亮→南北绿灯亮、东西红灯亮……交替循环工作。

知识储备

所谓顺序控制，就是在生产过程中，各执行机构按照生产工艺规定的顺序，在各输入信号的作用下，根据内部状态和时间的顺序自动地有次序地操作。这是工业控制系统中最常用的控制方式之一。

经验设计法适合简单控制系统的设计，这种方法主要依靠设计人员的经验进行设计。对于复杂的控制系统，经验设计法不容易实现，耗时长，不易掌握。顺序控制设计法更适合复杂系统。

一、顺序控制的基本概念

1. 工步及其划分

生产机械的一个工作循环可以分成若干步骤顺序进行，在每一步中，生产机械进行着特定的机械动作，称为“工步”或“状态”。每一个工步用编程元件（辅助继电器 M 或状态器 S）来命名。

工步是根据被控对象工作状态的变化来划分的，而被控对象的状态变化又是由 PLC 输出状态（ON、OFF）的变化引起的，因此，PLC 输出状态的变化可以作为工步划分的依据。比如，某机械的动力头在运行过程中有“快进”、“工进”、“快退”和“停止”四个状态，即四个工步。

2. 状态的转换及转换条件

系统从一个状态进入另一个状态，称为状态的转换。导致状态转换的原因称为转换条件。转换条件可以是按钮、行程开关、传感器信号的输入，以及内部定时器或计数器触点的动作等；转换条件可以是单个信号，也可以是若干信号的逻辑组合。

二、顺序功能图

1. 顺序功能图简介

顺序功能图通常由工步、动作、有向线段、转换和转换条件组成。其一般形式如图 4-34（a）所示，具体实例如图 4-34（b）所示。

顺序功能图的画法有以下要求：

（1）顺序功能图是按照顺序控制的思想，根据工艺流程，将程序的执行分成各个工步，图 4-34（a）中矩形框内的 $n-1$、n、$n+1$ 等表示各工步的编号。在编程时，通常用顺序控制继电器的位 S0.0 ~ S31.7 代表程序的工步。每一步由进入条件、程序处理、转换条件和程序结束四部分组成。为了便于识别，也可用中文注释，如系统的初始状态又称为“初始步”，用双线框表示。

（2）图 4-34（b）中的矩形框表示该工步对应的动作，框内填写与该工步相对应的 PLC 输出和注释。

（3）有向线段表示状态行进的方向，若方向从上向下，可以不画箭头，用无向线段表示；若方向从下向上，则必须用箭头标明走向。

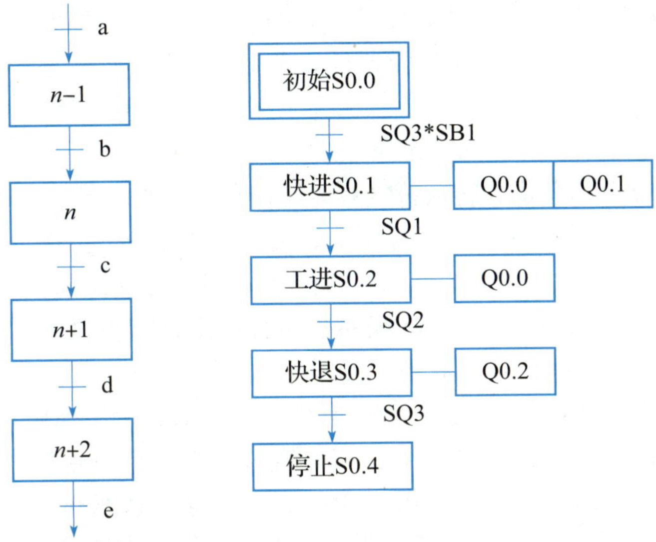

（a）一般形式　　（b）具体实例

图 4-34　顺序功能图的一般形式和具体实例

（4）有向线段中间的短划线表示两个状态间的转换，边上的字母为转换条件。

（5）转换条件 d 和 $\overline{d}$，分别表示转换信号“ON”或“OFF”时条件成立；转换条件 d 和 $\overline{d}$ 分别表示转换信号从“OFF”变成“ON”和从“ON”变成“OFF”时条件成立。转换条件还可能是若干信号的组合。

（6）当满足转换条件时，程序将激活下一工步，同时关闭上一工步。

图 4-34（b）中的每个方框代表一个状态步，S0.0、S0.1、S0.2、S0.3、S0.4 分别代表程序的 5 步状态。程序执行到某一步时，该步状态位置 1，其余为 0。如执行到第一步时，S0.0 = 1，而 S0.1、S0.2、S0.3、S0.4 为 0。每步所驱动的负载，称为步动作，用方框中的文字或符号表示，并用线将该方框与相应的步相连。

第二步 S0.1 的状态与第一步和第三步的关系可描述为 $S0.1 = (S0.0*a + S0.1)*\overline{S0.2}$，与此对应的顺序功能图如图 4-35 所示。这一结构的含义为本步工作的前提条件是上一步 S0.0 必须先工作，在上一步 S0.0 工作的前提下满足条件 a，激活本步 S0.1，并且自锁，同时复位上一步 S0.0 的工作，本工步的关闭由下一工步 S0.2 完成。

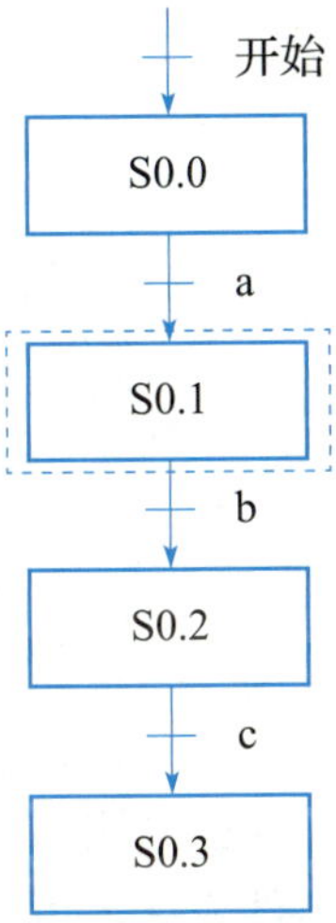

图 4-35　顺序功能图

4-2　顺序功能图的基本结构

2. 顺序功能图的基本结构

（1）单列结构。

单列结构由一系列相继激活的工步组成，每一步的后面仅接一个转换，每一个转换的后面只有一个工步，如图 4-36 所示。

在状态 1 有效时，若转换条件 b 成立，立即转入状态 2，同时复位状态 1；在状态 2 有效时，若转换条件 c 成立，立即转入状态 3，同时复位状态 2；依此类推。

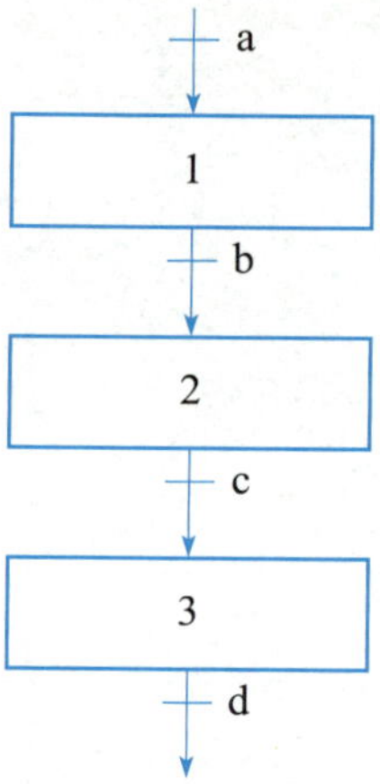

图 4-36 单列结构

（2）选择结构。

选择结构的开始称为分支，转换符号只能标在水平连线之下。

选择结构由选择开始和选择结束两部分组成。选择开始是指在某一状态有效后，根据转换条件的不同，可选择不同的分支流向，但只有一条分支可选，如图 4-37（a）所示。选择结束是指被执行的分支结束后，它们有一个共同的状态，如图 4-37（b）所示。

状态 00 面临着三种选择，在状态 00 有效时，若转换条件 a1 成立，转向状态 11；若转换条件 b1 成立，转向状态 21；若转换条件 c1 成立，转向状态 31。不管转向哪一个状态，均复位状态 00。当转到某一分支后，该分支工作，其他两条分支不工作。无论哪一条分支运行到该分支的最后一个状态，只要相应的转换条件成立，都能转到状态 40，同时将转换前的状态复位。

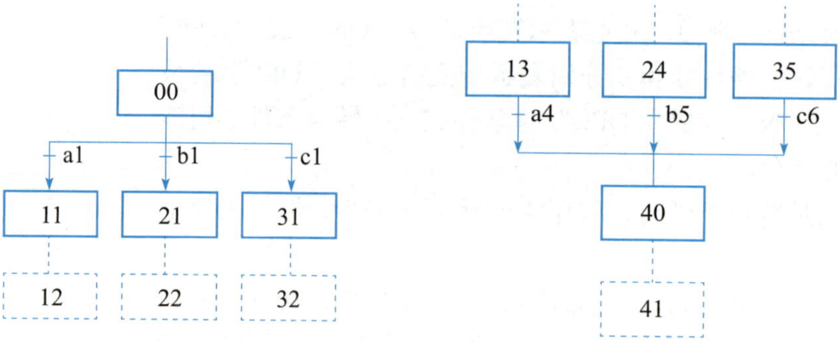

（a）选择开始　（b）选择结束

图 4-37 选择结构

（3）并行结构。

并行结构由并行开始和并行结束两部分组成。并行开始是指在某一状态有效时，若转换条件成立，可使后续的每一条分支同时开始工作。并行结束是当每条分支进行到各自的最后状态，且转换条件成立时，转入一个共同的状态，如图 4-38 所示。

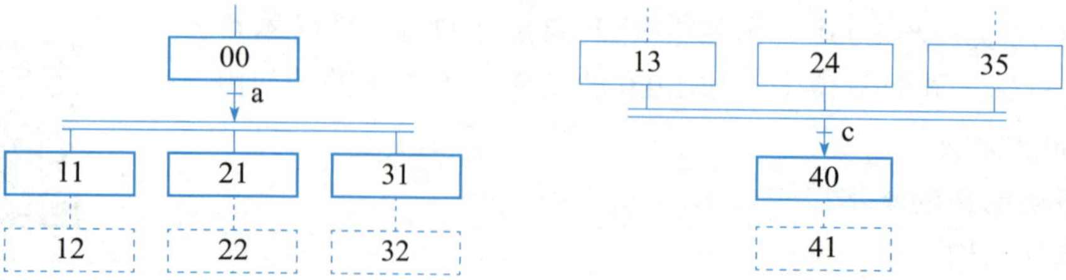

（a）并行开始　（b）并行结束

图 4-38 并行结构

状态 00 后面紧跟着三条分支，在状态 00 有效，且转换条件 a 成立时，同时转向状态 11、状态 21 和状态 31，三条分支同时运行，且复位状态 00。三条分支都必须分别运行到最后一个状态 13、24、35，若转换条件 c 成立，则转入状态 40，同时将状态 13、24 和 35 复位。

（4）循环结构。

循环结构有单循环、条件循环、多重循环等，单循环和条件循环的顺序功能图如图 4-39 所示。

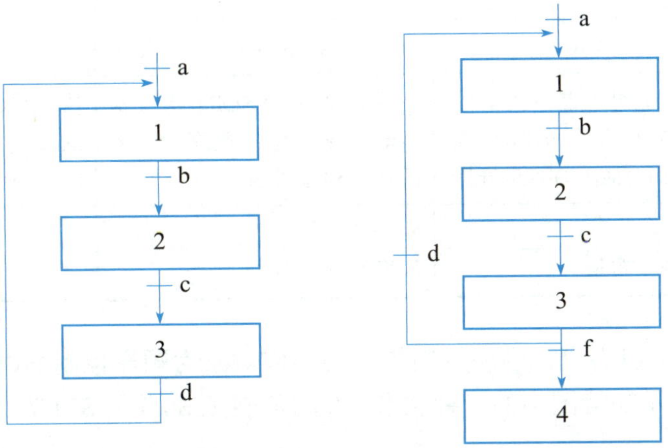

（a）单循环　　（b）条件循环

图 4-39　循环结构

在图 4-39（a）中，转换条件 a 相当于起动信号，只要条件 a 成立，立即进入状态 1，而后根据转换条件，依次进入各个状态；在状态 3 时，若条件 d 成立，则返回状态 1，周而复始，依次循环。

在图 4-39（b）中，当状态 3 有效时，若转换条件 d 成立，则如单循环一样，返回状态 1，继续循环；当状态 3 有效时，若转换条件 f 成立，则跳出循环，转到状态 4。

3. 绘制顺序功能图的注意事项

（1）两个工步绝对不能直接相连，必须用一个转换将它们隔开。

（2）两个转换也不能直接相连，必须用一个工步将它们隔开。

（3）顺序功能图中的初始步一般对应系统等待起动的初始状态，初始步可能没有输出处于 ON 状态，但初始步是必不可少的。

（4）在顺序功能图中，只有当某一步的前级步是活动步时，该工步才有可能变成活动步。如果用没有断电保持功能的编程元件代表各工步，则进入 RUN 工作方式时，它们均处于 OFF 状态，必须用初始化脉冲 SM0.1 的常开触点作为转换条件，将初始步预置为活动步，否则顺序功能图中没有活动步，系统将无法工作。如果系统有自动、手动两种工作方式，由于顺序功能图是用来描述自动工作过程的，因此应在系统由手动工作方式进入自动工作方式时，用一个适当的信号将初始步设置为活动步。

（5）初始步由强置置位指令 S 起动。

三、顺序控制继电器指令

顺序控制继电器指令是设计顺序控制程序的专门指令，它可使初学者在较短时间内掌握顺序控制程序的编制方法，其指令格式和功能如表 4-28 所示。

表 4-28　顺序控制继电器的指令格式及功能

梯形图	??.? SCR	??.? —(SCRT)	—(SCRE)
语句表	LSCR	SCRT	SCRE
功能	当顺序控制继电器 N 为 1 时，SCR（LSCR）指令被激活，标志着该顺序控制程序段的开始	当满足条件使 SCRT 指令执行时，则复位本程序段，激活下一程序段 N	执行 SCRE 指令，结束由 SCR 到 SCRE 的顺序控制程序段的工作
操作数及数据类型	N：S 数据类型：布尔	N：S 数据类型：布尔	无

从表 4-28 中可以看出，顺序控制指令的操作对象为顺序控制继电器 S，也称为状态器，每一个 S 位表示功能图中的一种状态。S 的范围是 S0.0 ～ S31.7。注意，这里使用的 S 也是位信息。

从 LSCR 指令开始到 SCRE 指令结束的所有指令组成一个顺序控制继电器（SCR）段。LSCR 指令标记一个 SCR 段的开始，当该段的状态器置位时，允许该段工作。SCR 段必须使用 SCRE 指令结束。当 SCRT 指令的输入端有效时，置位下一个 SCR 段的状态位，使下一个 SCR 段开始工作，同时使该段的状态器复位，该段停止工作。可见，每一个 SCR 程序段一般有以下三种功能：

（1）驱动处理：在该段状态器有效时要做的工作，也可以不做任何工作。

（2）指定转移条件和目标：满足相关条件后状态要转移到的位置。

（3）转移源自动复位：状态发生转移后，置位下一个状态的同时，自动复位原状态。

指令使用注意事项：

（1）不能把同一编号的顺序控制继电器位用在不同的程序中。例如，如果在主程序中使用 S0.1，则在子程序中不能再使用 S0.1。

（2）在 SCR 段之间不能使用 JMP 和 LBL 指令，即不允许跳入或跳出 SCR 段。可以使用跳转和标号指令在 SCR 段内跳转。

（3）不能在 SCR 段中使用 FOR、NEXT 和 END 指令。

【例 4-21】用步进指令编写程序：转换条件是输入，产生的动作是输出。其地址表如表 4-29 所示。

用顺序控制继电器指令实现的动力头控制顺序功能图如图 4-40 所示，动力头控制梯形图如图 4-41 所示。快进、工进、快退输出分别用 M10.1、M10.2、M10.3 表示，目的是运用组合输出防止线圈的重复输出。

表 4-29　PLC 地址表

输入		输出	
元件	地址	元件	地址
SB1	I0.0	YV1	Q0.0
SQ1	I0.1	YV2	Q0.1
SQ2	I0.2	YV3	Q0.2
SQ3	I0.3		

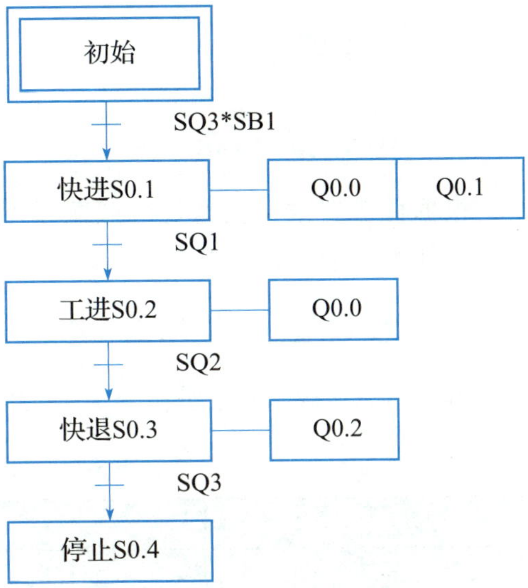

图 4-40　动力头控制顺序功能图

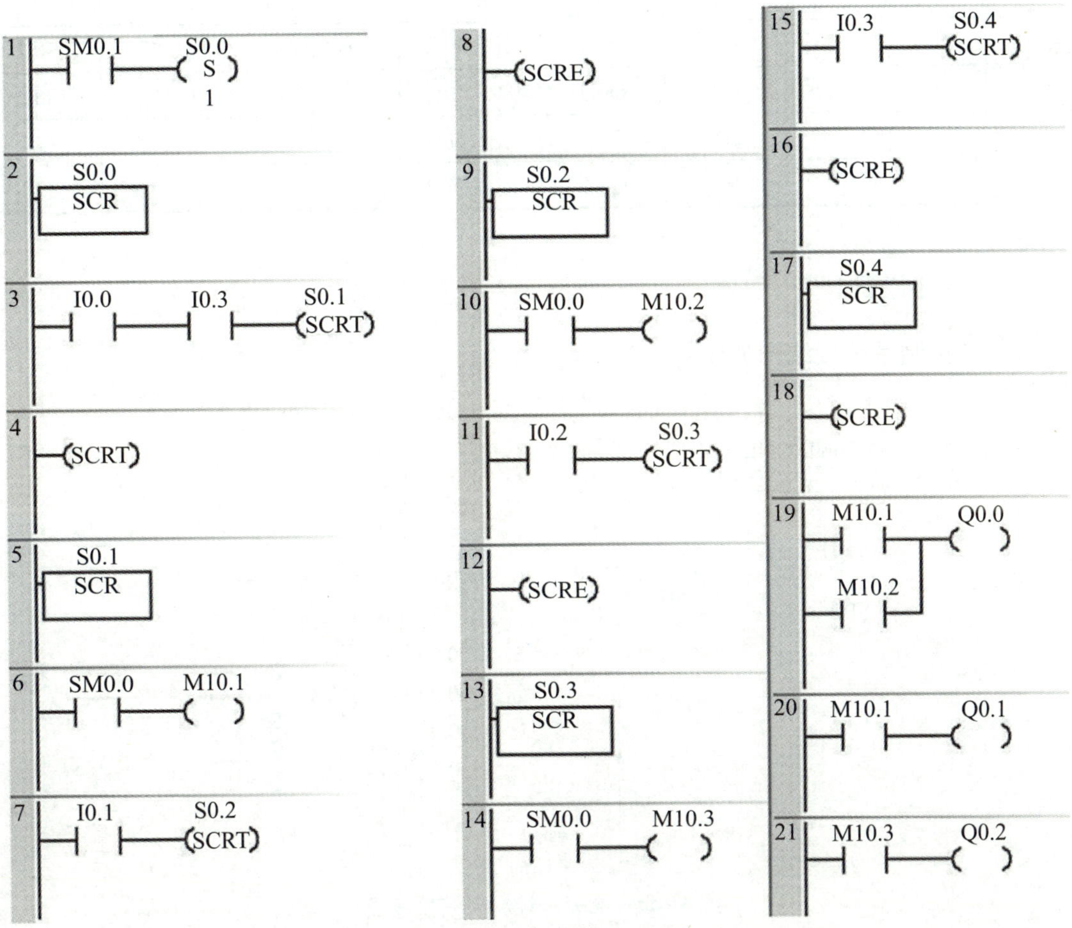

图 4-41　动力头控制梯形图

任务实施

一、控制原理分析

根据任务要求，交通灯按照顺序循环点亮，其工作过程有条不紊，按照顺序自动转换，可利用步进控制思想来实现。

二、PLC 输入 / 输出端子分配

PLC 输入 / 输出端子分配见表 4-30。

表 4-30　PLC 输入 / 输出端子分配

输入			输出			其他参数	
元件	地址	备注	元件	地址	备注	状态	标志
SB1	I0.0	起动	H1	Q0.0	南北红灯	南北红灯、东西绿灯	S0.0
SB2	I0.1	停止	H2	Q0.1	南北黄灯	南北红灯、东西黄灯	S0.1
			H3	Q0.2	南北绿灯	南北绿灯、东西红灯	S0.2
			H4	Q0.3	东西红灯	南北黄灯、东西红灯	S0.3
			H5	Q0.4	东西黄灯		
			H6	Q0.5	东西绿灯		

三、硬件设计

交通灯控制系统接线图如图 4-42 所示。

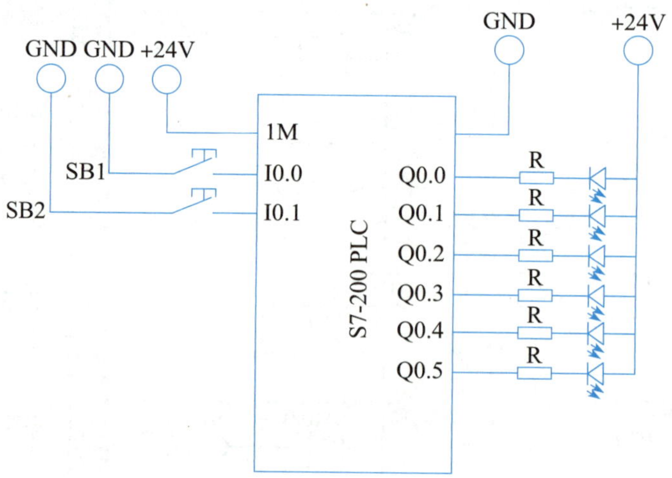

图 4-42　交通灯控制系统接线图

四、程序设计

工步划分原则：依据 PLC 输出的变化来划分，即根据交通灯的变换来划分状态。分成四个工步，分别用 S0.0、S0.1、S0.2、S0.3 来表示。顺序功能图如图 4-43 所示。

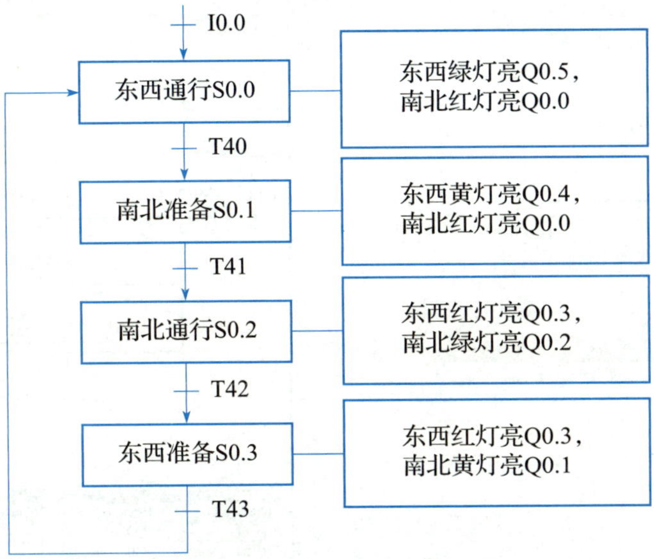

图 4-43　交通灯控制顺序功能图

按照功能图编写的程序如图 4-44 所示，采用主程序-子程序模块化设计方案。

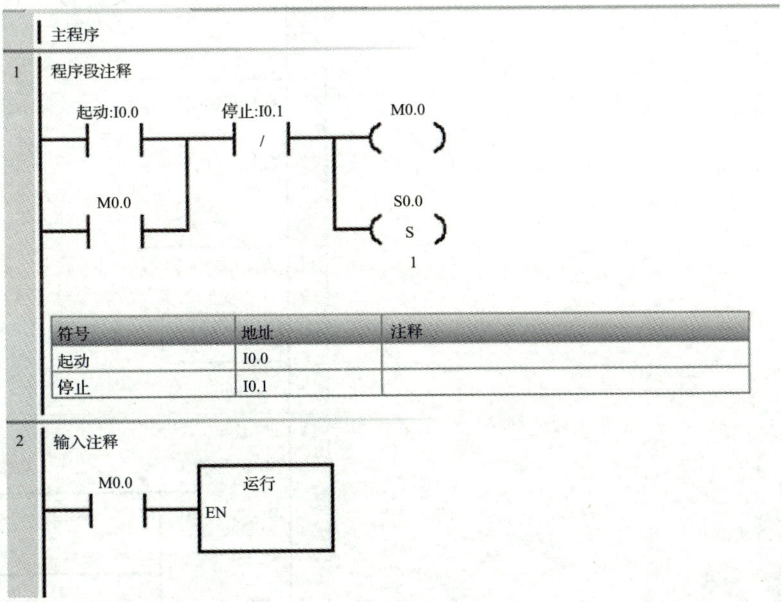

（a）主程序

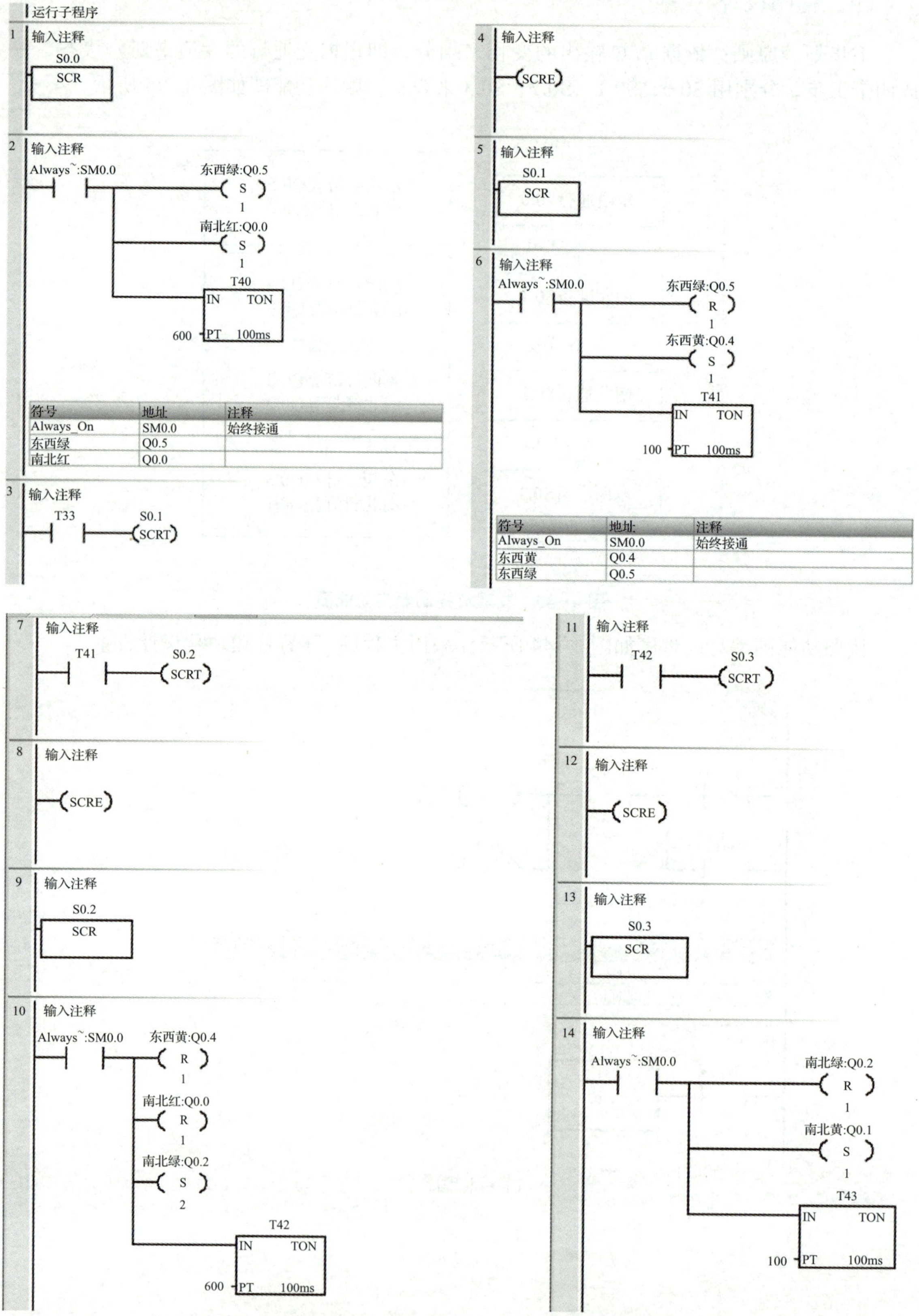

符号	地址	注释
Always_On	SM0.0	始终接通
东西绿	Q0.5	
南北红	Q0.0	

符号	地址	注释
Always_On	SM0.0	始终接通
东西黄	Q0.4	
东西绿	Q0.5	

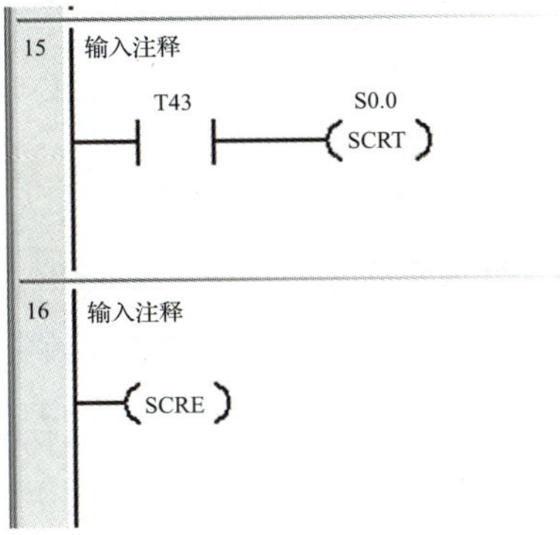

（b）子程序

图 4-44　交通灯控制程序

任务六　基本指令与顺序控制

知识目标

（1）掌握使用基本指令实现顺序控制的方法；
（2）掌握顺序控制运行相关原则；
（3）了解顺序控制程序的特点。

技能目标

（1）能够使用基本指令编写顺序控制程序；
（2）具备将顺序功能图转换为梯形图的能力。

知识储备

顺序控制也能用基本指令来实现，而且较步进指令更加灵活。本任务用基本指令设计单列顺序结构控制程序。

一、基本指令设计模板

根据顺序控制的要求，当某一工步的转换条件满足时，代表前一工步的内部辅助继电器失电，后一工步的内部辅助继电器得电并自锁，各状态依次顺序出现。用时序输入/输出指令编写顺序控制梯形图时可套用如图 4-45 所示的两个典型设计模板。

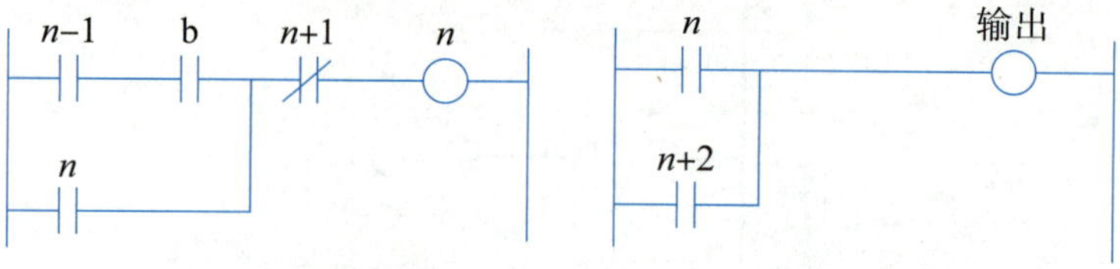

（a）状态转换模板　　（b）组合输出模板

图 4–45　基本指令的典型设计模板

状态转换模板有三个功能：（1）本步的激活，必须在上一步正在执行，且本步转换条件已经满足，而下一步尚未出现的情况下才能实现；（2）本步的自锁，本步一旦激活，必须能自锁，确保本步执行，同时为下一步的激活创造条件；（3）本步的复位，下一步标志的常闭触点串联用于实现互锁，其作用是在执行下一步时复位本步。

本步转换条件可以是常开触点或常闭触点，也可以是触点的上升沿或下降沿。它们分别表示当和该触点相对应的开关元件的“动合触点闭合”、“动断触点断开”、“动合触点闭合瞬间”和“动合触点断开瞬间”时条件成立。本步转换条件还可以是触点的组合，表示该触点组合的结果为 ON 时条件成立。

组合输出模板的含义也容易理解，具有某输出的各步标志并联，保证该输出继电器正常输出，并防止同名线圈重复输出。

对于初次设计顺序控制程序的读者，可以借助“模板”编写梯形图。用时序输入 / 输出指令编写的单列结构的梯形图如图 4–46 所示。该梯形图分为两个模块，前三条用于状态转换，后三条用于组合输出。

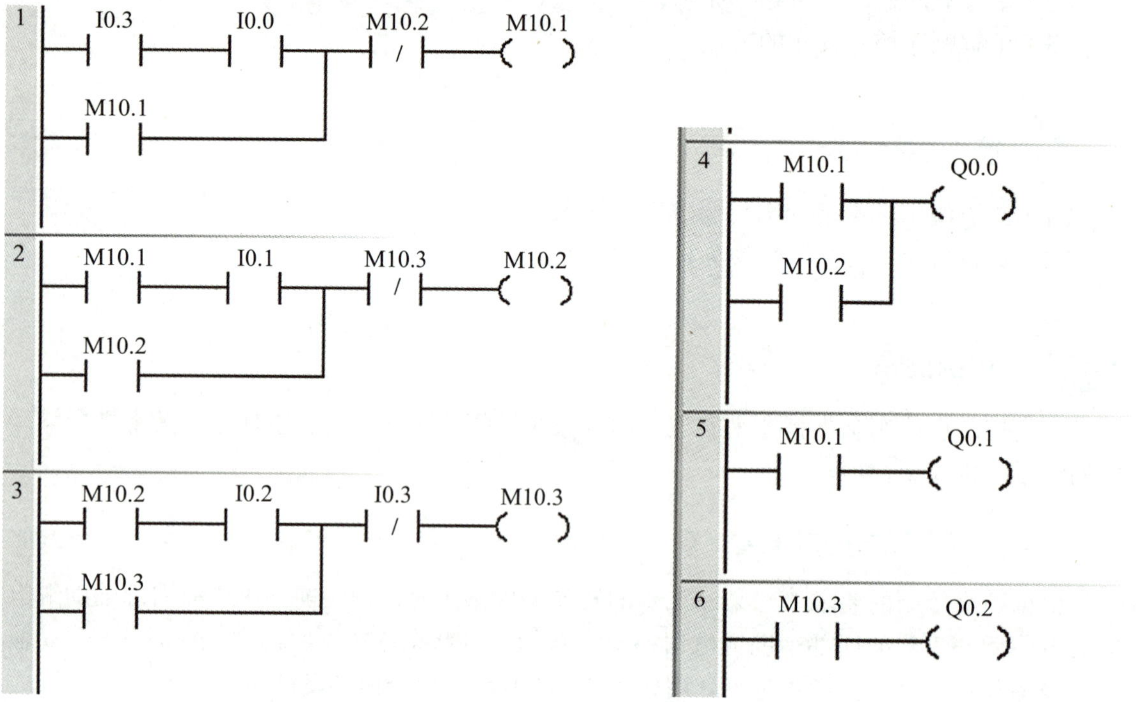

图 4–46　用基本指令编写的单列结构的梯形图

状态转换模板形象直观，而且还能设计较为复杂的顺序控制程序，但它有一个缺点，当工步进入“快进”状态的第一个扫描周期输出时，“工进”状态还未退出，要到下一个扫描周期时才会将“工进”步复位。也就是说，有一个扫描周期，“快进”和“工进”同时有输出。一般情况下，输出负载设备响应时间达不到相应扫描周期级（毫秒级），所以不会出现错误反应。但若是高速响应的负载，就会出现问题。解决的方法是使用强制置位指令 S 和强制复位指令 R。将图 4-46 所示的梯形图的第 2 条改成图 4-47 所示的梯形图。可以看出，置位、复位是在同一扫描周期内完成的。其他状态转换也照此编写。

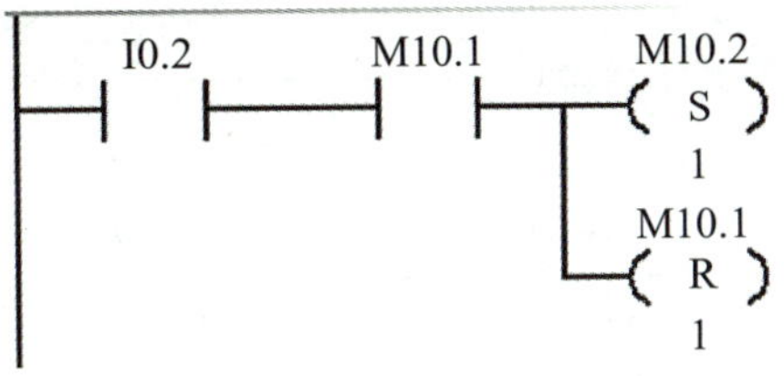

图 4-47　改进梯形图

二、用基本指令设计较复杂的顺序控制程序

1. 顺序功能图分析

（1）顺序功能图的结构。

1）该顺序功能图不是单循环结构，也不是单纯的选择结构，是循环和选择结构的组合。

2）顺序功能图由 6 个工步组成，分别是初始、送料、光报警、声报警、上升和下降，用 M0.0、M10.0、M10.1、M10.2、M10.3 和 M10.4 作为其状态标志。

3）有 4 个输入点 I0.0 ～ I0.3，5 个输出点 Q0.0 ～ Q0.4，3 个定时器 T33 ～ T35。

（2）各工步间的关系。

为叙述方便，把本工步的有向线段指入处称为入口，本工步的有向线段指出处称为出口。各工步间的关系如下：

1）初始步（M0.0）：由 PLC 上电开始的条件决定，有 1 个出口，到送料步（M10.0）。

2）送料步（M10.0）：有 2 个入口，分别来自初始步（M0.0）和下降步（M10.4）；有 2 个出口，分别到光报警步（M10.1）和上升步（M10.3）。

3）光报警步（M10.1）：有 1 个入口，来自送料步（M10.0）；有 2 个出口，分别到声报警步（M10.2）和上升步（M10.3）。

4）声报警步（M10.2）：有 1 个入口，来自光报警步（M10.1）；有 1 个出口，到上升步（M10.3）。

5）上升步（M10.3）：有 3 个入口，分别来自声报警步（M10.2）、光报警步（M10.1）和送料步（M10.0）。

6）下降步（M10.4）：有 1 个入口，来自上升步（M10.3）；有 1 个出口，到送料步（M10.0）。

（3）顺序功能图中未对停止操作做说明，停止时应停止所有输出，并置位 M0.0，回到初始步，否则就不能进行第二次起动。各工步间的关系见表 4-31。

表 4-31　各工步间的关系

工步标志	上一工步	转入条件	下一工步	输出
M0.0	无	初始条件	M10.0	
M10.0	M0.0	I0.1*I0.2	M10.1\M10.3	Q0.1，T33
	M10.4	I0.0		
M10.1	M10.0	T33*/I0.0	M10.2\M10.3	Q0.1，Q0.2，T2
M10.2	M10.1	T34*/I0.0	M10.3	Q0.3
M10.3	M10.2	I0.0	M10.4	Q10.4，T35
	M10.1	I0.0		
	M10.0	I0.0		
M10.4	M10.3	T35*/I0.3	M10.0	

2. 梯形图的编写

用基本指令来编写复杂顺序功能图的控制程序，具有更大的自由度和灵活性，且同样符合本步激活、本步自锁和本步复位三个功能。如图 4-48 所示，方框为触点，上一工步触点通常为常开，下一工步触点通常为常闭。

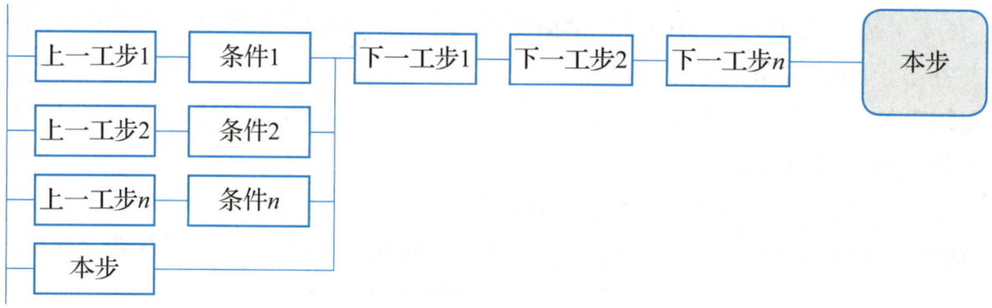

图 4-48　复杂程序基本指令模板

（1）将本步的每个“上一工步触点”（常开）和相应转换条件接点串联，形成一个驱动块，有几个入口就将几个驱动块并联，最下面是本步的常开接点自锁。

（2）将本步的每个“下一工步触点”（常闭）串联，目的是进入下一工步时，“下一工步触点”（常闭）会断开，使本工步复位。

由工步编写的梯形图如图 4-49 所示。在 PLC 运行开始时，初始步触点闭合，原位触点也闭合，起动触点闭合或返回时得电并自锁；进入下一工步时，常闭触点断开，将本工步复位。各工步的输出继电器在状态转换后面以组合输出的形式写出，这主要是为了防止输出同名线圈。代表工步状态的辅助继电器和定时器应一一对应，定时器可以安排在最后面，也可以直接挂在本工步辅助继电器的下面，这样便于查看和调试。

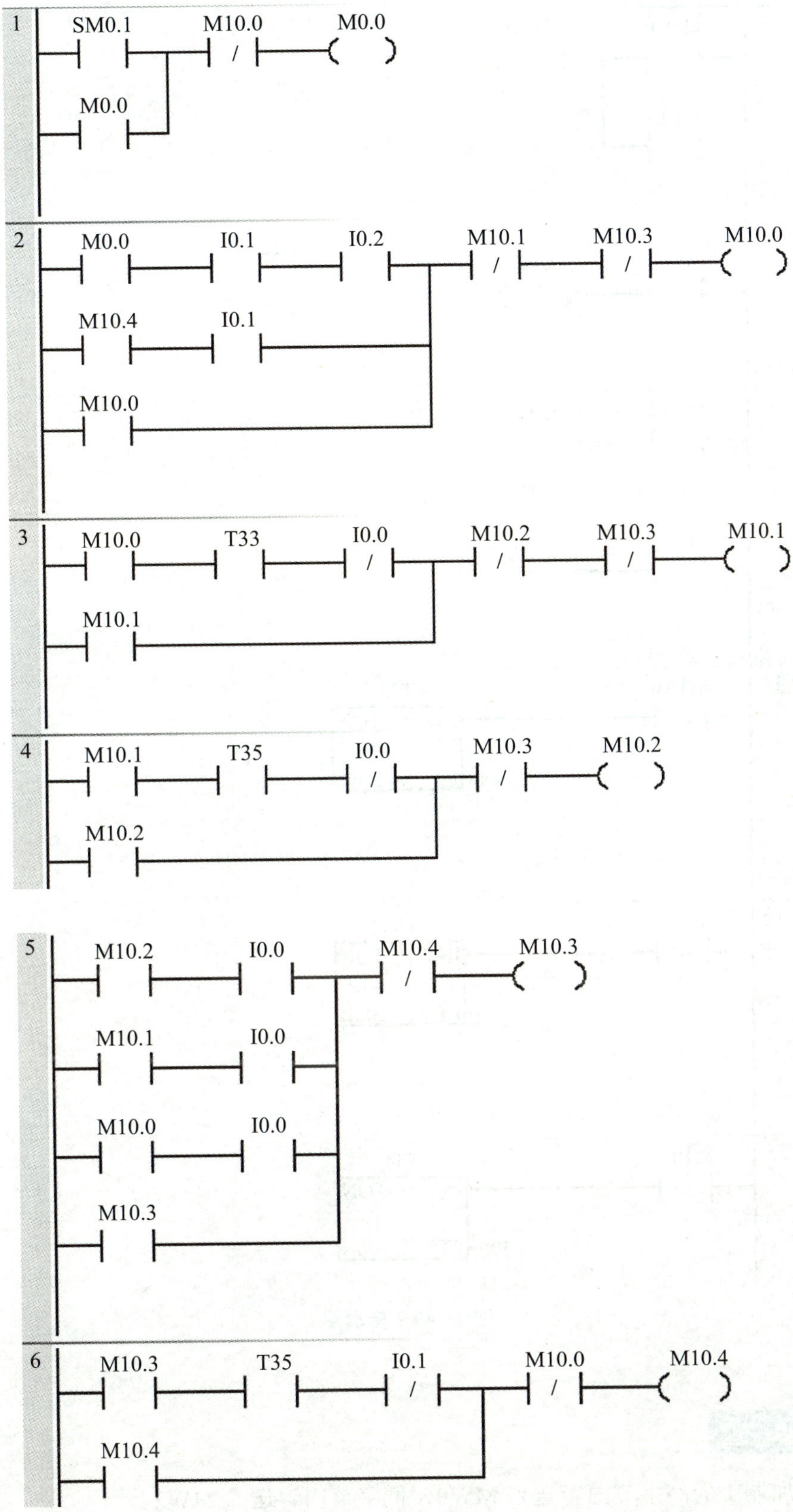
1
SM0.1
M10.0
M0.0
M0.0
2
M0.0
I0.1
I0.2
M10.1
M10.3
M10.0
M10.4
I0.1
M10.0
3
M10.0
T33
I0.0
M10.2
M10.3
M10.1
M10.1
4
M10.1
T35
I0.0
M10.3
M10.2
M10.2
5
M10.2
I0.0
M10.4
M10.3
M10.1
I0.0
M10.0
I0.0
M10.3
6
M10.3
T35
I0.1
M10.0
M10.4
M10.4

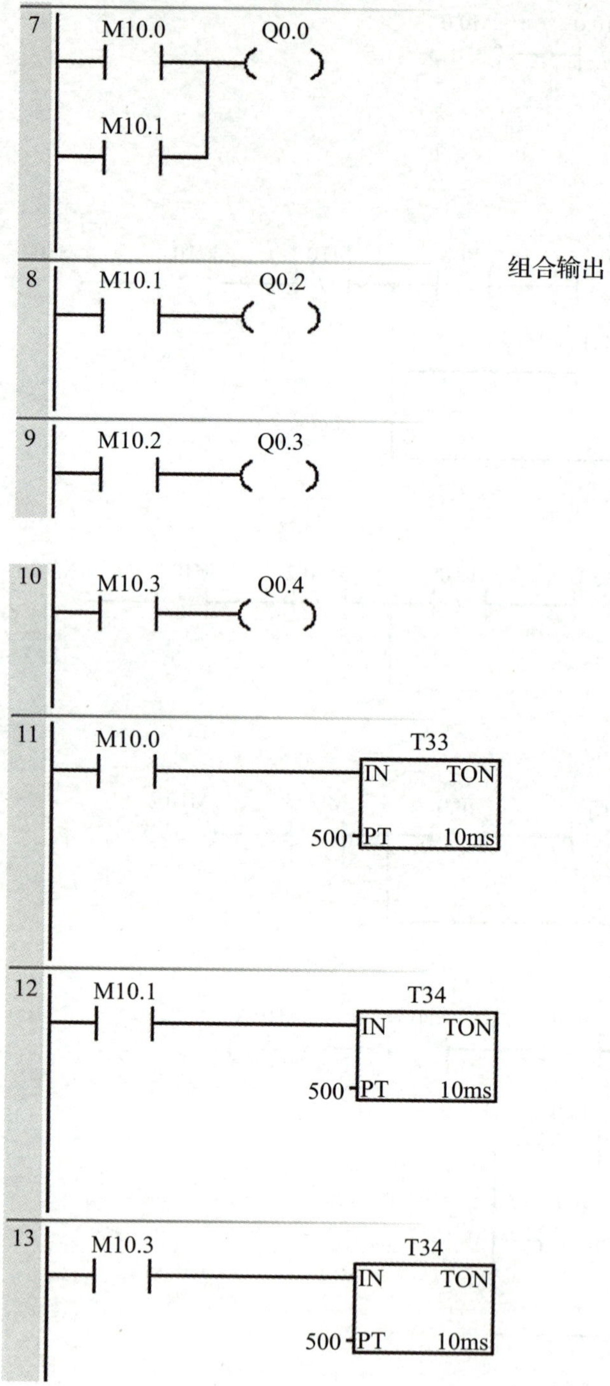

图 4-49　梯形图

习　题

1. 将累加器 1 的高字节内容送入 MW0，低字节内容送入 MW2。

2. 将浮点数 12.3 取整后传送至 MB0。

3. 使用循环移位指令实现接在输出 QW0 端口的 16 盏灯以跑马灯形式循环点亮。

4. 使用算术运算指令实现 [8+9*6/(8+4)]/(8-4) 运算，并将结果保存在 MW10 中。

5. 用步进指令编写满足图 4-50 所示的供料站工作流程的梯形图，供料站地址见表 4-32。

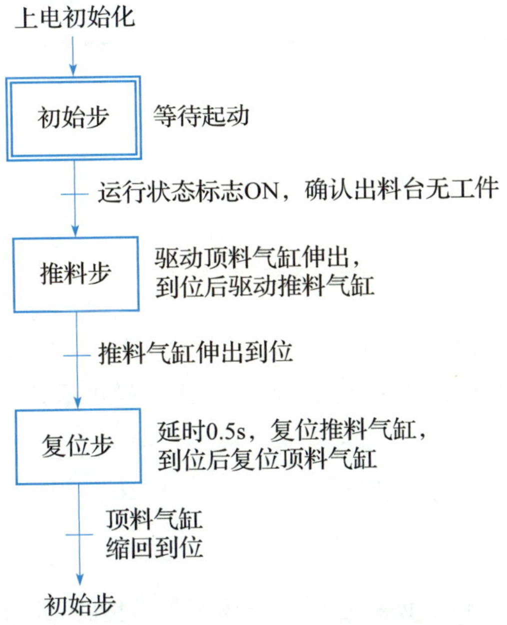

图 4-50 供料站工作流程图

表 4-32 供料站地址

输入信号				输出信号			
序号	PLC 输入点	信号名称	信号来源	序号	PLC 输入点	信号名称	信号来源
1	I0.0	顶料气缸伸出到位	装置侧	1	Q0.0	顶料电磁阀	装置侧
2	I0.1	顶料气缸缩回到位		2	Q0.1	推料电磁阀	
3	I0.2	推料气缸伸出到位		3	Q0.2		
4	I0.3	推料气缸缩回到位		4	Q0.3		
5	I0.4	出料台物料检测		5	Q0.4		
6	I0.5	供料不足检测		6	Q0.5		
7	I0.6	缺料检测		7	Q0.6		
8	I0.7	金属工件检测		8	Q0.7		
9	I1.0			9	Q1.0	正常工作指示	按钮 / 指示灯模块
10	I1.1			10	Q1.1	运行指示	
11	I1.2	起动按钮	按钮 / 指示灯模块				
12	I1.3	停止按钮					
13	I1.4						
14	I1.5	工作方式选择					

模块五

西门子 S7-200 SMART PLC 的高级应用

学习重点

学习 S7-200 SMART PLC 高速处理控制、PID 调节控制及通信处理等功能，以及 S7-200 SMART PLC 的中断、高速计数、高速输出、模拟量处理、通信等特殊功能指令，掌握程序的设计方法。

素质目标

培养安全意识、规范意识、创新意识，发扬精益求精的工匠精神。

任务一　钢包车行走的 PLC 控制

知识目标

（1）掌握中断的有关概念；
（2）掌握高速计数器的基础知识；
（3）掌握高速计数器的编程方法。

技能目标

（1）能够运用中断指令和高速计数器指令编写符合控制要求的程序；
（2）能够正确分配 I/O 点和接线。

任务引入

系统开启后，钢包车低速起步，运行至中段时，可加速至高速运行；接近工位（如加热位或吊包位）时，低速运行以保证平稳、准确停车。按下停止按钮后，若钢包车高速运行，则应先低速运行 5s 后再停车（考虑钢包车的载荷惯性）；若低速运行，则可立即停车。

知识储备

一、中断

1. 中断系统基本知识

（1）中断的概念。

中断是指当一些随机的中断事件发生时，CPU 暂时停止执行主程序，并保存断点，然后去对随机发生的更紧迫事件进行处理，即转去执行相应的中断服务程序。中断服务程序结束后，将自动返回主程序继续执行。中断示意图见图 5-1。中断是随机发生的，与子程序不同。

（2）中断事件。

中断事件是能够向 PLC 发出中断请求的事件，如外部开关量输入信号的上升沿或下降沿事件、通信事件、高速计数器的当前值等于预置值事件等。S7-200 SMART PLC 的中断事件包括三大类，分别是通信端口中断、I/O 中断和时基中断。

1）CPU 的串行通信端口可通过程序进行控制。通信端口的这种操作模式称为自由端口模式。在自由端口模式下，程序定义波特率、每个字符的位数、奇偶校验和协议。接收和发送中断可简化程序控制的通信。

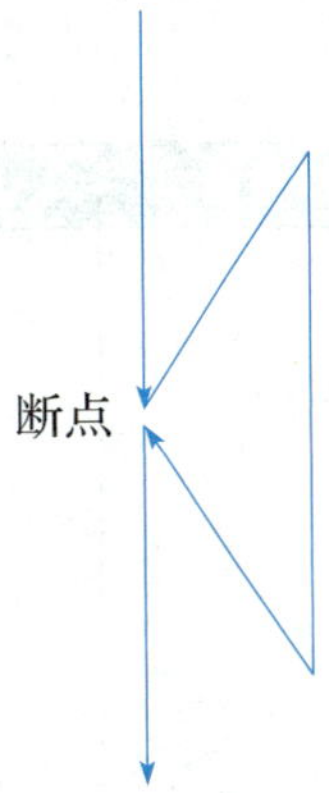

图 5-1　中断示意图

2）I/O 中断包括上升沿 / 下降沿中断、高速计数器中断和脉冲串输出中断。CPU 可以为输入通道 I0.0、I0.1、I0.2 和 I0.3（以及带有可选数字量输入信号板的标准 CPU 的输入通道 I7.0 和 I7.1）生成输入上升沿或下降沿中断。可对这些输入点中的每一个捕捉上升沿和下降沿事件。这些上升沿 / 下降沿事件可用于指示在事件发生时必须立即处理的状况。高速计数器中断使用户可以对下列情况做出响应：当前值达到预设值，与轴旋转方向反向相对应的计数方向发生改变或计数器外部复位。这些高速计数器事件均可触发实时执行的操作，以响应在可编程逻辑控制器扫描速度下无法控制的高速事件。脉冲串输出中断在指定的脉冲数完成输出时立即进行通知。脉冲串输出的典型应用为步进电动机控制。

3）时基中断包括定时中断和定时器 T32/T96 中断。可使用定时中断指定循环执行的操作。循环时间范围为 1 ～ 255ms，按增量为 1ms 进行设置。必须在定时中断 0 的 SMB34 和定时中断 1 的 SMB35 中写入循环时间。每次定时器到设定时间时，定时中断事件都会将控制权传递给相应的中断例程。通常，可以使用定时中断来控制模拟量输入的采样或定期执行 PID 回路。将中断例程连接到定时中断事件时，启用定时中断并且开始定时。连接期间，系统捕捉周期时间值，因此 SMB34 和 SMB35 的后续变化不会影响周期时间。要更改周期时间，必须修改周期时间值，然后将中断例程重新连接到定时中断事件。重新连接时，定时中断功能会清除先前连接的所有累计时间，并开始用新值计时。定时中断启用后，将连续运行，每个连续时间间隔后，会执行连接的中断例程。如果退出 RUN 模式或分离定时中断，定时中断将禁用。如果执行了全局 DISI（中断禁止）指令，定时中断会继续出现，但是尚未处理所连接的中断例程。每次定时中断出现均排队等候，直至中断启用或队列已满。

使用定时器 T32/T96 中断可及时响应指定时间间隔的结束。仅 1ms 分辨率的接通延时（TON）和断开延时（TOF）定时器 T32 和 T96 支持此类中断，否则 T32 和 T96 正常工作。启用中断后，如果在 CPU 中执行正常的 1ms 定时器更新期间，激活定时器的当前值等于预设时间值，将执行连接的中断例程。可通过将中断例程连接到 T32（事件 21）和 T96（事件 22）中断事件来启用这些中断。

4）中断优先级。在 S7-200 系列 PLC 中，中断事件的优先级是事先规定好的，最高优先级属通信口中断，中间级属 I/O 中断，最低优先级为时基中断。具体情况如表 5-1 所示。

表 5-1　中断事件

<table>
<tr><th>事件分类</th><th colspan="2">事件名称</th><th>事件编号</th><th>事件优先级</th></tr>
<tr><td rowspan="19">I/O 中断</td><td rowspan="8">上升沿 / 下降沿中断</td><td>I0.0 上升沿</td><td>0</td><td rowspan="19">离散中等优先级</td></tr>
<tr><td>I0.0 下降沿</td><td>1</td></tr>
<tr><td>I0.1 上升沿</td><td>2</td></tr>
<tr><td>I0.1 下降沿</td><td>3</td></tr>
<tr><td>I0.2 上升沿</td><td>4</td></tr>
<tr><td>I0.2 下降沿</td><td>5</td></tr>
<tr><td>I0.3 上升沿</td><td>6</td></tr>
<tr><td>I0.3 下降沿</td><td>7</td></tr>
<tr><td rowspan="8">高速计数器中断</td><td>HSC0 当前值等于预置值</td><td>12</td></tr>
<tr><td>HSC0 输入方向改变</td><td>27</td></tr>
<tr><td>HSC0 外部复位</td><td>28</td></tr>
<tr><td>HSC1 当前值等于预置值</td><td>13</td></tr>
<tr><td>HSC2 当前值等于预置值</td><td>16</td></tr>
<tr><td>HSC2 输入方向改变</td><td>17</td></tr>
<tr><td>HSC2 外部复位</td><td>18</td></tr>
<tr><td>HSC3 当前值等于预置值</td><td>32</td></tr>
<tr><td rowspan="3">脉冲输出中断</td><td>PLS0 PTO 脉冲计数完成中断</td><td>19</td></tr>
<tr><td>PLS1 PTO 脉冲计数完成中断</td><td>20</td></tr>
<tr><td>PLS2 PTO 脉冲计数完成中断</td><td>34</td></tr>
</table>

续表

事件分类	事件名称		事件编号	事件优先级
通信口中断	端口 0 中断	端口 0：接收字符	8	通信最高优先级
		端口 0：发送完成	9	
		端口 0：接收信息完成	23	
	端口 1 中断	端口 1：接收字符	25	
		端口 1：发送完成	26	
		端口 1：接收信息完成	24	
时基中断	内部定时中断	定时中断 0	10	定时最低优先级
		定时中断 1	11	
	定时器中断	定时器 T32 当前值等于预置值	21	
		定时器 T96 当前值等于预置值	22	
扩展模块中断	信号板中断	上升沿，信号板输入 0	35	离散中等优先级
		下降沿，信号板输入 0	36	
		上升沿，信号板输入 1	37	
		下降沿，信号板输入 1	38	

在同一优先级的中断事件中，CPU 按先来先服务的原则处理。在同一时刻，只能有一个中断服务程序被执行。一个中断服务程序一旦被执行，就会一直执行到结束，中途不能被另一个中断服务程序中断，即便是优先级更高的中断也不行。在一个中断服务程序执行期间发生的其他中断需排队等候处理。

2. PLC 中断指令

S7-200 系列 PLC 中断指令包含中断允许、中断禁止、中断连接、中断分离、清除中断事件和中断返回指令。

（1）中断指令的格式及功能见表 5-2。

表 5-2　中断指令的格式及功能

<table>
<tr><th rowspan="2">中断指令</th><th colspan="2">格式</th><th rowspan="2">功能</th></tr>
<tr><th>梯形图</th><th>语句表</th></tr>
<tr><td>中断允许指令</td><td>-(ENI)</td><td>ENI</td><td>全局允许所有被连接的中断事件</td></tr>
<tr><td>中断禁止指令</td><td>-(DISI)</td><td>DISI</td><td>全局禁止处理所有中断事件</td></tr>
<tr><td>中断连接指令</td><td>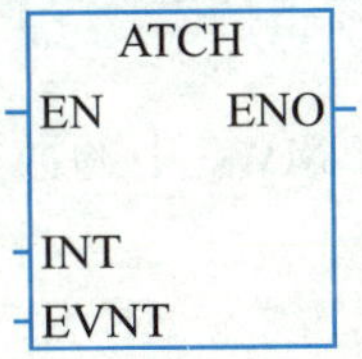
</td><td>ATCH INT，EVNT</td><td>把一个中断事件（EVNT）和一个中断服务程序连接起来，并开启该中断事件</td></tr>
</table>

续表

中断指令	格式		功能
	梯形图	语句表	
中断分离指令	DTCH EN ENO EVNT	DTCH EVNT	截断一个中断事件（EVNT）和所有中断程序的联系，并禁止该中断事件
清除中断事件指令	CLR_EVNT EN ENO EVNT	CEVENT EVNT	从中断队列中移除所有类型为 EVNT 的中断事件
中断有条件返回指令	—(RET)	CRETI	在前面的逻辑条件满足时，退出中断服务程序并返回主程序
中断无条件返回指令	├(RETI)	RETI	执行 RETI 指令将无条件返回主程序

说明：切换到 RUN 模式时，中断开始时被禁止。在 RUN 模式下，可通过执行 ENI（中断允许）指令来启用中断处理。执行 DISI（中断禁止）指令将禁止处理中断事件，但激活的中断事件将继续排队。

（2）参数说明。中断指令相关参数说明见表 5-3。

表 5-3　中断指令相关参数说明

参数	数据类型	存储区	说明
INT	BYTE（字节）	常数 0 ～ 127	指定中断服务程序的标号
EVNT	BYTE（字节）	常数	指定中断事件的编号，不同 CPU 具有的中断事件数量是不同的
n	BYTE（字节）	常数 0 ～ 127	指定中断服务程序的标号

二、中断指令应用举例

【例 5-1】要求每 100ms 读取一次 AIW4 中的数据并送至 VW100。时基中断控制程序如图 5-2 所示。

【例 5-2】要求当 I0.0 下降沿每发生一次，就将 MW0 中的数据加 1。I/O 中断控制程序如图 5-3 所示。

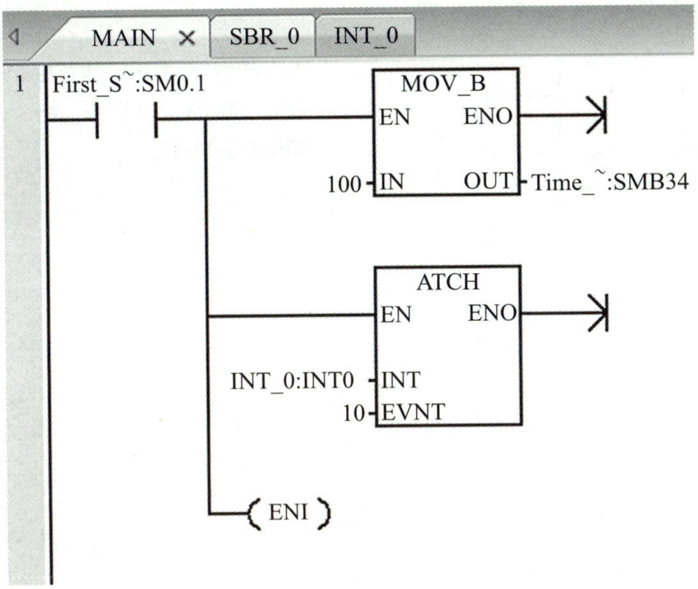

用初始化脉冲将100送至SMB34，设置中断事件10的间隔时间为100ms，同时将中断服务程序0与中断事件10连接，开启中断事件10。

（a）主程序

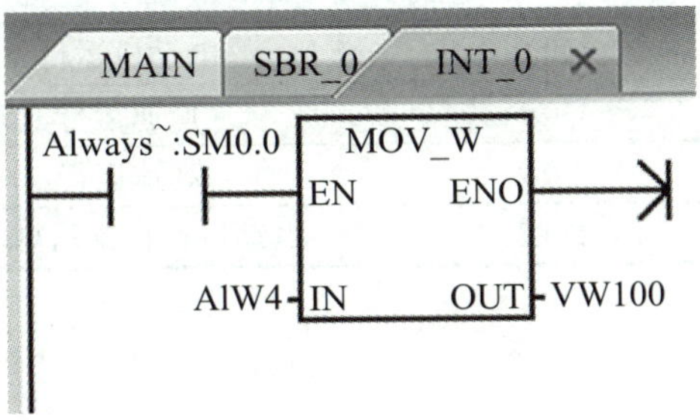

中断事件10每发生一次，就执行中断服务程序 0，将AIW4中的数据读取一次送至VW100。

（b）中断程序

图 5-2　时基中断控制程序

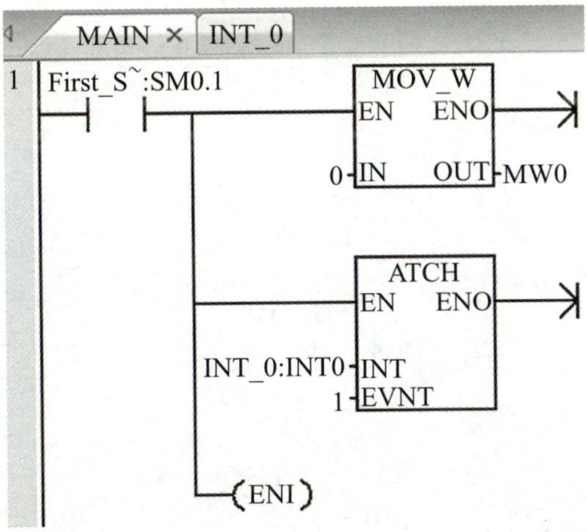

用初始化脉冲将MW0清零，将中断服务程序0与中断事件1建立连接，并全局允许中断。

（a）主程序

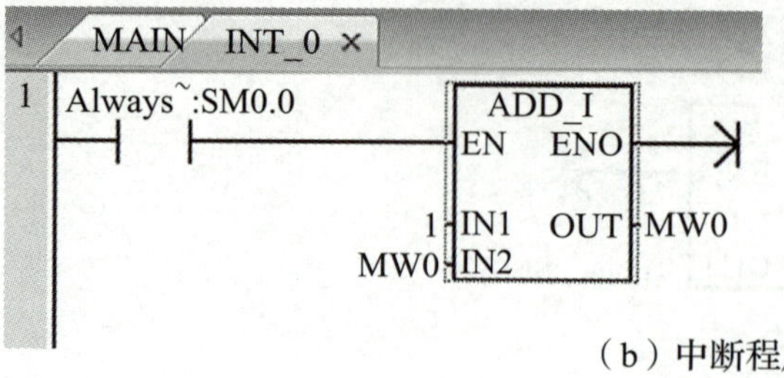

当中断事件1发生，执行中断0，将MW0加1操作，结果再存到MW0中。

（b）中断程序

图 5-3　I/O 中断控制程序

任务实施

一、I/O 分配

钢包车控制 I/O 分配如表 5-4 所示。

表 5-4　钢包车控制 I/O 分配表

输入		输出	
输入继电器	元件	输出继电器	元件
I0.0	编码器脉冲输入	Q0.0	电动机运行
I0.1	起动按钮 SB1	Q0.1	低速运行
I0.2	停止按钮 SB2	Q0.2	高速运行
		Q0.3	电动机运行指示灯 HL

二、PLC 硬件原理图

根据控制要求及 I/O 分配表，钢包车行走控制电路硬件原理图如图 5-4 所示（以西门子变频器 MM440 为例）。

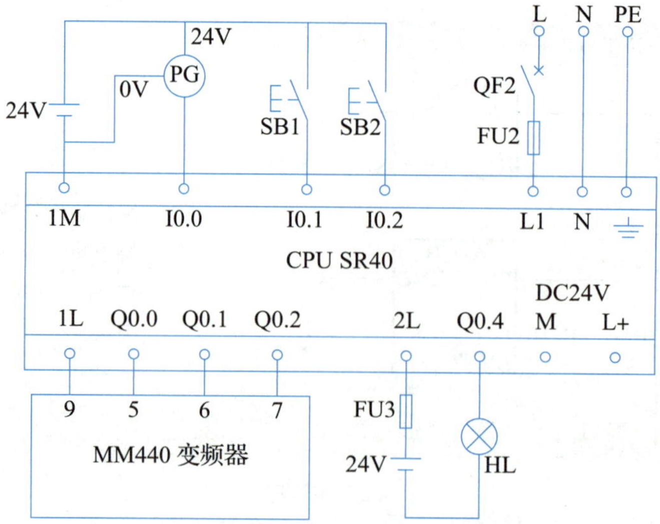

图 5-4　钢包车行走控制电路硬件原理图

三、创建工程项目

创建一个工程项目，并命名为钢包车行走控制。

四、编辑符号表

符号表如图 5-5 所示。

符号表

	符号	地址	注释
1	编码器脉冲输入	I0.0	
2	起动按钮SB1	I0.1	
3	停止按钮SB2	I0.2	
4	电动机运行	Q0.0	
5	低速运行	Q0.1	
6	高速运行	Q0.2	
7	电动机运行指示灯	Q0.3	
8			

图 5-5　符号表

五、高速计数器向导

本任务将电动机的运行分为 3 个阶段，即对应高速计数器 HSC 的 3 个阶段：第 1 阶段为 0 ～ 500（低速运行阶段）；第 2 阶段为 500 ～ 1 500（高速运行阶段）；第 3 阶段为 1 500 ～ 2 000（低速停止阶段）。利用高速计数器向导来完成程序的编写。

（1）在指令树中，单击“向导”→“高速计数器”，如图 5-6 所示。

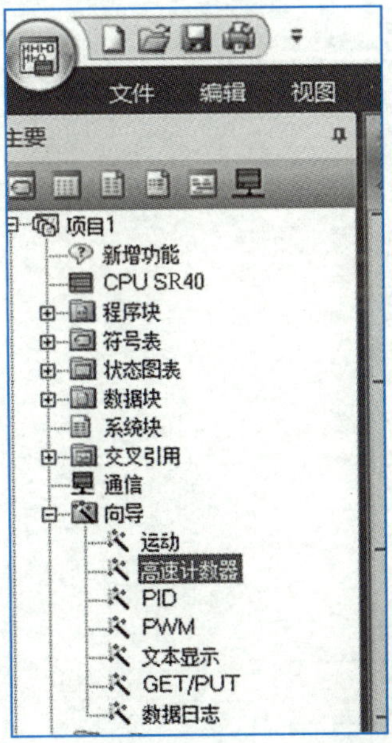

图 5-6　指令树

（2）出现“高速计数器向导”对话框，选择要组态的计数器 HSC0，如图 5-7 所示。

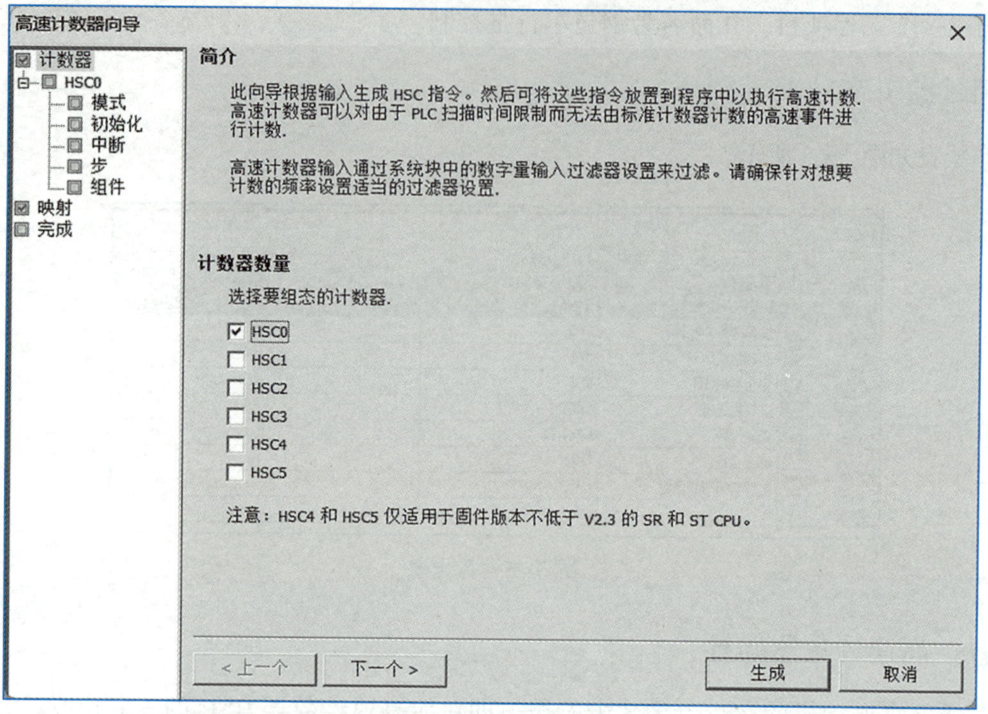

图 5-7 “高速计数器向导”对话框

（3）单击“下一个”按钮，在弹出的对话框中为高速计数器命名，如图 5-8 所示。

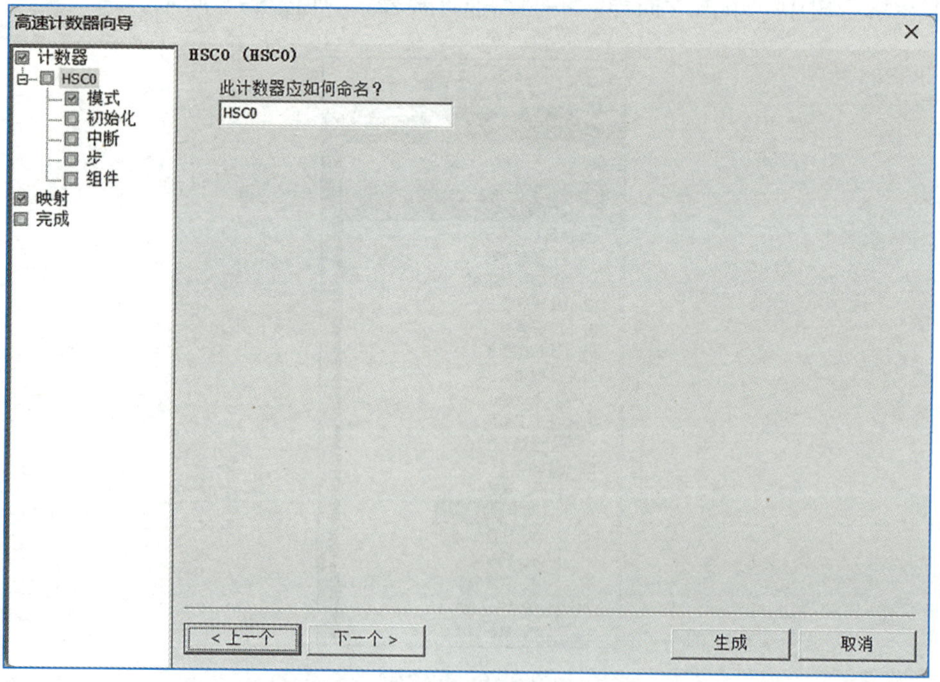

图 5-8 为高速计数器命名

（4）单击“下一个”按钮，设置高速计数器工作模式，如图 5-9 所示，这里选择模式 9，A/B 相正交。

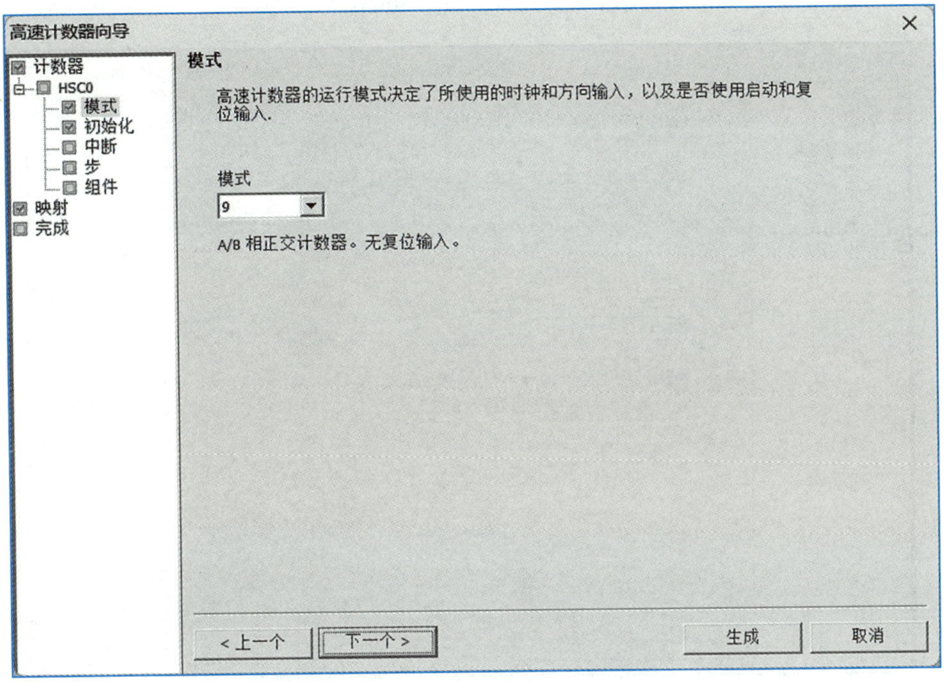

图 5-9　设置高速计数器工作模式

（5）单击“下一个”按钮，设置高速计数器参数，如图 5-10 所示。

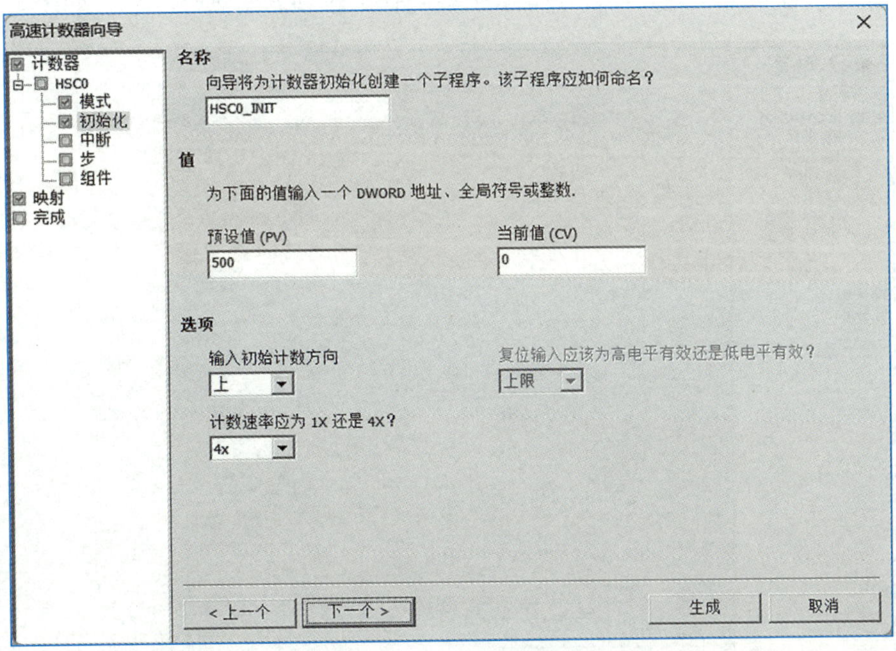

图 5-10　设置高速计数器参数

（6）单击“下一个”按钮，出现“中断”设置对话框。选择触发中断的方式，有三种方式：“外部复位激活后的中断”、“方向输入更改后的中断”和“当前值等于预设值（CV = PV）时的中断”。根据要求，选择第三种，如图 5-11 所示。

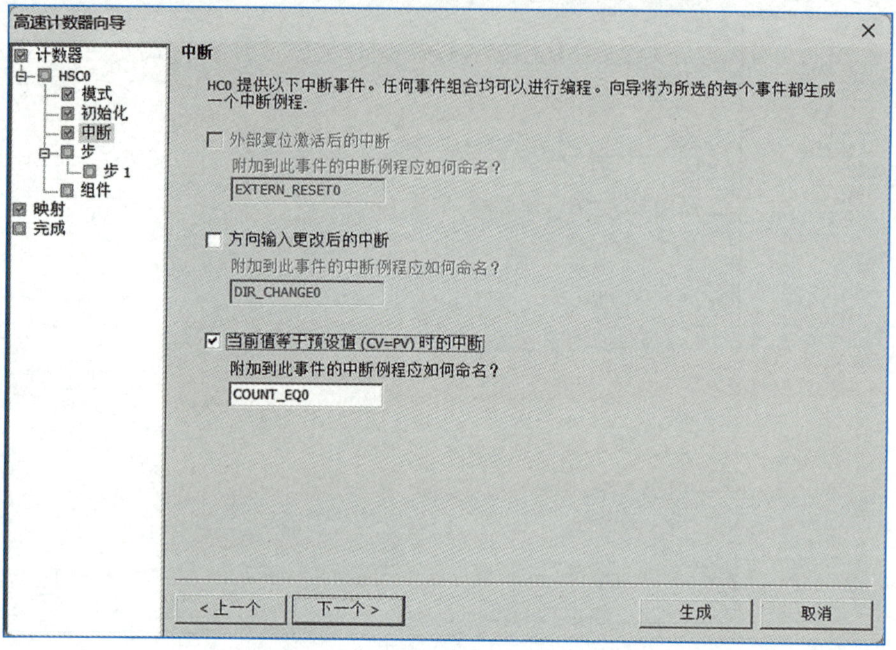

图 5-11　设置“高速计数器”中断

（7）单击“下一个”按钮，出现“步”设置对话框，因本任务要求完成 3 段速度设置，所以需要设置 3 个步数，即产生 2 个中断。在下拉列表中选择“3”，如图 5-12 所示。

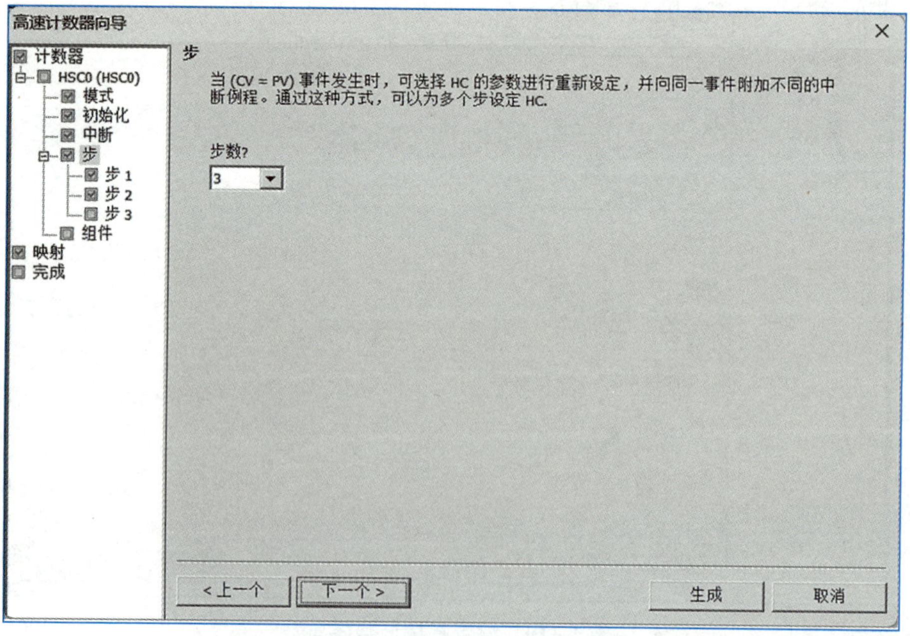

图 5-12　设置“高速计数器”中断步数

（8）单击“下一个”按钮，出现“步 1”设置对话框，勾选“更新预设值（PV）”，新 PV 值设置为 1 500，即产生下一个中断是在当前值等于新的预设值 1 500 时，如图 5-13 所示。

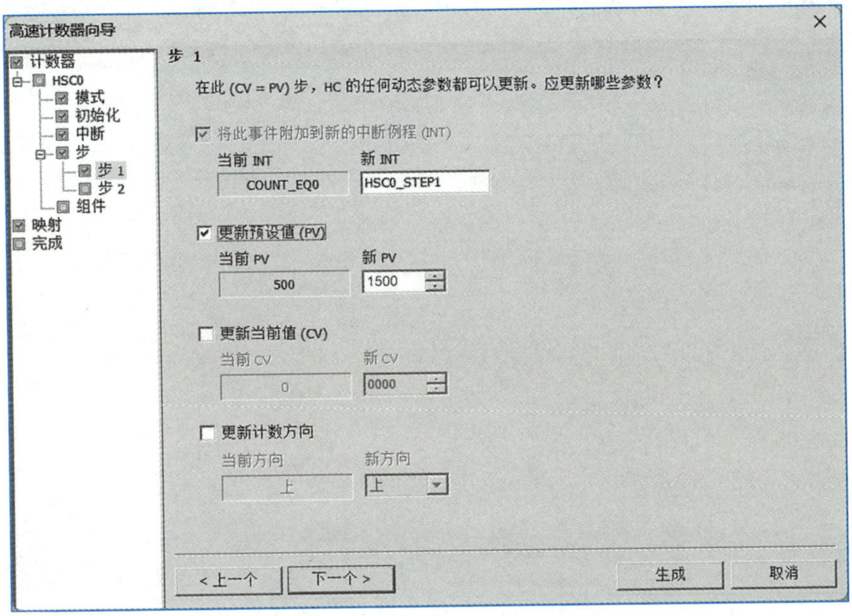

图 5-13　设置“步 1”参数

（9）单击“下一个”按钮，出现“步 2”设置对话框，勾选“更新预设值（PV）”，新 PV 值设置为 2 000，即产生下一个中断是在当前值等于新的预设值 2 000 时，如图 5-14 所示。

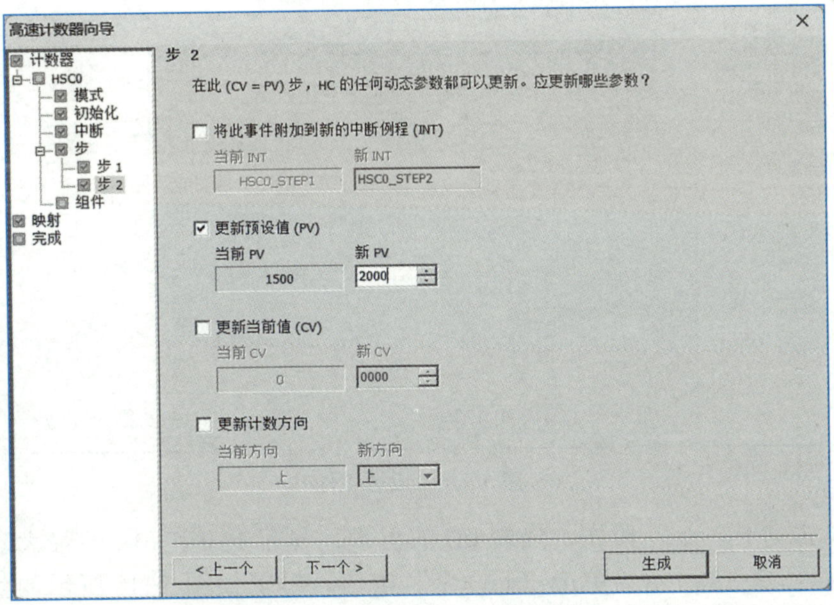

图 5-14　设置“步 2”参数

（10）单击“下一个”按钮，出现“步 3”设置对话框，如图 5-15 所示，保持默认选项。单击“下一个”按钮，出现组件设置对话框，即生成了 4 个组件，如图 5-16 所示。

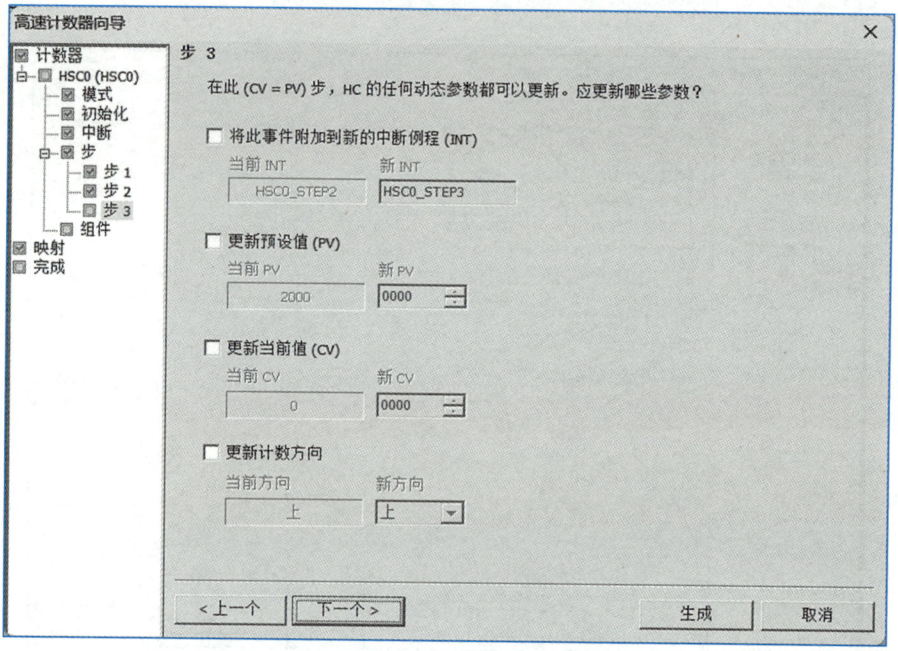

图 5-15　设置“步 3”参数

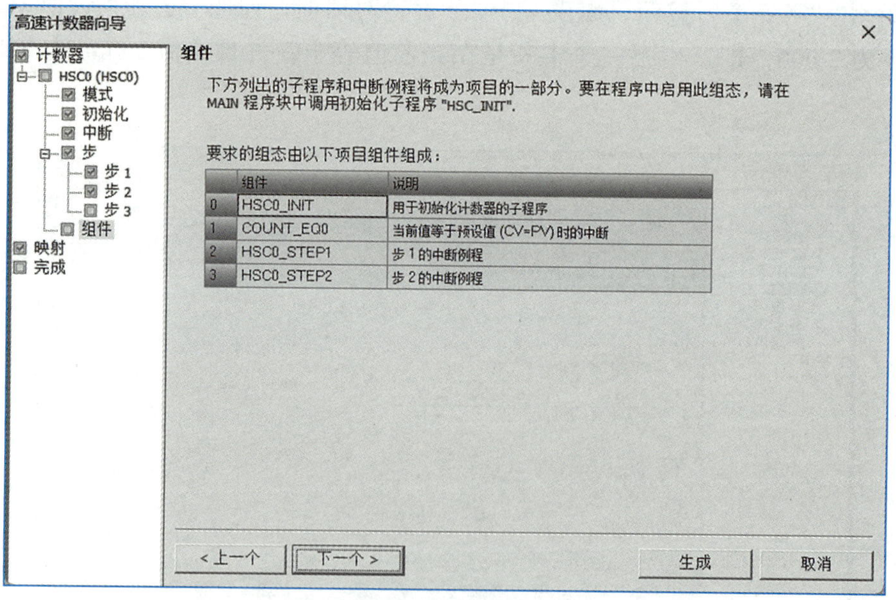

图 5-16　设置组件

（11）单击“下一个”按钮，出现 I/O 映射表，显示 I0.0 和 I0.1 的最大理论计数率是 156Hz，如图 5-17 所示。单击“下一个”按钮，出现如图 5-18 所示的生成提示对话框。

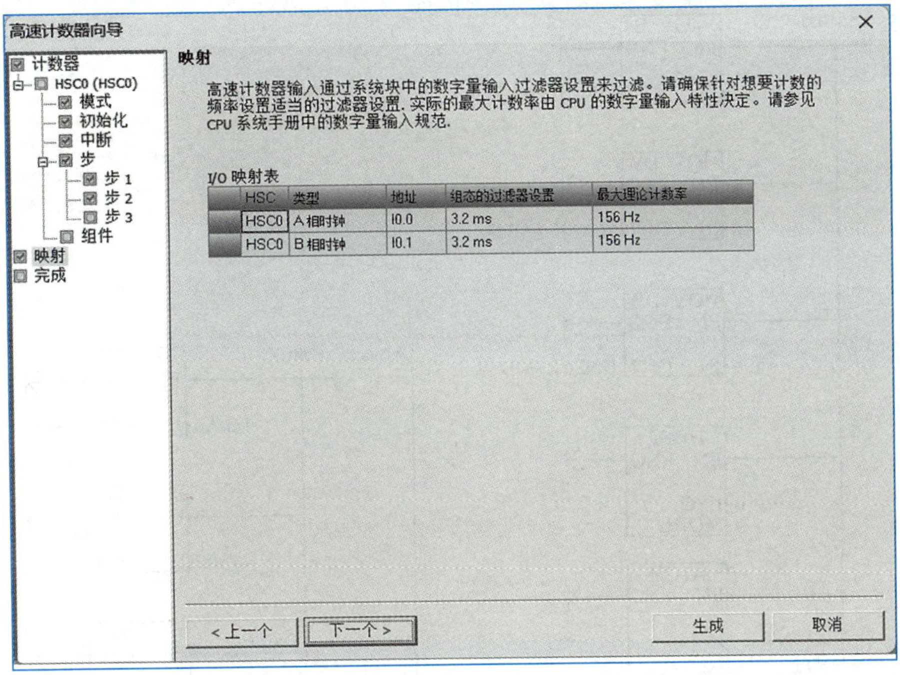

图 5-17　I/O 映射表

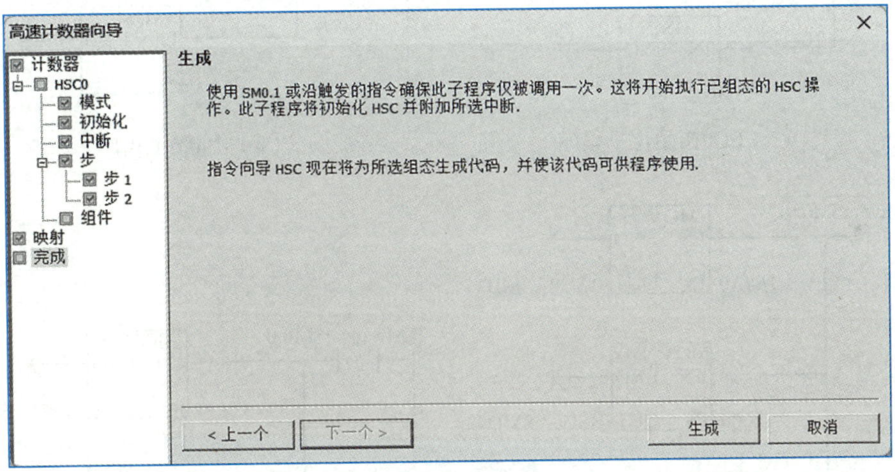

图 5-18　生成提示对话框

（12）单击“生成”按钮，回到程序编辑界面。单击“程序块”，可见下拉列表中生成了 HSC0 初始化子程序和 3 个中断子程序，如图 5-19 所示。依次单击子程序，可以看到其中自动生成的程序指令，如图 5-20 所示。

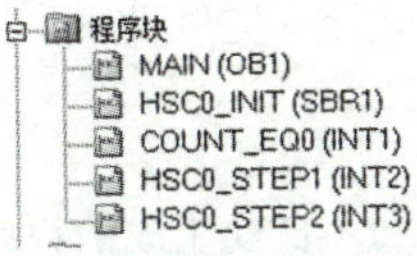

图 5-19　生成的初始化子程序和中断子程序

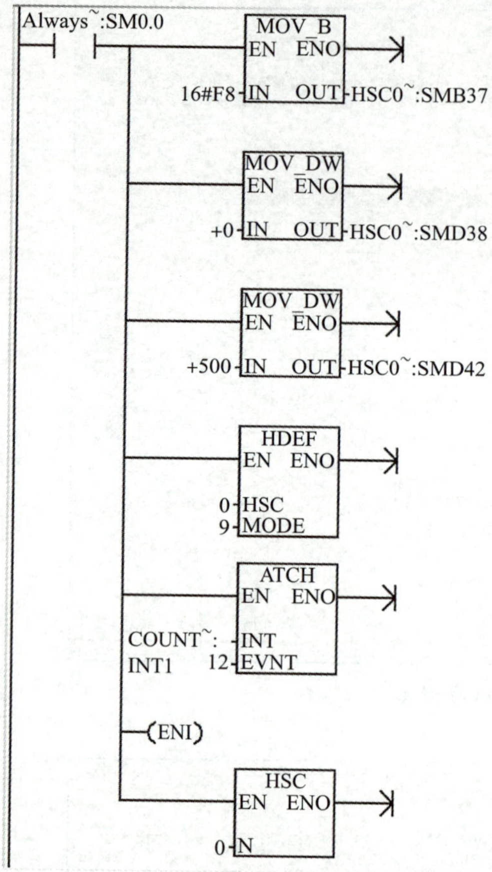

（a）HSC0初始化子程序

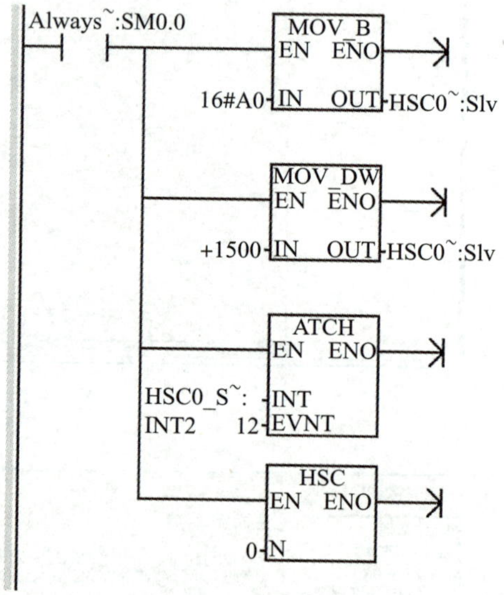

（b）中断0子程序

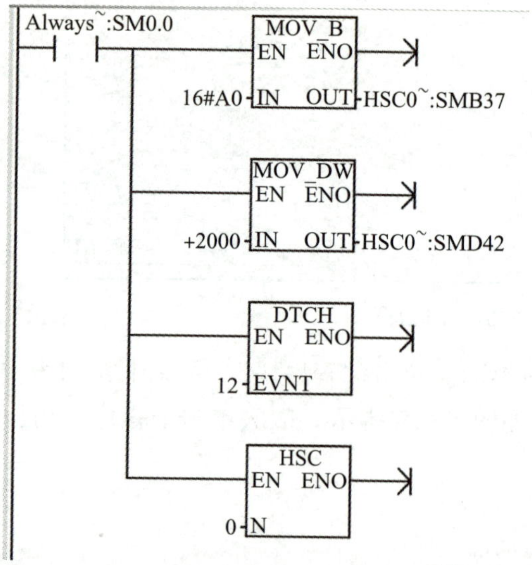

（c）中断1子程序

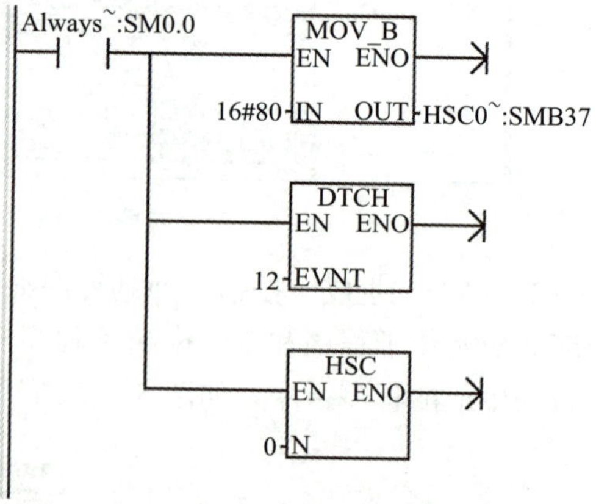

（d）中断2子程序

图 5-20　自动生成的程序指令

六、编写程序

可以根据任务要求，更改中断程序。当高速计数器的值大于或等于 500 时，进入高速运转阶段，即 Q0.2 输出，Q0.1 低速运行复位。当高速计数器的值大于或等于 1 500 时，转为低速运转阶段，即 Q0.2 复位，Q0.1 置位。当高速计数器的值等于 2 000 时，电动机停止运转。修改后的中断子程序如图 5-21 所示。

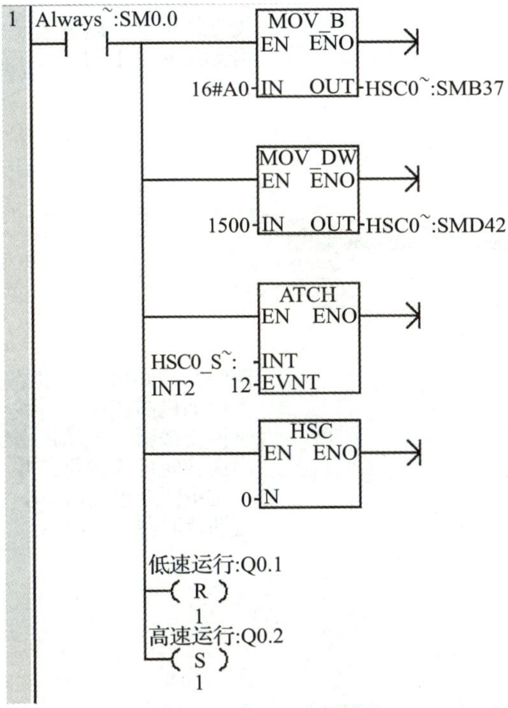

（a）修改后的中断0子程序

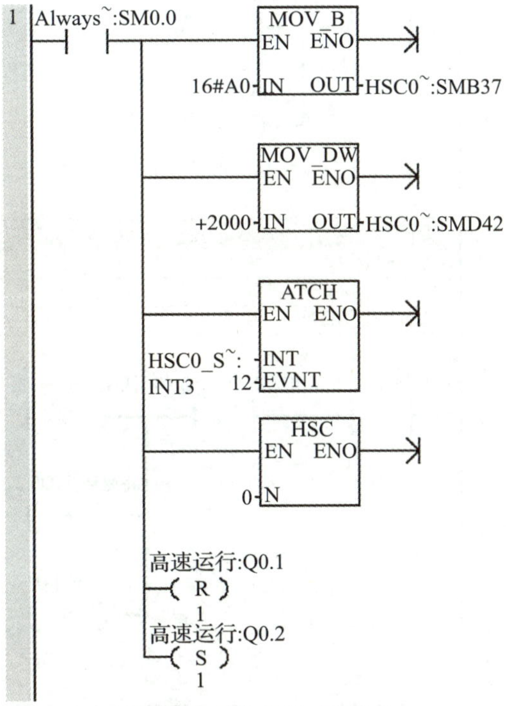

（b）修改后的中断1子程序

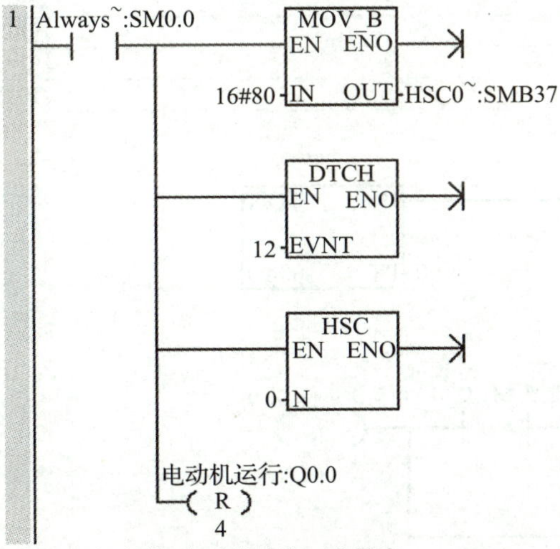

（c）修改后的中断2子程序

图 5-21 修改后的中断子程序

主程序如图 5-22 所示。

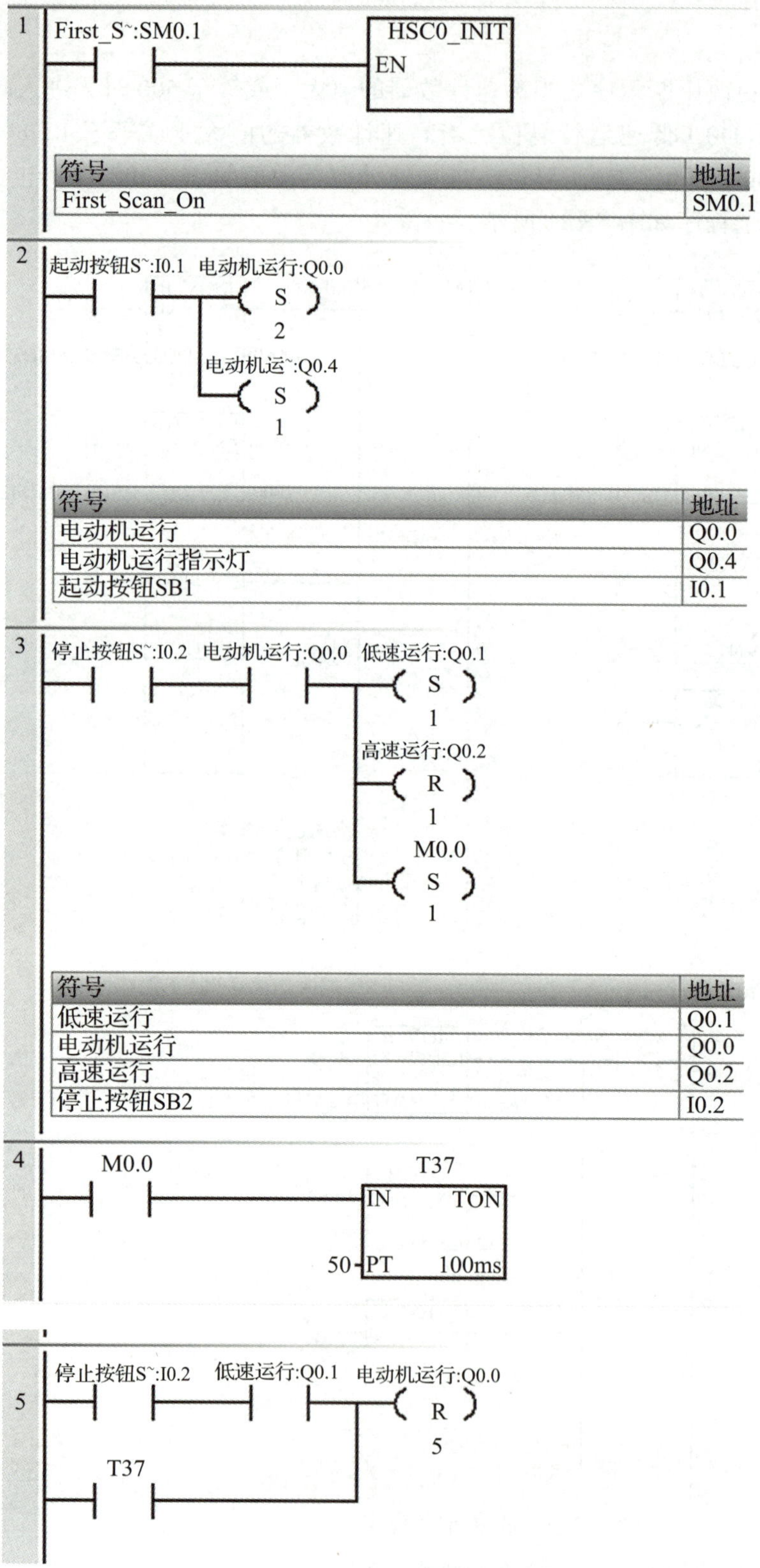

网络1的作用是调用高速计数器。

网络2的作用是起动变频器电动机以低速开始运转，电动机运转指示灯点亮。

网络3、网络4的作用是在电动机高速运行时按下停止按钮，电动机由高速转向低速运行，并置位中间继电器M0.0，起动定时器，定时5s。

网络5的作用是在电动机低速运行时，按下停止按钮，电动机停止运转，指示灯熄灭，高低速控制复位；或者在高速运行时，按下停止按钮，电动机由高速运行转向低速运行5s后，电动机停止运转，并复位高低速和指示灯。

图 5-22　主程序

七、变频参数

变频的参数设置如表 5-5 所示。

表 5-5　变频的参数设置

参数号	设置值	参数号	设置值
P0700	2	P1000	3
P0701	1	P1002	20
P0702	15	P1003	40
P0703	15		

八、调试程序

将程序块和系统块（将输入点 I0.0 的滤波时间改为 3.2ms）下载到 PLC 中，起动程序监控功能。首先按下起动按钮 SB1 起动系统，观察变频器的输出频率是否为 20Hz；当高速计数器当前值为 500 时，变频器的输出频率是否上升到 40Hz；当高速计数器当前值为 1 500 时，变频器的输出频率是否下降到 20Hz；当高速计数器当前值为 2 000 时，变频器是否停止输出。再次起动系统，在高速计数器当前值小于 500 和处于 1 500 ～ 2 000 时，按下停止按钮 SB2，电动机是否立即停止；在高速计数器当前值为 500 ～ 1 500 时，按下停止按钮 SB2，电动机是否先低速运行 5s 后再停止运行；在系统运行过程中，电动机的运行指示灯是否点亮。如果电动机的运行指示灯及变频器的输出频率变化情况与控制要求相吻合，则说明程序编写正确。

任务二　传输单元的 PLC 控制

知识目标

（1）熟悉运动控制向导；

（2）掌握高速脉冲输出的有关寄存器的设置方法；

（3）熟悉 PWM 向导；

（4）掌握运动轴的应用。

技能目标

能够使用运动轴来控制步进电动机或伺服电动机的速度和运动。

任务引入

用 PLC 实现某生产线的传输单元的控制，要求传输单元的机械手将物料从供料单元先送至加工单元，再送至装配单元，最后送至分拣单元，完成送料任务后，机械手自动回到供料单元即原点处。行程两侧有左右限位开关，使用的是动断触点。

知识储备

开环运动控制

S7-200 SMART CPU 提供了三种开环运动控制方法：

- 脉冲串输出（PTO）：内置在 CPU 中，用于速度和位置控制。在 S7-200 SMART CPU 中无 PTO 向导可用，可用运动控制向导代替。
- 脉宽调制（PWM）：内置在 CPU 中，用于速度、位置或负载循环控制。
- 运动轴：内置于 CPU 中，用于速度和位置控制。

5-1 脉冲输出功能

CPU 提供了三个数字输出（Q0.0、Q0.1、Q0.3），可以通过 PLS 指令组态为 PTO 或 PWM 输出，通过 PWM 向导组态为 PWM 输出，或通过运动控制向导组态为运动控制输出。

若组态 PTO 输出，无论是步进电动机还是伺服电动机，CPU 均会生成 50% 负载循环的脉冲串用于转速和位置的开环控制。内置 PTO 功能仅提供脉冲串输出。方向和限值控制必须通过应用程序，使用 PLC 中集成的或由扩展模块提供的 I/O 来设定。

若组态 PWM 输出，CPU 将固定输出的周期时间，通过程序控制脉冲的持续时间或负载周期。可通过脉冲持续时间的变化来控制应用的转速或位置。

运动轴提供了带有集成方向控制和禁用输出的单脉冲串输出。运动轴还包括可编程输入，允许将 CPU 组态为包括自动参考点搜索在内的多种操作模式。运动轴为步进电动机或伺服电动机的速度和位置开环控制提供了统一的解决方案。

为简化应用，STEP 7-Micro/WIN SMART 提供了用于组态运动轴的运动控制向导，以及用于组态 PWM 的 PWM 向导。这些向导会生成运动指令，可实现动态控制。对于运动轴，STEP 7-Micro/WIN SMART 还提供了控制面板，可以通过该控制面板控制、监视和测试运动操作。

1. 使用 PWM 输出

PWM 提供了占空比可变的周期固定输出。PWM 输出以指定频率（循环时间）开启之后将连续运行。可根据需要调节脉冲宽度，进而实现所需控制。如图 5-23 所示的占空比可表示为周期的百分比或对应于脉冲宽度（脉宽）的时间值。脉宽的变化范围为 0（无脉冲，

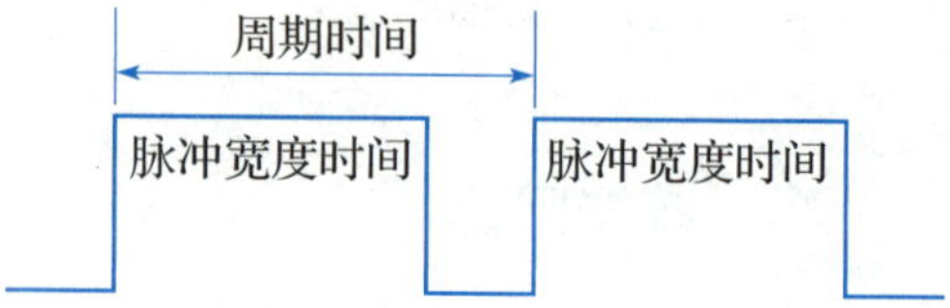

图 5-23 PWM 波形图

始终为低电平）到 100%（无脉冲，始终为高电平）。

可以用微秒和毫秒为时间基准指定周期和脉宽。周期的范围为 10 ～ 65 535μs 或 2 ～ 65 536ms。周期小于 2 个时间单位的默认为 2 个时间单位。脉宽时间范围为 0 ～ 65 535μs 或 0 ～ 65 535ms。设置脉宽等于周期（占空比为 100%）可使输出连续运行，设置脉宽等于 0（占空比为 0）会关闭输出。

2. 使用运动控制

CPU 中内置的运动控制通过运动轴来控制步进电动机或伺服电动机的速度和运动。通过运动轴实现位置控制，需要用户提供一些基本信息，逐项介绍如下：

（1）最大速度（MAX_SPEED）和起动 / 停止速度（SS_SPEED）。

MAX_SPEED 是允许的操作速度的最大值，它应在电动机力矩范围内。驱动负载所需的力矩由摩擦力、惯性以及加 / 减时间决定。

SS_SPEED 的数值应满足电动机在低速时驱动负载的能力。如果 SS_SPEED 的数值过低，电动机和负载在运动的开始和结束时可能会摇摆或颤抖。如果 SS_SPEED 的数值过高，电动机会在起动时丢失脉冲，并且负载在试图停止时会使电动机超速。通常，SS_SPEED 的数值是 MAX_SPEED 值的 5% ～ 15%。

（2）加速时间和减速时间（见图 5-24）。

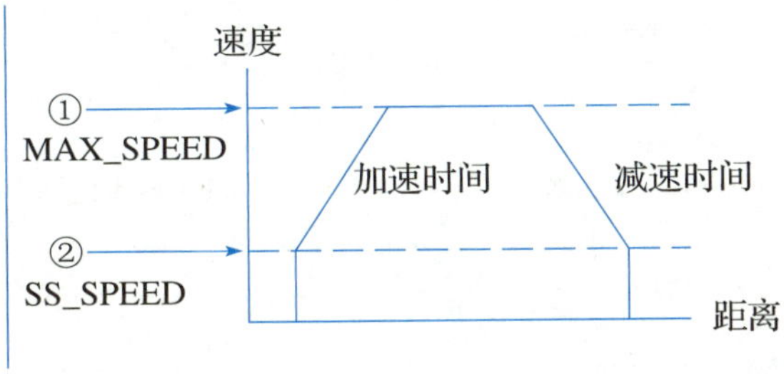

图 5-24　加速时间和减速时间

加速时间 ACCEL_TIME：电动机从 SS_SPEED 加速到 MAX_SPEED 所需要的时间。

减速时间 DECEL_TIME：电动机从 MAX_SPEED 减速到 SS_SPEED 所需要的时间。

加速时间和减速时间的缺省设置都是 1 000ms，这两个值设定时要以毫秒为单位。此外，电动机可在小于 1 000ms 的时间内工作。

（3）移动包络。

一个包络是一个预先定义的移动描述，它包括一个或多个速度，影响从起点到终点的移动。一个包络由多段组成，每段包含一个达到目标速度的加速 / 减速过程和以目标速度匀速运行的一串固定数量的脉冲。

1）定义一个包络，涉及以下几点：

①选择操作模式。

②为包络的各步定义指标。

③为包络定义一个符号名。

选择包络的操作模式：运动控制支持相对位置和单一速度的连续运转两种模式，如

图 5-25 所示。相对位置模式指的是运动的终点位置是从起点开始计算脉冲数量。单一速度连续运转则不需要提供终点位置，在此种模式下，一直持续输出脉冲，直至有其他命令发出，如到达原点要求停发脉冲。

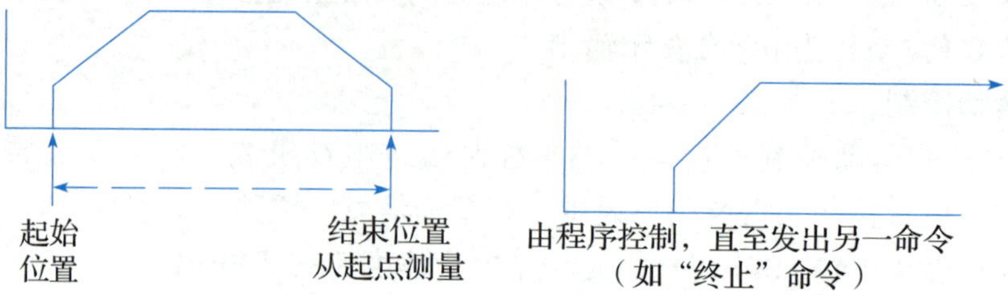

（a）相对位置　（b）单一速度连续运转

图 5-25　运动模式

2）包络中的步。

一个步是工件运动的一个固定距离，包括加速时间和减速时间内的距离。运动轴支持每个曲线中最多有 16 个步。每一步包括目标速度、结束位置或脉冲数量等指标。一步包络只有一个常速段，两步有两个常速段，依此类推，如图 5-26 所示。

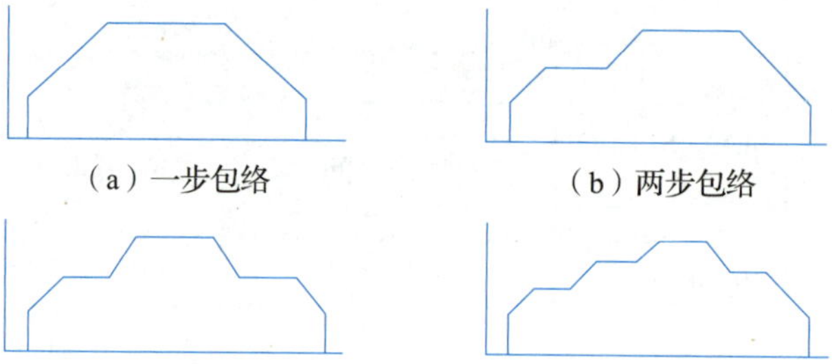

（a）一步包络　（b）两步包络　（c）三步包络　（d）四步包络

图 5-26　运动包络

运动控制具有 6 个数字量输入和 4 个数字量输出，用于连接运动应用。

（4）创建组态 / 曲线表。

为了使 CPU 能够控制运动应用，必须为运动轴创建组态 / 曲线表。运动向导可引导用户逐步完成组态过程，非常便捷。要开启运动向导，可单击导航栏中的“工具”图标，然后双击“运动向导”图标；或者选择“工具”→“运动向导”命令。

1）选择测量系统。

可以选择工程单位或脉冲：

- 如果选择脉冲，则不需要输入其他信息。
- 如果选择工程单位，则需要输入电动机每转一圈产生的脉冲数量、测量基本单位（如英寸、英尺、毫米或厘米）以及电动机转动一圈移动的距离。如果用户在以后改变了测量系统，则必须删除整个组态，包括运动向导生成的全部指令。之后必须输入与新测量系统一致的选项。

2）组态输入引脚位置。

可通过 SDB0 中的组态对与运动控制相关的输入进行编程，其中包括 STP、LMT-、LMT+、RPS、TRIG 和 ZP。具体含义如表 5-6 所示。

表 5-6 输入引脚定义

输入的引脚定义	说明
LMT+、LMT-、STP、RPS、TRIG	CPU 的输入引脚 0 可作为 LMT+、LMT-、STP、RPS、TRIG 输入（I0.0）
	CPU 的输入引脚 1 可作为 LMT+、LMT-、STP、RPS、TRIG 输入（I0.1）
	CPU 的输入引脚 2 可作为 LMT+、LMT-、STP、RPS、TRIG 输入（I0.2）
	CPU 的输入引脚 3 可作为 LMT+、LMT-、STP、RPS、TRIG 输入（I0.3）
	CPU 的输入引脚 4 可作为 LMT+、LMT-、STP、RPS、TRIG 输入（I0.4）
	CPU 的输入引脚 5 可作为 LMT+、LMT-、STP、RPS、TRIG 输入（I0.5）
	CPU 的输入引脚 6 可作为 LMT+、LMT-、STP、RPS、TRIG 输入（I0.6）
	CPU 的输入引脚 7 可作为 LMT+、LMT-、STP、RPS、TRIG 输入（I0.7）
	CPU 的输入引脚 8 可作为 LMT+、LMT-、STP、RPS、TRIG 输入（I1.0）
	CPU 的输入引脚 9 可作为 LMT+、LMT-、STP、RPS、TRIG 输入（I1.1）
	CPU 的输入引脚 10 可作为 LMT+、LMT-、STP、RPS、TRIG 输入（I1.2）
	CPU 的输入引脚 11 可作为 LMT+、LMT-、STP、RPS、TRIG 输入（I1.3）
ZP HSC	CPU 的 HSC0 充当 ZP 输入（I0.0）
	CPU 的 HSC1 充当 ZP 输入（I0.1）
	CPU 的 HSC2 充当 ZP 输入（I0.2）
	CPU 的 HSC3 充当 ZP 输入（I0.4）

说明：将某个输入组态给特定运动轴的指定功能后，不得再将该输入用于任何其他的运动轴或任何其他的输入、计时器或中断功能。

用于高速输入接线必须使用屏蔽电缆，连接 HSC 输入通道 I0.0、I0.1、I0.2 和 I0.3 时，所使用屏蔽电缆的长度不应超过 50m。

STEP 7-Micro/WIN SMART 为 PWM 和运动轴实施固定输出分配。

3）P0 和 P1 输出。

P0 和 P1 输出至少为已启用的任何轴组态 P0 输出引脚。如果“相”（Phase）组态不是“单相（1 个输出）”，则还可能有 P1 输出。可根据以下标准，针对特定输出引脚进行硬编码，具体说明如表 5-7 所示。

表 5-7 运动轴说明

轴 0	• 轴 0 的 P0 始终组态为 Q0.0。 • 如果轴的“相”（Phase）未组态为“单相（1 个输出）”，则轴 0 的 P1 组态为 Q0.2。

续表

轴 1	• 轴 1 的 P0 始终组态为 Q0.1。 • 轴 1 的 P1 根据轴组态在两个可能的位置映射，如下所示： – 如果轴 1 的“相”(Phase）组态为“单相（1 个输出)”，则不会分配 P1 输出。 – 如果轴 1 的“相”(Phase）组态为“两相（2 个输出)”或“AB 正交相（2 个输出)”，则 P1 组态为 Q0.3。 – 其他情况下，轴 1 的 P1 组态始终为 Q0.7。
轴 2	• 轴 2 的 P0 组态始终为 Q0.3。 • 如果轴的“相”(Phase）未组态为“单相（1 个输出)”，则轴 2 的 P1 组态为 Q1.0。 • 如果轴 1 的“相”（Phase）组态为“两相（2 个输出)”或“AB 正交相（2 个输出)”，则轴 2 不可用。

4）DIS 输出。

如果已为轴组态 DIS 输出，则在映射表中存在该输出的条目。DIS 输出也应编码为具体输出，规则如下：

- 轴 0 的 DIS 组态始终为 Q0.4。
- 轴 1 的 DIS 组态始终为 Q0.5。
- 轴 2 的 DIS 组态始终为 Q0.6。

脉冲输出单元连接到标准 24V 输出。

任务实施

一、I/O 分配

根据项目分析可知，步进电动机控制 I/O 分配如表 5-8 所示。

表 5-8　步进电动机控制 I/O 分配

输入		输出	
输入元件	输入地址	输出元件	输出地址
起动按钮 SB1	I0.0	脉冲输出	Q0.0
停止按钮 SB2	I0.1	旋转方向	Q0.2
系统停止 SB3	I0.2	DIS	Q0.4
左极限	I0.3		
右极限	I0.4		
原点	I0.5		

二、PLC 硬件原理图

根据控制要求及表 5-8 所示的 I/O 分配表，步进电动机控制电路硬件原理图如

图 5-27 所示。PLC 选择 CPU ST40，步进电动机驱动器选择 SH-2H042Ma，步进电动机选择 17HS111。因步进驱动器的控制信号是 +5V，而西门子 PLC 的输出信号是 +24V，所以需要在 PLC 与步进驱动器之间串联一个 2kΩ 电阻，起分压作用。CP 是脉冲输入端子，DIR 是方向信号控制端子。西门子 PLC 输出信号是 +24V（即 PNP 型接法），应采用共阴极接法，即步进驱动器的 CP- 和 DIR- 与电源负极端短接。

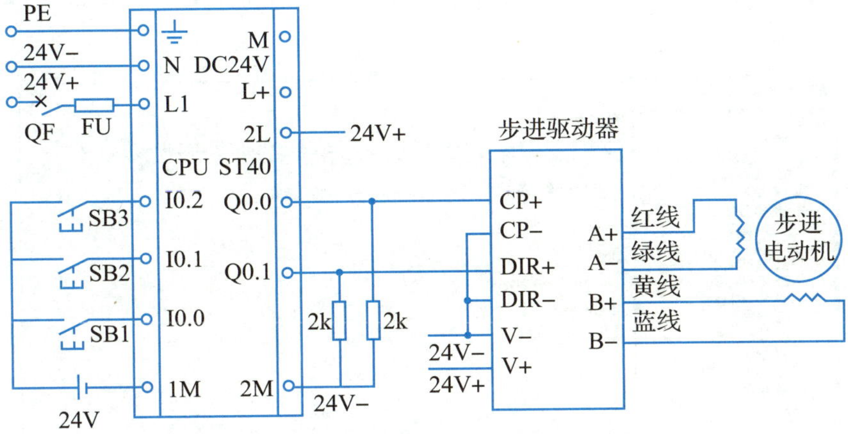

图 5-27　步进电动机控制电路硬件原理图

三、创建工程

创建一个工程项目，并命名为“步进电动机控制”。

四、编辑符号表

符号表如图 5-28 所示。

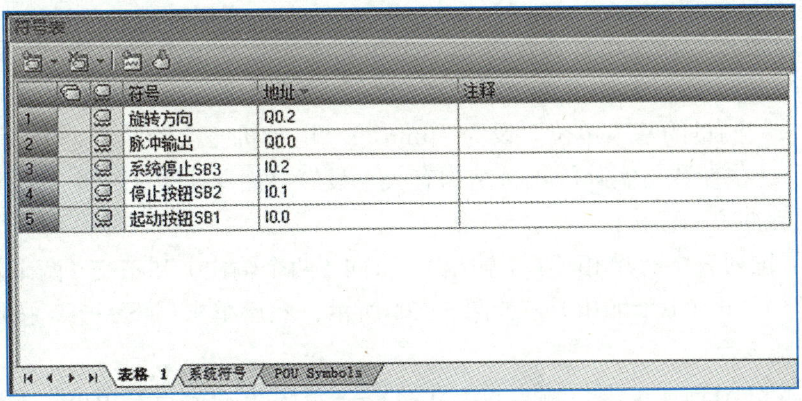

符号表

	符号	地址	注释
1	旋转方向	Q0.2	
2	脉冲输出	Q0.0	
3	系统停止SB3	I0.2	
4	停止按钮SB2	I0.1	
5	起动按钮SB1	I0.0	

图 5-28　符号表

五、硬件组态

高速脉冲输出有 PWM 模式和运动轴模式，对于复杂的运动控制需要用运动轴模式控制。

（1）激活“运动控制向导”。

打开 STEP 7-Micro/WIN SMART 编程软件，在“工具”栏中单击“运动”按钮，打开装置选择界面。

（2）选择需要配置的轴。

CPU ST40 系列 PLC 内部有三个轴可以配置，在此选择“轴 0”，如图 5-29 所示，再单击“下一个”按钮。

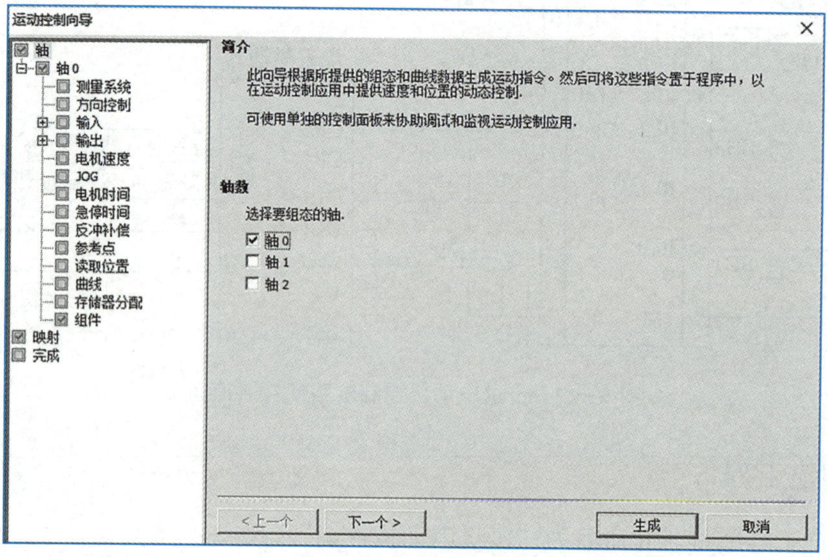

图 5-29　选择需要配置的“轴”

（3）为选择的轴命名。

采用默认的名称“轴 0”，单击“下一个”按钮。

（4）设置测量系统。

如图 5-30 所示，在“选择测量系统”下拉列表中选择“工程单位”。因为步进电动机的步距角为 1.8°，所以电动机转一圈需要 200 个脉冲，即“电动机一次旋转所需的脉冲数”为“200”；“测量的基本单位”设为“mm”；“电动机一次旋转产生多少 mm 的运动”设为“10.0”。这些参数与实际的机械结构有关，设置好后单击“下一个”按钮。

（5）设置脉冲方向输出。

“相位”下拉列表中有单相（1 个输出）、双向（两个输出）和正交（两个输出）3 个选项，在此选择“单相（1 个输出）”，如图 5-31 所示，然后单击“下一个”按钮。

（6）分配输入点。

因为用不到 LMT+（正限位输入点）、LMT-（负限位输入点）、RPS（参考点输入点）和 ZP（零脉冲输入点），所以可以不设置。直接选中“STP（停止输入点）”，选择“已启用”，停止输入点为“I0.0”，指定相应输入点有效时的响应方式为“减速停止”，指定输入信号有效电平为“上限”，如图 5-32 所示，然后单击“下一个”按钮。

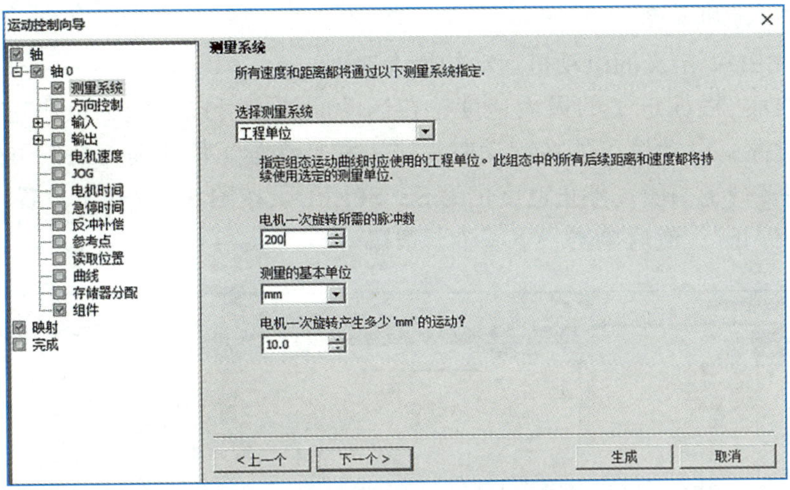

图 5-30　设置测量系统

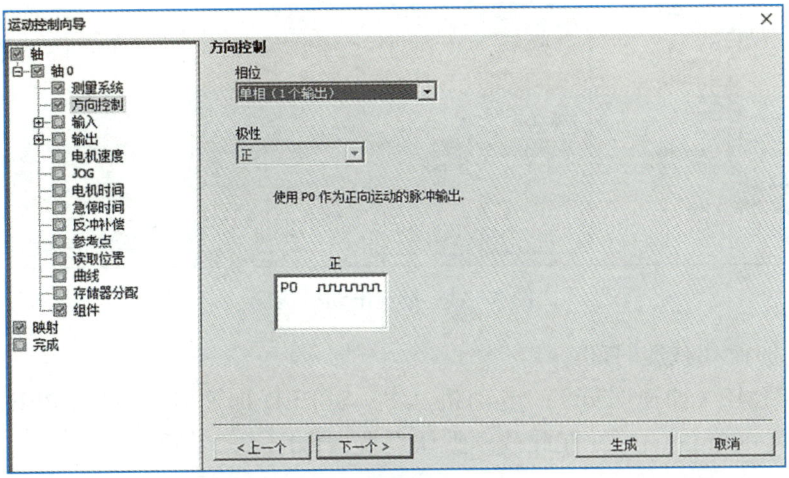

图 5-31　设置脉冲方向输出

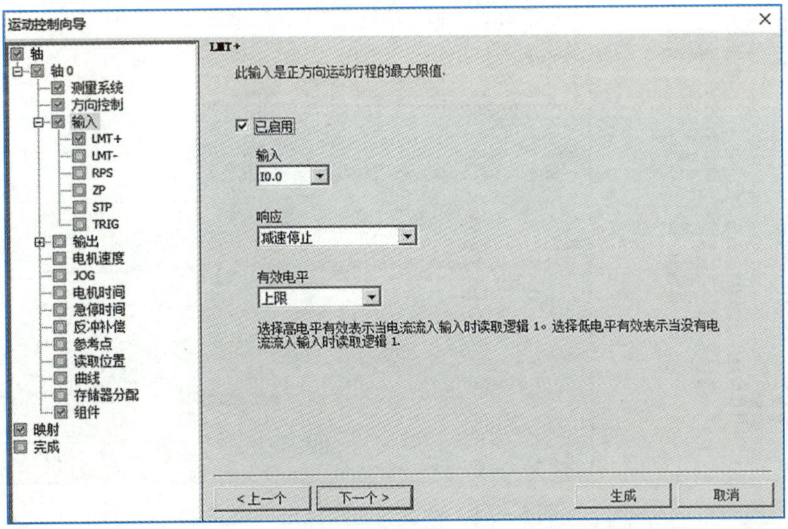

图 5-32　分配输入点

（7）指定电动机速度。

MAX_SPEED：定义的电动机运动的最大速度。

SS_SPEED：根据定义的最大速度，在运动曲线中可以指定的最小速度。如果 SS_SPEED 数值过高，电动机可能在起动时失步，并且在尝试停止时，负载可能使电动机不能立即停止而多行走一段。停止速度也为 SS_SPEED。按图 5-33 所示设置“最大值”“最小值”“启动 / 停止”，然后单击“下一个”按钮。

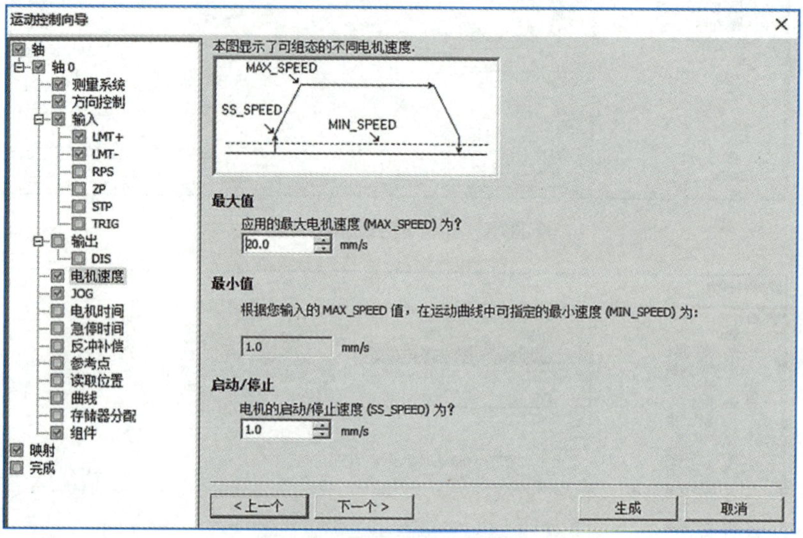

图 5-33 指定电动机速度

（8）设置加速和减速时间。

ACCEL_TIME（加速时间）：电动机从 SS_SPEED 加速到 MAX_SPEED 所需要的时间，默认值 = 1 000ms（1s）。在此选用默认设置，如图 5-34 所示。

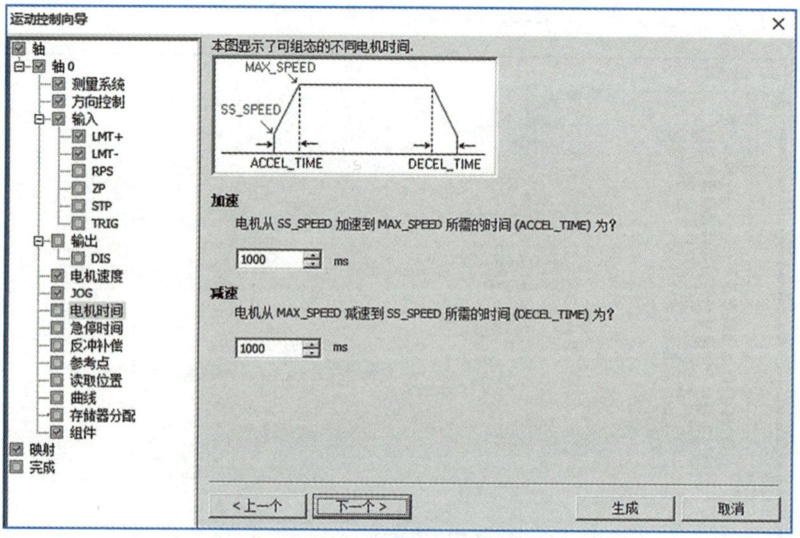

图 5-34 设置加速和减速时间

DECEL_TIME（减速时间）：电动机从 MAX_SPEED 减速至 SS_SPEED 所需要的时间，默认值 = 1 000ms（1s）。在此选用默认设置，如图 5-34 所示。单击“下一个”按钮。

（9）为配置分配存储区。

指令向导在 V 内存中以受保护的数据块页形式生成子程序，在编写程序时不能使用运动向导已经使用的地址，此地址段可以由系统推荐，也可以人为分配。人为分配的好处是可以避开用户习惯使用的地址段。为配置分配的存储器的 V 内存地址如图 5-35 所示，单击“下一个”按钮。

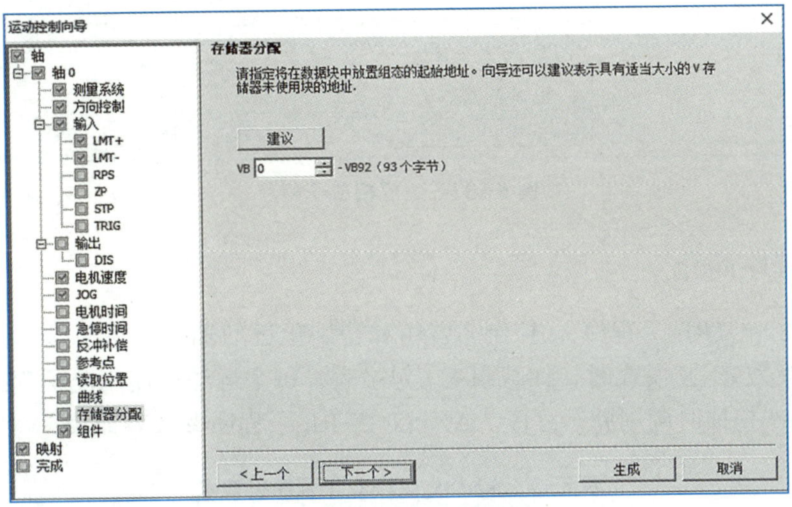

图 5-35　为配置分配存储区

（10）组件。

“组件”窗口显示由向导生成的所有组件，如图 5-36 所示，单击“下一个”按钮。

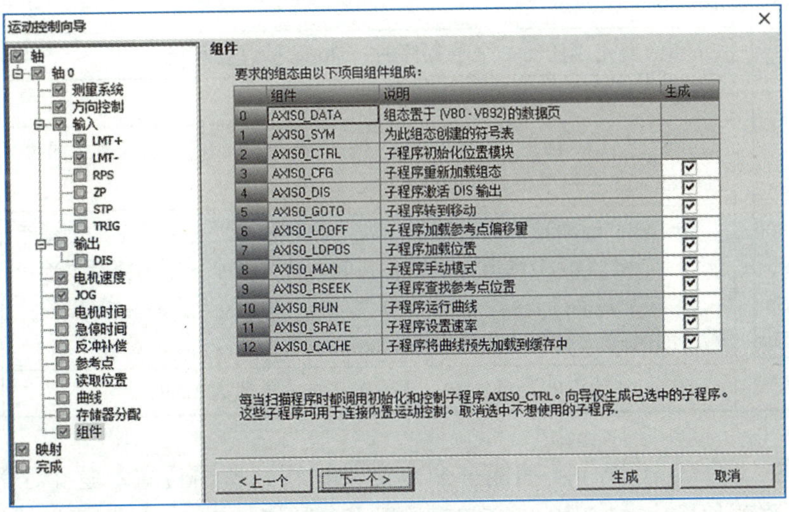

图 5-36　组件

（11）完成组态。

单击“生成”按钮，生成相应子程序，并完成组态过程，如图 5-37 所示。

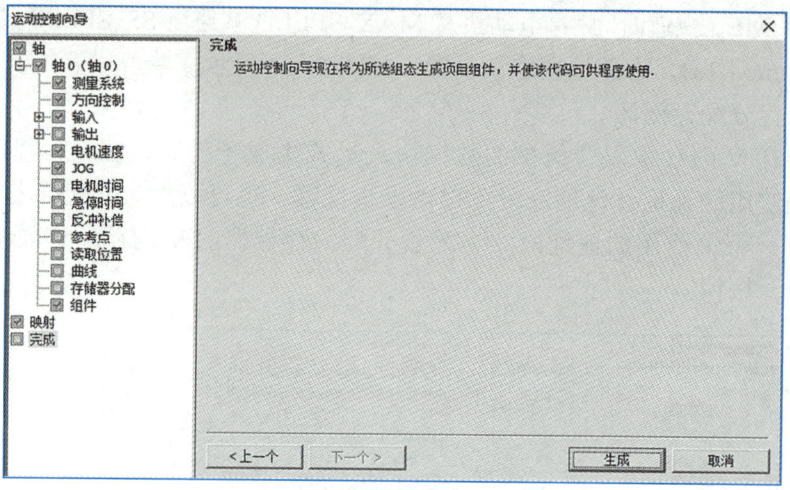

图 5-37　生成相应子程序

六、子程序简介

（1）AXISx_CTRL 子程序：（控制）启用和初始化运动轴，方法是自动命令运动轴在每次 CPU 更改为 RUN 模式时，加载组态 / 包络表，每个运动轴使用此子程序一次，并确保程序会在每次扫描时调用此子程序。AXISx_CTRL 子程序参数表如表 5-9 所示。

表 5-9　AXISx_CTRL 子程序参数表

子程序	各输入 / 输出参数的含义	数据类型
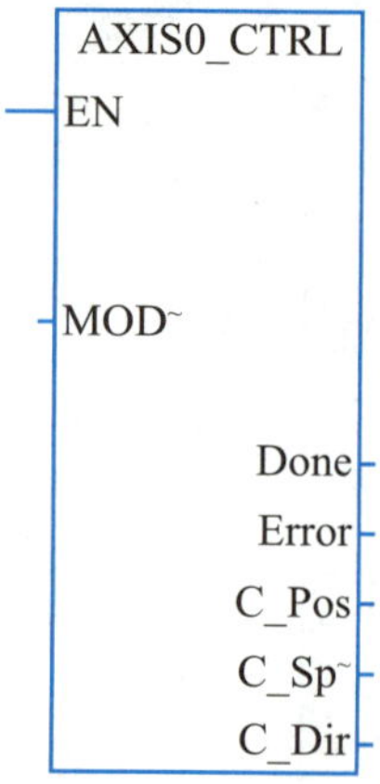	EN：使能	BOOL
	MOD_EN：必须开启，才能开启其他运动控制子程序对运动轴发送命令	BOOL
	Done：当完成任何一个子程序时，Done 参数会开启	BOOL
	Error：出错时返回错误代码	BYTE
	C_Pos：运动轴的当前位置，根据测量单位，该值是脉冲数（DINT）或工程单位数（REAL）	DINT/REAL
	C_Speed：运动轴的当前速度。如果针对脉冲组态运动轴的测量系统，是一个 DINT 数值，其中包括脉冲数 / 每秒。如果针对工程单位组态测量系统，是一个 REAL 数值，其中包含选择的工程单位数（REAL）	DINT/REAL
	C_Dir：电动机的当前方向，0 代表正向，1 代表负向	BOOL

（2）AXISx_GOTO 子程序：功能是命令运动轴转到所需位置。这个子程序提供绝对位移和相对位移两种模式。AXISx_GOTO 子程序参数表如表 5-10 所示。

（3）AXISx_RUN 子例程（运行曲线）命令运动轴按照存储在组态 / 曲线表的特定曲线执行运动操作。AXISx_RUN 子程序参数表如表 5-11 所示。

表 5-10　AXISx_GOTO 子程序参数表

子程序	各输入 / 输出参数的含义	数据类型
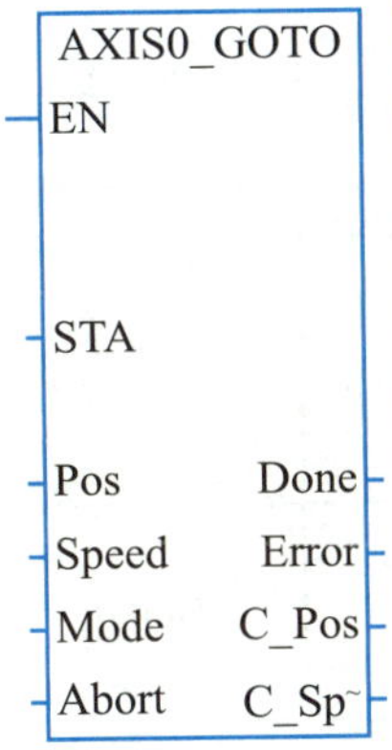	EN：使能，开启 EN 位会启用此子例程。确保 EN 位保持开启，直至 DONE 位指示子例程执行完成	BOOL
	STA：必须开启，会向运动轴发出 GOTO 命令。对于在 STA 参数开启且运动轴当前不繁忙时执行的每次扫描，该子例程向运动轴发送一个 GOTO 命令。为了确保仅发送了一个 GOTO 命令，请使用边沿检测元素，用脉冲方式开启 STA 参数	BOOL
	Done：当完成任何一个子程序时，Done 参数会开启	BOOL
	Pos：运动轴的当前位置，根据测量单位，该值是脉冲数（DINT）或工程单位数（REAL）	DINT/ REAL
	Speed：运动轴可以达到的最大速度。如果针对脉冲组态运动轴的测量系统，是一个 DINT 数值，其中包括脉冲数 / 每秒。如果针对工程单位组态测量系统，是一个 REAL 数值，其中包含选择的工程单位数（REAL）	DINT/REAL
	Mode：选择移动的类型	BYTE
	Abort：命令运动轴停止执行此命令并减速，直至电动机停止	BOOL
	Done：当运动轴完成此子例程时，Done 为 1	BOOL
	Error：出错时返回错误代码	BYTE
	C_Pos：包含运动轴的当前速度。根据所选的测量单位，该值是脉冲数 / 每秒（DINT）或工程单位数 / 每秒（REAL）	DINT、REAL
	C_Speed：包含运动轴的当前速度。根据所选的测量单位，该值是脉冲数 / 每秒（DINT）或工程单位数 / 每秒（REAL）	DINT、REAL

表 5-11　AXISx_RUN 子程序参数表

子程序	各输入 / 输出参数的含义	数据类型
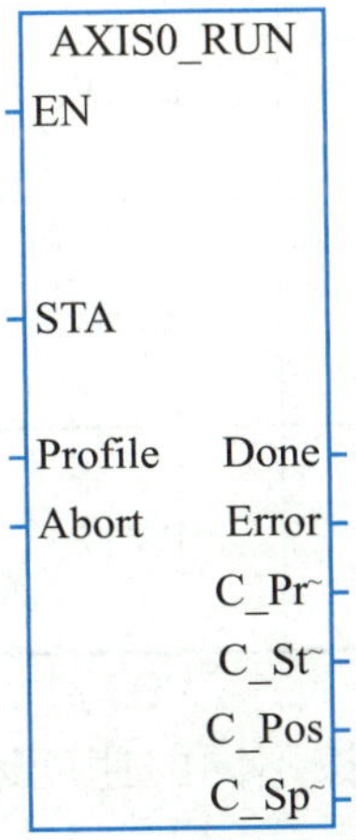	EN：使能，开启 EN 位会启用此子例程。确保 EN 位保持开启，直至 Done 位指示子例程执行完成	BOOL
	STA：必须开启，才能开启 RUN 命令。对于在 STA 参数开启且运动轴当前不繁忙时执行的每次扫描，该子例程向运动轴发送一个 RUN 命令。为了确保仅发送了一个命令，请使用边沿检测元素，用脉冲方式开启 STA 参数。Profile 参数包含运动曲线的编号或符号名称	BOOL
	Profile：包含运动曲线的编号或符号名称。"Profile" 输入范围必须为 0 ～ 31，否则子例程将返回错误	BYTE
	Abort：命令运动轴停止执行此命令并减速，直至电动机停止	BOOL
	Done：当完成任何一个子程序时，Done 参数会开启，为 1	BOOL
	Error：出错时返回错误代码	BYTE
	C_Profile：包含运动轴当前执行的曲线	BYTE
	C_Step：包含目前正在执行的曲线步	BYTE
	C_Pos：包含运动轴的当前位置。根据所选的测量单位，该值是脉冲数 / 每秒（DINT）或工程单位数 / 每秒（REAL）	DINT、REAL
	C_Speed：包含运动轴的当前速度。根据所选的测量单位，该值是脉冲数 / 每秒（DINT）或工程单位数 / 每秒（REAL）	DINT、REAL

（4）AXISx_RSEEK 子例程（搜索参考点位置）使用组态 / 曲线表中的搜索方法开启参考点搜索操作。运动轴找到参考点且运动停止后，运动轴将 RP_OFFSET 参数值载入当前位置。AXISx_RSEEK 子程序参数如表 5-12 所示。

表 5-12　AXISx_RSEEK 子程序参数

子程序	各输入 / 输出参数的含义	数据类型
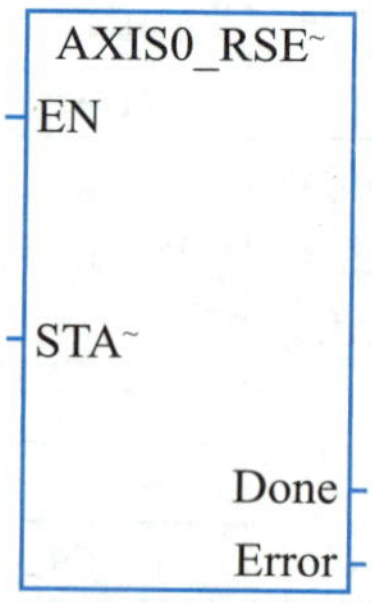	EN：使能，开启 EN 位会启用此子例程。确保 EN 位保持开启，直至 Done 位指示子例程执行完成	BOOL
	STA：参数开启，向运动轴发出 RSEEK 命令。对于在 STA 参数开启且运动轴当前不繁忙时执行的每次扫描，该子例程向运动轴发送一个 RSEEK 命令。为了确保仅发送了一个命令，请使用边沿检测元素，用脉冲方式开启 STA 参数	BOOL
	Done：当完成任何一个子程序时，Done 参数会开启，为 1	BOOL
	Error：出错时返回错误代码	BYTE

（5）AXISx_DIS 子例程将运动轴的 DIS 输出打开或关闭。DIS 输出用于禁用或启用电动机控制器。如果在运动轴中使用 DIS 输出，可以在每次扫描时调用该子例程，或者仅在需要更改 DIS 输出值时进行调用。AXISx_DIS 子程序参数如表 5-13 所示。

表 5-13　AXISx_DIS 子程序参数

子程序	各输入 / 输出参数的含义	数据类型
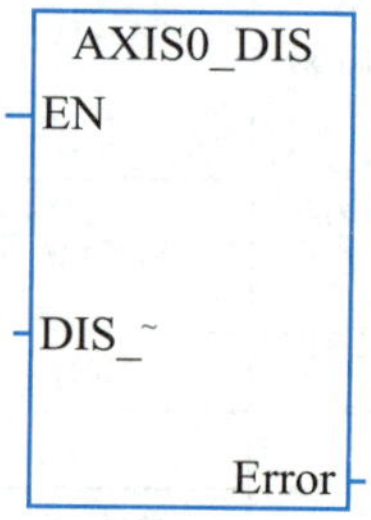	EN：使能	BOOL
	DIS_ON：参数开启，向运动轴发出启用电动机的驱动器命令	BOOL
	Error：出错时返回错误代码	BYTE

（6）AXISx_MAN 子例程用于将运动轴置为手动模式，允许电动机按不同的速度运行，或沿正向或负向慢进。AXISx_MAN 子程序参数如表 5-14 所示。

表 5-14 AXISx_MAN 子程序参数

子程序	各输入 / 输出参数的含义	数据类型
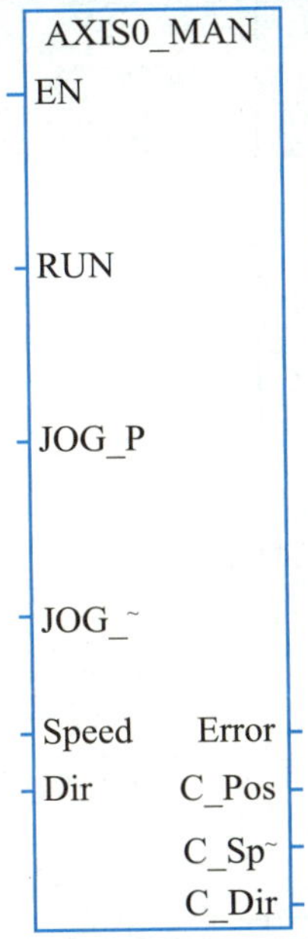	EN：使能	BOOL
	RUN：命令运动轴加速至指定的速度（Speed 参数）和方向（Dir 参数）	BOOL
	JOG_P：启用 JOG_P（点动正向旋转）或 JOG_N（点动反向旋转）参数会命令运动轴正向或反向点动	BOOL
	Speed：决定启用 RUN 时的速度	DINT、REAL
	Dir：确定当 RUN 启用时移动的方向	BOOL
	Error：出错时返回错误代码	BYTE
	C_Pos：包含运动轴的当前速度。根据所选的测量单位，该值是脉冲数 / 每秒（DINT）或工程单位数 / 每秒（REAL）	DINT、REAL
	C_Speed：包含运动轴的当前速度。根据所选的测量单位，该值是脉冲数 / 每秒（DINT）或工程单位数 / 每秒（REAL）	DINT、REAL
	C_Dir：表示电动机的当前方向。信号状态 0 = 正向；信号状态 1 = 反向	BOOL

说明：

1）EN：启用该指令，EN 应一直有效，常用 SM0.0 触发 EN。

2）RUN：可以在电动机运行时更改 Speed 参数，但 Dir 参数必须保持为常数。禁用 RUN 参数会命令运动轴减速，直至电动机停止。

3）如果 JOG_P 或 JOG_N 参数保持启用的时间短于 0.5s，则运动轴将通过脉冲指示移动 JOG_INCREMENT 中指定的距离。如果 JOG_P 或 JOG_N 参数保持启用的时间为 0.5s 或更长，则运动轴将开始加速至指定的 JOG_SPEED。同一时间仅能启用 RUN、JOG_P 或 JOG_N 输入有效。

4）Speed 参数决定启用 RUN 时的速度。如果是针对脉冲组态运动轴的测量系统，则速度为 DINT 值（脉冲数 / 每秒）；如果是针对工程单位组态运动轴的测量系统，则速度为 REAL 值（单位数 / 每秒），可以在电动机运行时更改该参数。C_Pos、C_Speed、C_Dir 与控制指令中的相同，在这里不再赘述。

七、PWM 向导

STEP 7-Micro/WIN SMART 编程软件提供了 PWM 指令向导功能，能快速生成控制子程序，具体步骤如下：

（1）打开指令向导。

打开 STEP 7-Micro/WIN SMART 编程软件，执行“指令树”→“向导”，双击 PWM 图标，或执行“工具”→“向导”，双击 PWM 图标，打开“脉宽调制向导”对话框，如图 5-38 所示。

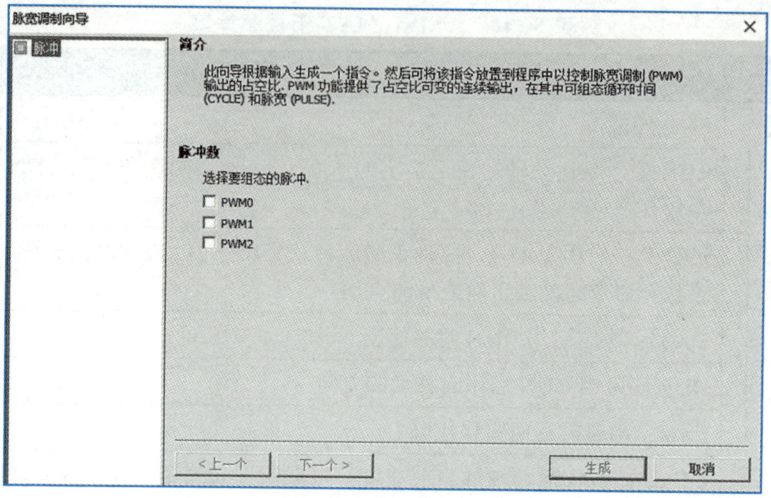

图 5-38 “脉宽调制向导”对话框

（2）选择输出点。

CPU SR40 有 3 个高速输出点，在此选择 Q0.0，即勾选“PWM0”选项，如图 5-39 所示，单击“下一个”按钮。

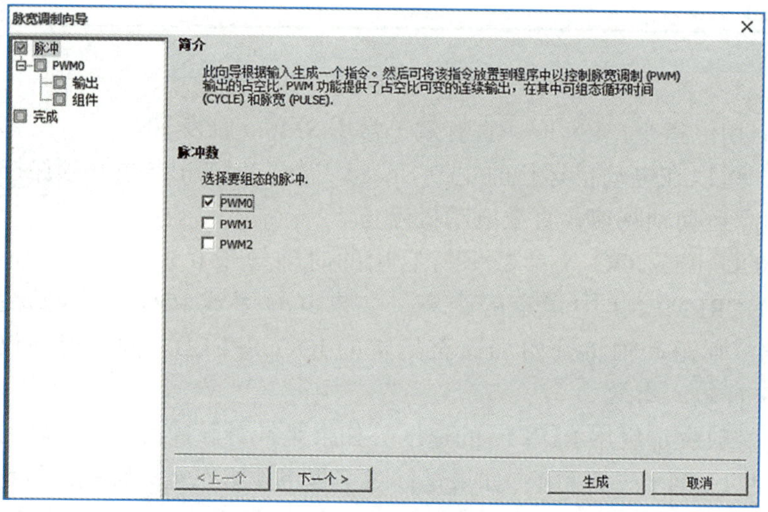

图 5-39 选择输出点

（3）对子程序命名。

在图 5-40 中，可对子程序命名，再次使用默认的名称 PWM0，单击“下一个”按钮。

（4）选择时间基准。

PWM 的时间基准有“毫秒”和“微秒”，在此选择“毫秒”，如图 5-41 所示，单击“下一个”按钮。

（5）组件。

在图 5-42 中可以看出，采用默认的 PWM 子程序的名称为 PWM0_RUN。

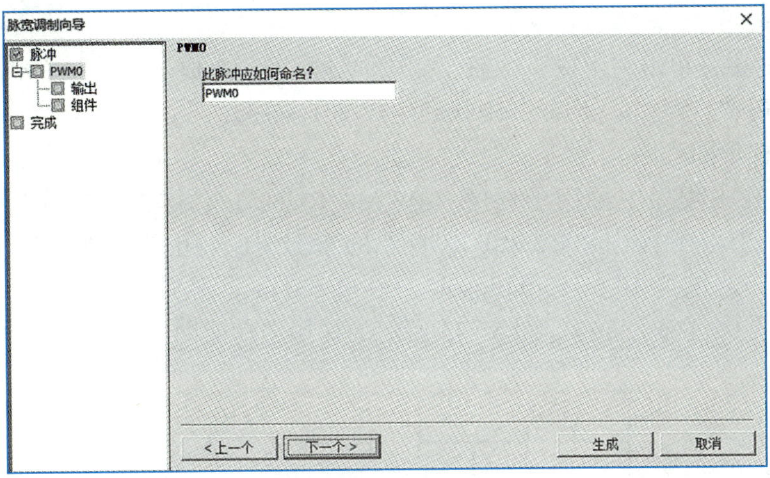

图 5-40　对子程序命名

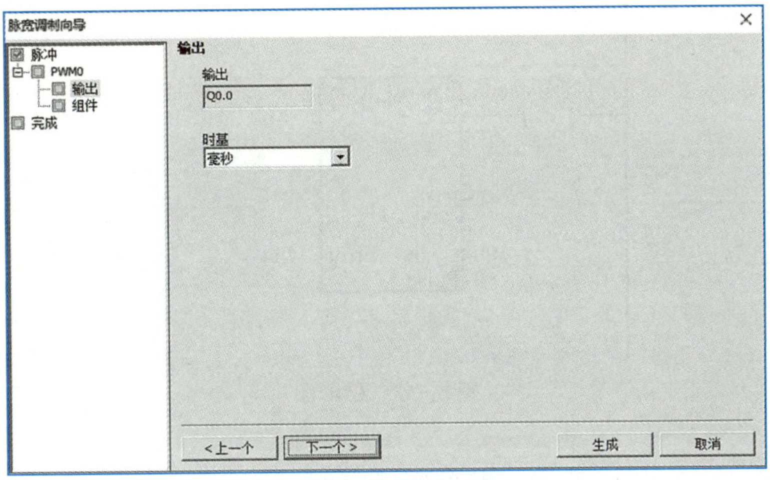

图 5-41　选择时间基准

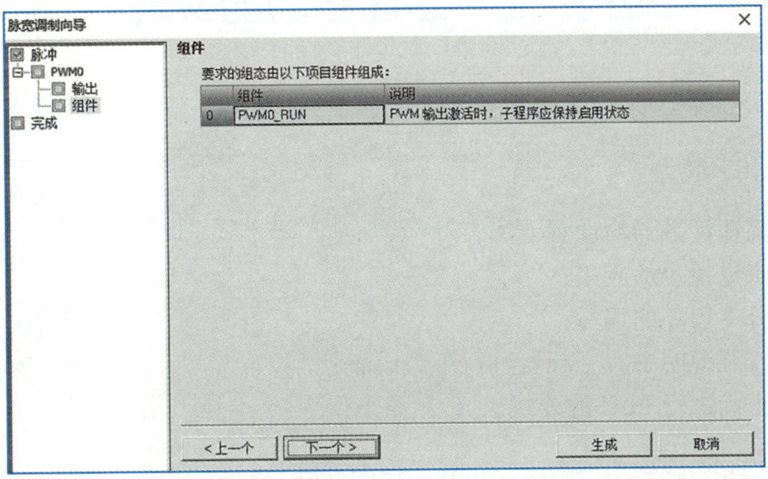

图 5-42　组件

（6）完成向导。

在图 5-42 中，单击“生成”按钮，完成向导配置，生成子程序“PWM0_RUN”，用户可以在项目树“\程序块\向导”中找到生成的子程序。

（7）编写梯形图程序。

用户需要在主程序中调用子程序“PWM0_RUN”，具体位置在项目树的“调用子例程”文件夹中。子程序“PWM0_RUN”的参数 RUN 用来控制是否产生脉冲，周期 Cycle 的允许范围为 10～65 535μs 或 2～65 535ms，脉冲宽度 Pulse 的允许范围为 0～65 535μs 或 0～65 535ms。图 5-43 所示的梯形图功能同上。

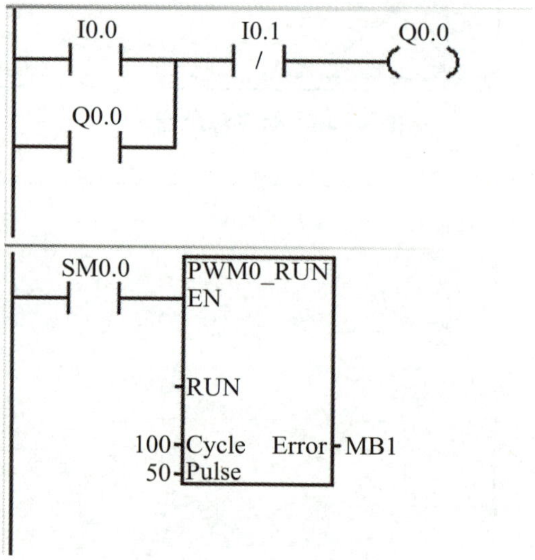

图 5-43　梯形图

任务三　分拣站功能实现

知识目标

（1）掌握高速计数器的设置方法；

（2）掌握步进指令的应用；

（3）掌握分支程序的编写；

（4）能够按照说明书对变频器进行参数设置；

（5）能够正确进行 PLC 的连线。

技能目标

（1）能够借助软件的帮助进行自主学习；
（2）培养严谨、细致的职业素养；
（3）现场操作规范，符合 5S 管理要求。

任务引入

分拣站检测物料并进行分配，即入料口传感器检测到有物料时，起动变频器开始工作：检测到物料为金属料时，将物料推至第一物料口；检测到物料为白色非金属料时，将物料推至第二物料口；检测到物料为黑色金属料时，将物料推至第三物料口。

知识储备

一、分拣单元的结构和工作过程

分拣单元是自动化生产线中的最末单元，对上一单元送来的已加工、装配好的工件进行分拣，使不同颜色的工件从不同的料槽分流。

分拣单元的主要结构：传送和分拣机构、传送带驱动机构、变频器模块、电磁阀组、接线端口、PLC 模块、按钮 / 指示灯模块及底板等。分拣单元的机械结构如图 5-44 所示。

图 5-44　分拣单元的机械结构

1. 传送和分拣机构

传送和分拣机构主要由传送带、出料滑槽、推料（分拣）气缸、漫射式光电传感器、光纤传感器、磁感应接近式传感器组成，用于传送已加工、装配好的工件，经光纤传感器检测后进行分拣。两条物料槽分别用于存放加工好的黑色、白色或金属工件。

传送和分拣的工作原理：机械手将输送站送来工件放到传送带上，经入料口漫射式光电传感器检测后，检测信号传输给 PLC，变频器起动，电动机运转驱动传送带，将工件带进分拣区。如果进入分拣区的工件为白色，则检测白色的光纤传感器动作，作为 1 号槽推料气缸起动信号，将白色料推到 1 号槽里；如果进入分拣区的工件为黑色，则检测黑色的光纤传感器动作，作为 2 号槽推料气缸起动信号，将黑色料推到 2 号槽里。

2. 传送带驱动机构

传送带驱动机构如图 5-45 所示。

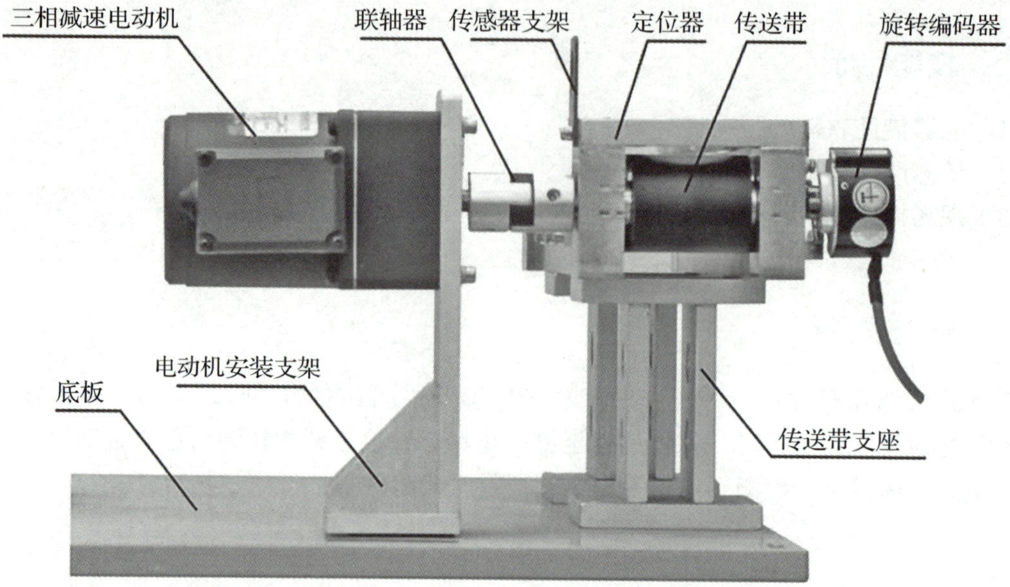

图 5-45 传送带驱动机构

三相减速电动机是传动机构的主要部分，电动机转速的快慢由变频器来控制，其作用是带动传送带，从而输送物料。联轴器用于把电动机的轴和输送带主动轮的轴连接起来，从而组成一个传动机构。

3. 电磁阀组和气动控制回路

分拣单元的电磁阀组使用了 3 个由二位五通的带手控开关的单电控电磁阀，它们安装在汇流板上。这 3 个阀分别对金属、白料和黑料推动气缸的气路进行控制，以改变各自的动作状态。

分拣单元气动控制回路如图 5-46 所示，1B1、2B1 和 3B1 分别为安装在各分拣气缸的前极限工作位置的磁感应接近开关，1Y1、2Y1 和 3Y1 分别为控制 3 个分拣气缸电磁阀的电磁控制端。

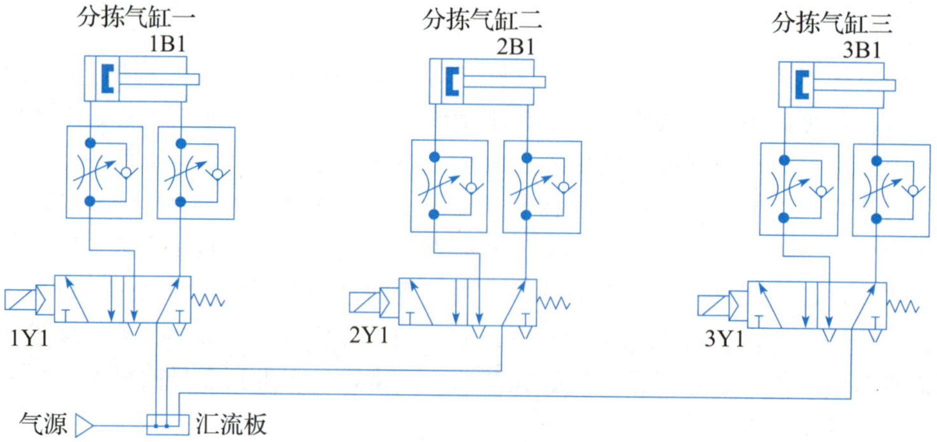

图 5-46 分拣单元气动控制回路

二、旋转编码器

旋转编码器是通过光电转换，将输出至轴上的机械、几何位移量转换成脉冲或数字信号的传感器，主要用于速度或位置（角度）的检测。典型的旋转编码器由光栅盘和光电检测装置组成。光栅盘是在一定直径的圆板上等分地开通若干个长方形狭缝。光栅盘与电动机同轴，电动机旋转时，光栅盘与电动机同速旋转，经发光二极管等电子元件组成的检测装置便可检测输出若干脉冲信号，其原理示意图如图 5-47 所示；通过计算每秒旋转编码器输出脉冲的个数可知当前电动机的转速。

5-2 编码器的工作原理及应用

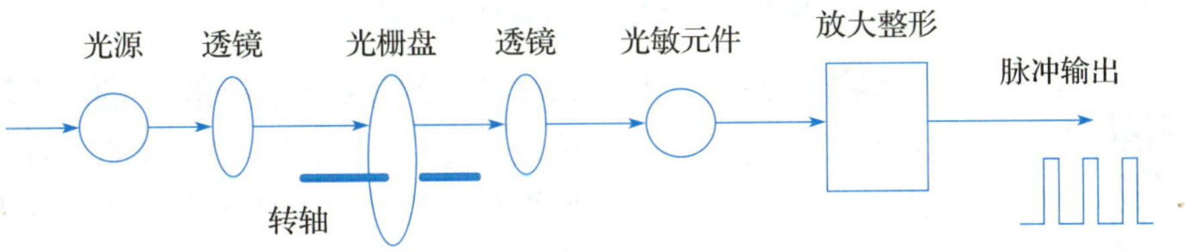

图 5-47 旋转编码器原理示意图

根据旋转编码器产生脉冲的方式不同，可以分为增量式、绝对式和复合式三大类。自动生产线上常采用的是增量式旋转编码器。

增量式旋转编码器直接利用光电转换原理输出三组方波脉冲 A 相、B 相和 Z 相；A、B 两组脉冲相位差 90°，用于变向。当 A 相脉冲超前 B 相时，为正转方向；而当 B 相脉冲超前 A 相时，则为反转方向；Z 相为每转一个脉冲，用于基准点定位，如图 5-48 所示。

YL-335B 分拣单元使用了这种具有 A、B 两相 90° 相位差的通用型旋转编码器，可计算工件在传送带上的位置。编码器直接连接到传送带主动轴上。该旋转编码器的三相脉冲采用 NPN 型集电极开路输出，分辨率 500 线，工作电源为 DC 12 ～ 24V。其工作单元没有使用 Z 相脉冲，A、B 两相输出端直接连接到 PLC 的高速计数器输入端。

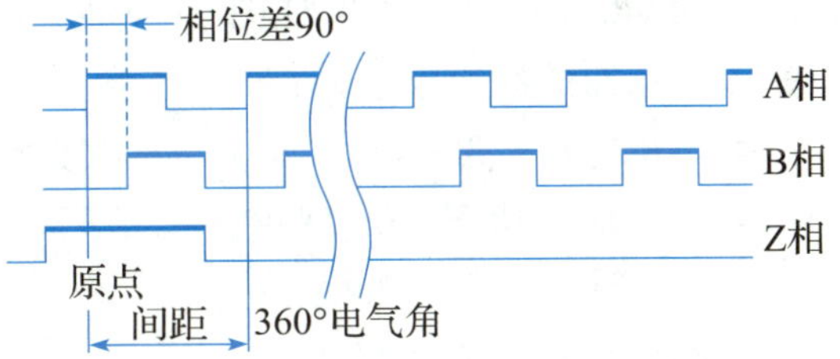

图 5-48 增量式旋转编码器输出的三组方波脉冲

计算工件在传送带上的位置时，需确定每两个脉冲之间的距离，即脉冲当量。分拣单元主动轴的直径 $d=43$mm，则减速电动机每旋转一周，皮带上的工件移动距离 $L=\pi\cdot d\approx 3.14\times 43\text{mm}=135.02\text{mm}$。故脉冲当量 $\mu=L/500\approx 0.27$mm。按图 5-49 所示的安装尺寸，当工件从下料口中心线移至传感器中心时，旋转编码器约发出 430 个脉冲；移至第一个推杆中心点时，约发出 614 个脉冲；移至第二个推杆中心点时，约发出 963 个脉冲；移至第三个推杆中心点时，约发出 1 284 个脉冲。

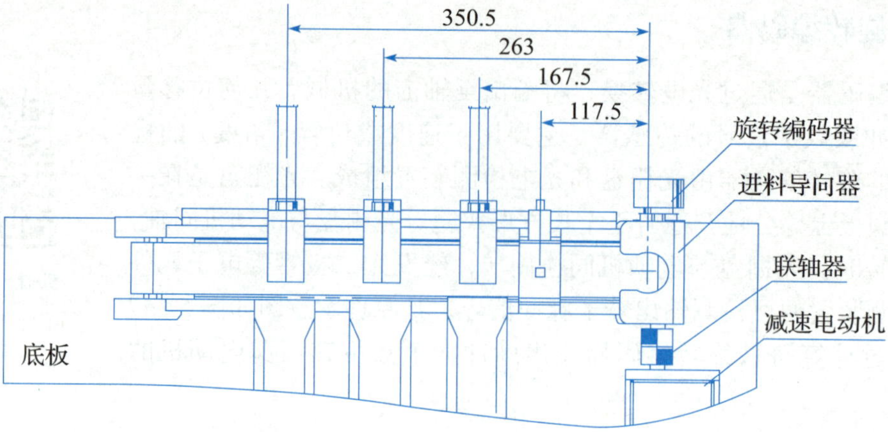

图 5-49 传送带位置计算示意图

5-3 变频器原理的工作

应该指出的是，上述脉冲当量的计算只是理论上的。实际上各种误差因素不可避免，例如，传送带主动轴直径（包括皮带厚度）的测量误差，传送带的安装偏差、张紧度，分拣单元整体在工作台面上的定位偏差，等等，都将影响理论计算值。因此理论计算值只能作为估算值。脉冲当量的误差所引起的累积误差会随着工件在传送带上运动距离的增大而迅速增加，甚至达到不可容忍的地步。因此在分拣单元安装调试时，除了要仔细调整，尽量减少安装偏差外，还须现场测试脉冲当量值。

三、西门子 MM440 变频器

西门子 MM440（MICRO MASTER 440）是用于控制三相交流电动机速度的变频器系列，该系列有多种型号。YL-335B 选用的 MM440 变频器的外形如图 5-50 所示。

图 5-50 MM440 变频器的外形

该变频器的额定参数为：

- 电源电压：380V ～ 480V，三相交流。
- 额定输出功率：0.75kW。
- 额定输入电流：2.4A。
- 额定输出电流：2.1A。
- 外形尺寸：A 型。
- 操作面板：基本操作面板（BOP）。

1. MM440 变频器的安装和拆卸

MM440 变频器通常安装在配电箱内的 DIN 导轨上，安装和拆卸步骤如图 5-51 所示。

（1）安装的步骤如下：

①用上闩销把变频器固定到导轨的安装位置上。

②向 DIN 导轨按压变频器，直到下闩销嵌入到位。

（2）从导轨上拆卸变频器的步骤如下：

①将螺丝刀插入释放机构，可将其松开。

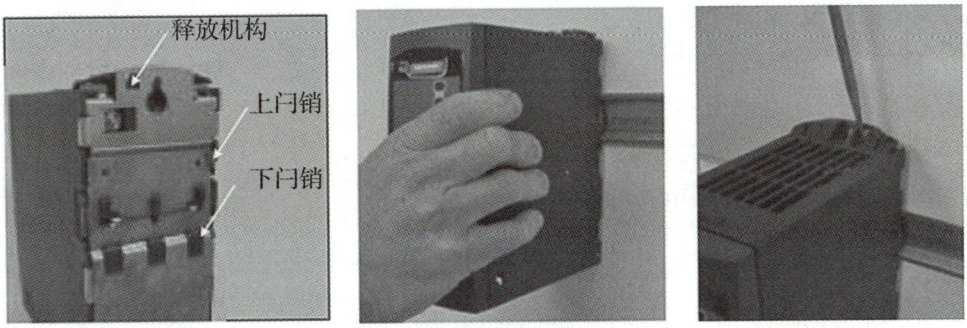

（a）变频器背面的固定机构 （b）在DIN导轨上安装变频器 （c）从导轨上拆卸变频器

图 5-51 MM440 变频器安装和拆卸的步骤

②向下施加压力，下闩销就会松开。

③将变频器从导轨上取下。

2. MM440 变频器的接线

接线端子在变频器机壳下盖板内，机壳盖板的拆卸步骤如图 5-52 所示。

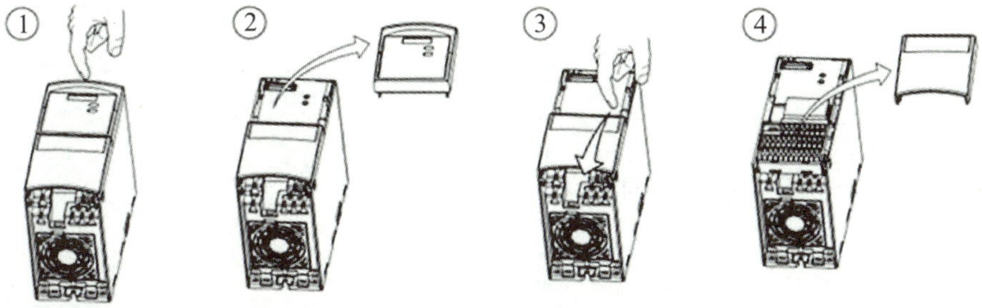

图 5-52 机壳盖板的拆卸步骤

拆卸盖板后可以看到 MM440 变频器的接线端子如图 5-53 所示。

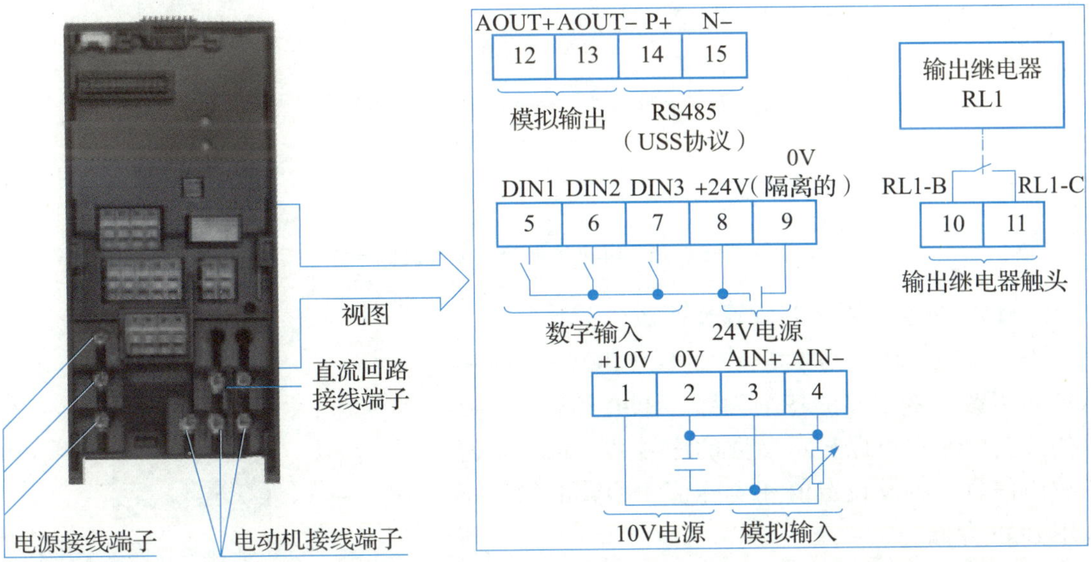

图 5-53 MM440 变频器的接线端子

（1）变频器主电路的接线。

YL-335B 分拣单元变频器主电路由配电箱通过自动开关单独提供一路三相电源，连接到电源接线端子，电动机接线端子引出线则连接到电动机。注意，接地线 PE 必须连接到变频器接地端子和电动机的外壳。

（2）MM440 变频器控制电路的接线如图 5-54 所示。

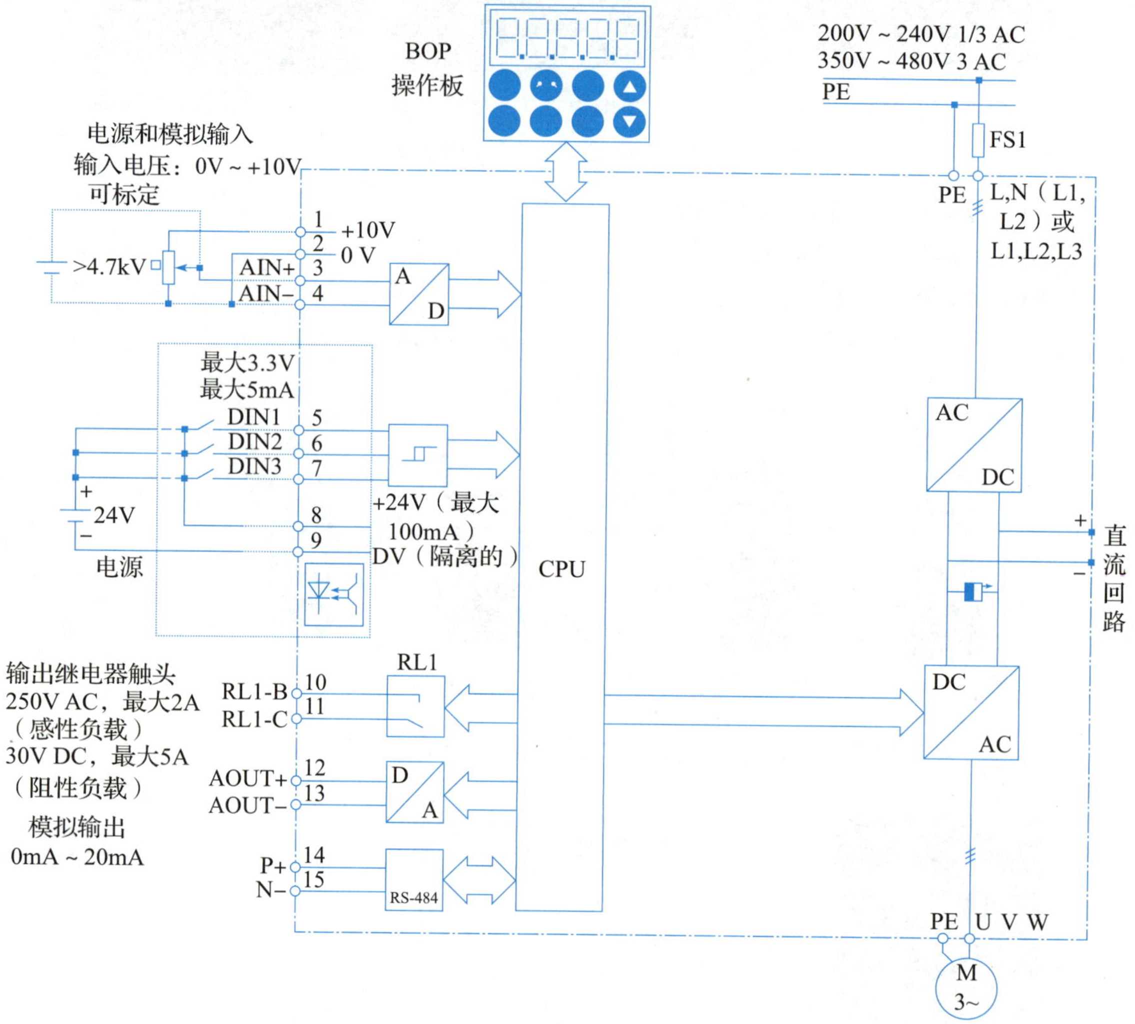

图 5-54　MM440 变频器控制电路的接线

3. MM440 变频器的基本操作面板

图 5-55 所示是基本操作面板（BOP）。利用 BOP 可以改变变频器的各个参数。BOP 具有 7 段显示的五位数字，可以显示参数的序号和数值、报警和故障信息，以及设定值和实际值。参数的信息不能用 BOP 存储。

图 5-55　基本操作面板（BOP）

基本操作面板备有 8 个按钮，表 5-15 列出了基本操作面板的显示与按钮的功能。

表 5-15　基本操作面板的显示与按钮的功能

显示 / 按钮	功能	功能说明
	状态显示	LCD 显示变频器当前的设定值
	起动变频器	按此键起动变频器，缺省值运行时此键是被封锁的，为了使此键的操作有效，应设定 P0700 = 1
	停止变频器	OFF1：按此键，变频器将按选定的斜坡下降速率减速停车，缺省值运行时此键被封锁，为了使此键操作有效，应设定 P0700 = 1 OFF2：按此键两次（或一次，长按），电动机将在惯性作用下自由停车。此功能总是“使能”的
	改变电动机的转动方向	按此键可以改变电动机的转动方向，电动机反向转动时，用负号表示或用闪烁的小数点表示。缺省值运行时此键是被封锁的，为了使此键操作有效，应设定 P0700 = 1
	电动机点动	在变频器无输出的情况下按此键，将使电动机起动，并按预设定的点动频率运行。释放此键时，变频器停车。如果变频器 / 电动机正在运行，按此键将不起作用
	功能	此键用于浏览辅助信息。 变频器运行过程中，在显示任何一个参数时按下此键并保持 2 秒钟不动，将显示以下参数值（从任何一个参数开始）： （1）直流回路电压（用 d 表示，单位：V）； （2）输出电流 A； （3）输出频率（Hz）； （4）输出电压（用 o 表示，单位 V）； （5）由 P0005 选定的数值［如果 P0005 选择显示上述参数中的任何一个（3、4 或 5），这里将不再显示］。 连续多次按下此键将轮流显示以上参数。 另外，在显示任何一个参数（r×××× 或 P××××）时，短按此键，将立即跳转到 r0000，如果需要的话，可以接着修改其他参数。跳转到 r0000 后，按此键将返回原来的显示点
	访问参数	按此键即可访问参数
	增加数值	按此键即可增加面板上显示的参数数值
	减少数值	按此键即可减少面板上显示的参数数值

4. MM440 变频器的参数设置

（1）参数号和参数名称。

参数号是指该参数的编号。参数号用 0000 ～ 9999 的 4 位数字表示。在参数号的前面冠以一个小写字母“r”时，表示该参数是“只读”的参数。其他所有参数号的前面都冠以一个大写字母“P”。这些参数的设定值可以直接在标题栏的“最小值”和“最大值”范围内进行修改。

[下标]表示该参数是一个带下标的参数，并且指定了下标的有效序号。通过下标，可以对同一参数的用途进行扩展，或对不同的控制对象自动改变所显示的或所设定的参数。

（2）参数设置方法。

用 BOP 可以修改和设定系统参数，使变频器具有期望的特性，如斜坡时间、最小和最大频率等。选择的参数号和设定的参数值在 5 位数字的 LCD 上显示。

更改参数的步骤：查找所选定的参数号；进入参数值访问级，修改参数值；确认并存储修改好的参数值。

参数 P0004（参数过滤器）的作用是根据所选定的一组功能，对参数进行过滤（或筛选），并集中对过滤出的一组参数进行访问，从而可以更方便地进行调试。P0004 的设定值如表 5-16 所示，缺省设定值 = 0。

表 5-16　参数 P0004 的设定值

设定值	所指定参数组意义	设定值	所指定参数组意义
0	全部参数	12	驱动装置的特征
2	变频器参数	13	电动机的控制
3	电动机参数	20	通信
7	命令，二进制 I/O	21	报警 / 警告 / 监控
8	模-数转换和数-模转换	22	工艺参量控制器（如 PID）
10	设定值通道 /RFG（斜坡函数发生器）		

假设参数 P0004 设定值 = 0，需要把设定值改为 3，步骤如表 5-17 所示。

表 5-17　改变参数 P0004 设定值的步骤

序号	操作内容	显示的结果
1	按 Ⓟ 访问参数	r0000
2	按 ▲ 直到显示 P0004	P0004
3	按 Ⓟ 进入参数值访问级	0
4	按 ▲ 或 ▼ 达到所需要的数值	3
5	按 Ⓟ 确认并存储参数的数值	P0004
6	用户只能看到命令参数	

5. MM440 变频器的部分参数访问

MM440 变频器有数千个参数，为了能快速访问指定的参数，MM440 采用把参数分类，屏蔽（过滤）不需要访问的类别的方法。实现这种过滤功能的有以下参数：

（1）上面所述的参数 P0004 就是实现这种参数过滤功能的重要参数。当完成了 P0004 的设定以后再进行参数查找时，在 LCD 上只能看到 P0004 设定值所指定类别的参数。

（2）参数 P0010 是调试参数过滤器，对与调试相关的参数进行过滤，只筛选出与特定功能组有关的参数。P0010 的可能设定值为：0（准备），1（快速调试），2（变频器），29（下载），30（工厂的缺省设定值）；缺省设定值为 0。

（3）参数 P0003 用于定义用户访问参数组的等级，设置范围为 1 ～ 4，其中：

“1”标准级：可以访问经常使用的参数。

“2”扩展级：允许扩展访问参数的范围，如变频器的 I/O 功能。

“3”专家级：只供专家使用。

“4”维修级：只供授权的维修人员使用，具有密码保护。

该参数缺省设置为等级 1（标准级），对于大多数简单的应用对象，采用标准级就可以满足要求了。用户可以修改设置值，但建议不要设置为等级 4（维修级），用 BOP 看不到第 4 访问级的参数。

【例 5-3】用 BOP 进行变频器的快速调试。

快速调试包括电动机参数和斜坡函数的参数设定。电动机参数的修改，仅在快速调试时有效。在进行快速调试以前，必须完成变频器的机械和电气安装。

当选择 P0010 = 1 时，进行快速调试。

表 5-18 是对应 YL-335B 用电动机的参数设置表。

表 5-18　对应 YL-335B 用电动机的参数设置

参数号	出厂值	设置值	说明
P0003	1	1	设置用户访问级为标准级
P0010	0	1	快速调试
P0100	0	0	设置使用地区，0 = 欧洲，功率以 kW 表示，频率为 50Hz
P0304	400	380	电动机额定电压（V）
P0305	1.90	0.18	电动机额定电流（A）
P0307	0.75	0.03	电动机额定功率（kW）
P0310	50	50	电动机额定频率（Hz）
P0311	1 395	1 300	电动机额定转速（r/min）

快速调试的过程与参数 0 P3900 的设定有关，当其被设定为 1 时，快速调试结束后，要完成必要的电动机计算，并使其他所有的参数（1 P0010 = 1 不包括在内）复位为工厂的缺省设置。当 1 P3900 = 1 并完成快速调试后，变频器已做好运行准备。

【例 5-4】将变频器复位为工厂的缺省设定值。

如果用户在参数调试过程中遇到问题，并且希望重新开始调试，通常采用先把变频器的全部参数复位为工厂的缺省设定值，再重新调试的方法。为此，应按照下面的数值设定参数：设定 P0010 = 30，设定 P0970 = 1。按下 P 键，开始参数的复位。变频器将把所有参数都复位为各自的缺省设定值，用时大约 60 秒。

6. 常用参数设置举例

（1）命令信号源的选择（P0700）和频率设定值的选择（P1000）。

1）P0700：用于指定命令源，可能的设定值如表 5-19 所示，缺省设定值为 2。

表 5-19 P0700 的设定值

设定值	参数说明	设定值	参数说明
0	工厂的缺省设定	4	通过 BOP 链路的 USS 设置
1	BOP 设置	5	通过 COM 链路的 USS 设置
2	由端子排输入	6	通过 COM 链路的通信板（CB）设置

注意，当改变这一参数时，也使所选项目的全部设置复位为工厂的缺省设定。

2）P1000：用于选择频率设定值的信号源。其设定值可达 0 ～ 66。缺省设定值为 2。实际上，当设定值≥ 10 时，频率设定值将来源于 2 个信号源的叠加。其中，主设定值由最低一位数字（个位数）来选择（即 0 ～ 6），而附加设定值由最高一位数字（十位数）来选择（即 x0 到 x6，其中，x = 1 ～ 6）。下面介绍常用主设定值信号源的意义：

0：无主设定值。

1：MOP（电动电位差计）设定值。取此值时，通过 BOP 的按键指定输出频率。

2：模拟设定值。输出频率由 3、4 端子两端的模拟电压（0 ～ 10V）设定。

3：固定频率。输出频率由数字输入端子 DIN1 ～ DIN3 的状态指定，用于多段速控制。

5：通过 COM 链路的 USS 设定，即按 USS 协议的串行通信线路设定输出频率。

（2）多段速控制。

当变频器的命令源参数 P0700 = 2（外部 I/O），选择频率设定的信号源参数 P1000 = 3（固定频率），并设定数字输入端子 DIN1、DIN2、DIN3 等相应的功能后，就可以通过外接的开关器件的组合通断改变输入端子的状态，实现电动机速度的有级调整。这种控制频率的方式称为多段速控制。

- 选择数字输入 1（DIN1）功能的参数为 P0701，缺省值 = 1；
- 选择数字输入 2（DIN2）功能的参数为 P0702，缺省值 = 12；
- 选择数字输入 3（DIN3）功能的参数为 P0703，缺省值 = 9。

为了实现多段速控制功能，应该修改这 3 个参数，给 DIN1、DIN2、DIN3 端子赋予相应的功能。

参数 P0701、P0702、P0703 均属于“命令，二进制 I/O”参数组（P0004 = 7），可能的设定值如表 5-20 所示。

表 5-20 参数 P0701、P0702、P0703 可能的设定值

设定值	参数说明	设定值	参数说明
0	禁止数字输入	14	MOP 降速（减少频率）
1	接通正转 / 停车命令 1	15	固定频率设定值（直接选择）
2	接通反转 / 停车命令 1	16	固定频率设定值（直接选择 +ON 命令）
3	按惯性自由停车	17	固定频率设定值［二进制编码的十进制数（BCD 码）选择 +ON 命令］
4	按斜坡函数曲线快速降速停车	21	机旁 / 远程控制
9	故障确认	25	直流注入制动
10	正向点动	29	由外部信号触发跳闸
11	反向点动	33	禁止附加频率设定值
12	反转	99	使能 BICO 参数化
13	MOP（电动电位计）升速（增加频率）		

由表 5-20 可见，参数 P0701、P0702、P0703 设定值取 15、16、17 时，选择固定频率的方式确定输出频率（F FF 方式）。这三种选择说明如下：

1）直接选择（P0701 ～ P0703 = 15）。

在这种操作方式下，一个数字输入选择一个固定频率。如果有几个固定频率输入同时被激活，那么选定的频率是它们的总和。例如：FF1 + FF2 + FF3。在这种方式下，还需要一个 ON 命令才能使变频器投入运行。

2）直接选择 +ON 命令（P0701 ～ P0703 = 16）。

选择固定频率时，既有选定的固定频率，又带有 ON 命令的，需要把它们组合在一起。在这种操作方式下，一个数字输入选择一个固定频率。如果有几个固定频率输入同时被激活，那么选定的频率是它们的总和。例如：FF1 + FF2 + FF3。

3）二进制编码的十进制数（BCD 码）选择 +ON 命令（P0701 ～ P0703 = 17）。

用这种方法最多可以选择 7 个固定频率。各个固定频率的数值如表 5-21 所示。

表 5-21 固定频率的数值

参数号	固定频率	DIN3	DIN2	DIN1
	OFF	不激活	不激活	不激活
P1001	FF1	不激活	不激活	激活
P1002	FF2	不激活	激活	不激活
P1003	FF3	不激活	激活	激活
P1004	FF4	激活	不激活	不激活
P1005	FF5	激活	不激活	激活
P1006	FF6	激活	激活	不激活
P1007	FF7	激活	激活	激活

综上所述，实现多段速控制的参数设置步骤如下：

1）设置 P0004 = 7，选择“外部 I/O”参数组，然后设定 P0700 = 2；指定命令源为“由端子排输入”。

2）设定 P0701、P0702、P0703 = 15 ～ 17，确定数字输入 DIN1、DIN2、DIN3 的功能。

3）设置 P0004 = 10，选择“设定值通道”参数组，然后设定 P1000 = 3，指定频率设定值信号源为固定频率。

4）设定相应的固定频率值，即设定参数 P1001 ～ P1007 有关对应项。

例如，要求电动机能实现正反转和高、中、低三种转速的调整，高速时运行频率为 40Hz，中速时运行频率为 25Hz，低速时运行频率为 15Hz。变频器参数调整的步骤如表 5-22 所示。

表 5-22　3 段固定频率控制参数

步骤号	参数号	出厂值	设置值	说明
1	P0003	1	1	设用户访问级为标准级
2	P0004	0	7	命令组为命令和数字 I/O
3	P0700	2	2	命令源选择“由端子排输入”
4	P0003	1	2	设用户访问级为扩展级
5	P0701	1	16	DIN1 功能设定为固定频率设定值（直接选择 +ON）
6	P0702	12	16	DIN2 功能设定为固定频率设定值（直接选择 +ON）
7	P0703	9	12	DIN3 功能设定为接通时反转
8	P0004	0	10	命令组为设定值通道和斜坡函数发生器
9	P1000	2	3	频率给定输入方式设定为固定频率设定值
10	P1001	0	25	固定频率 1
11	P1002	5	15	固定频率 2

设置上述参数后，将 DIN1 置为高电平，DIN2 置为低电平，变频器输出 25Hz（中速）；将 DIN1 置为低电平，DIN2 置为高电平，变频器输出 15Hz（低速）；将 DIN1 置为高电平，DIN2 置为高电平，变频器输出 40Hz（高速）；将 DIN3 置为高电平，电动机反转。

四、高速计数器应用

1. SMART 系列 PLC 内置的高速计数器的选用

高速计数器的编程方法有两种，一是采用梯形图或语句表进行正常编程，二是通过 STEP7-Micro/WIN SMART 编程软件进行引导式编程。无论采用哪一种方法，都要先根据计数输入信号的形式与要求确定计数模式；然后选择计数器编号，确定输入地址，如表 5-23 所示。

表 5-23　高速计数器的编号、输入地址、计数模式之间的关系

计数模式	说明	输入分配		
	HSC0	I0.0	I0.1	I0.4
	HSC1	I0.1		
	HSC2	I0.2	I0.3	I0.5
	HSC3	I0.3		
模式 0	具有内部方向控制的单相计数器	脉冲		
模式 1		脉冲		复位
模式 3	具有外部方向控制的单相计数器	脉冲	方向	
模式 4		脉冲	方向	复位
模式 6	具有 2 个脉冲输入的双相计数器	增脉冲	减脉冲	
模式 7		增脉冲	减脉冲	复位
模式 9	A/B 相正交计数器	A 相脉冲	B 相脉冲	
模式 10		A 相脉冲	B 相脉冲	复位

2. 高速计数器的控制

S7-200 SMART 系列 PLC 的每个高速计数器都需要占用连续 10 个字节的内部系统标志寄存器，地址范围固定为 SMB36-45（HSC0）、SMB46-55（HSC1）、SMB56-65（HSC2）、SMB136-145（HSC3）。内部标志寄存器 SM 可为各高速计数器提供组态和操作，它们的分配情况如表 5-24 所示。

表 5-24　内部标志寄存器分配情况

作用	内部标志寄存器分配			
	HSC0	HSC1	HSC2	HSC3
计数器状态输出（1 个字节）	SMB36	SMB46	SMB56	SMB136
计数器控制信号（1 个字节）	SMB37	SMB47	SMB57	SMB137
当前计数值（2 个字节，连续 4 个字节）	SMD38	SMD48	SMD58	SMD138
计数预置值（2 个字节，连续 4 个字节）	SMD42	SMD52	SMD62	SMD142

（1）计数器控制信号。

每个高速计数器需要 1 个字节的控制信号，4 个高速计数器控制字节详见表 5-25。

表 5-25　高速计数器控制字节

HSC0	HSC1	HSC2	HSC3	说明
SM37.3	SM47.3	SM57.3	SM137.3	计数方向控制位： 0 = 减计数，1 = 加计数

续表

HSC0	HSC1	HSC2	HSC3	说明
SM37.4	SM47.4	SM57.4	SM137.4	向 HSC 写入计数方向： 0 = 不更新，1 = 更新方向
SM37.5	SM47.5	SM57.5	SM137.5	向 HSC 写入新预设值： 0 = 不更新，1 = 更新预设值
SM37.6	SM47.6	SM57.6	SM137.6	向 HSC 写入新当前值： 0 = 不更新，1 = 更新当前值
SM37.7	SM47.7	SM57.7	SM137.7	起动 HSC： 0 = 禁用 HSC，1 = 启用 HSC

（2）高速计数器寻址。

每个高速计数器都有一个初始值和一个预设值，它们都是 32 位有符号整数。初始值是高速计数器计数的起始值，预设值是计数器运行的目标值，当前实际计数值等于预设值时会触发一个内部中断事件。必须先设置控制字节以允许装入新的初始值和预设值，并且把初始值和预设值存入特殊存储器中，然后执行 HSC 指令，使其有效。当计数值达到最大值时会自动翻转，从负的最大值正向计数。以 HSC0 为例，其当前值是一个 32 位的有符号整数，从 HC0 读取。高速计数器当前值、初始值与预设值如表 5-26 所示。

表 5-26　高速计数器当前值、初始值与预设值

项目	HSC0 地址	HSC1 地址	HSC2 地址	HSC3 地址
当前值	HC0	HC1	HC2	HC3
初始值	SMD38	SMD48	SMD58	SMD138
预设值	SMD42	SMD52	SMD62	SMD142

3. 高速计数器编程

（1）两种方式：向导或者直接设置控制字。

1）使用向导方式对高速计数器进行组态编程的步骤如下：

①在 STEP7-Micro/WIN SMART 编程软件的“工具”菜单的“向导”区域选择“高速计数器”。

②在 STEP7-Micro/WIN SMART 项目树的“向导”文件夹中双击“高速计数器”。

2）使用直接设置控制字方式对高速计数器进行编程的步骤如下：

①在 SM 存储器中设置控制字节。

②在 SM 存储器中设置当前值（起始值）。

③在 SM 存储器中设置预设值（目标值）。

④分配并启用相应的中断例程。

⑤定义计数器和模式（对每个计数器只执行一次 HDEF 指令）。

⑥激活高速计数器（执行 HSC 指令）。

无论选择哪种方式，都必须首先进入系统块对选定的高速计数器输入点进行滤波时间设置，如图 5-56 所示。

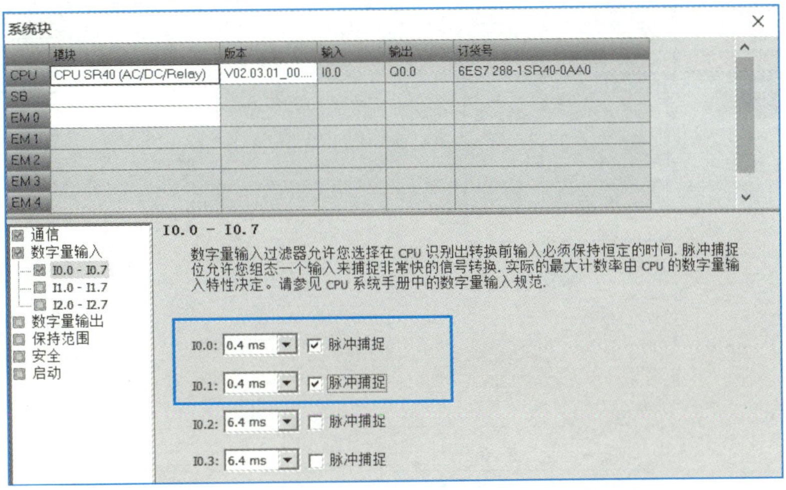

图 5-56　高速计数器输入点滤波时间设置

高速计数器输入滤波时间与可检测到的最高频率对应关系如图 5-57 所示。按分拣单元三相异步电动机同步转速 1 500r/min，即 25r/s，考虑减速比 1∶10，得出分拣站主动轴转速理论最大值为 2.5r/s，编码器为 500 线（500pls/s），所以 PLC 脉冲输入的最高频率为 2.5 × 500pls/s = 1 250pls/s，即 1.25kHz。实际运行达不到此速度，故选 0.4ms。

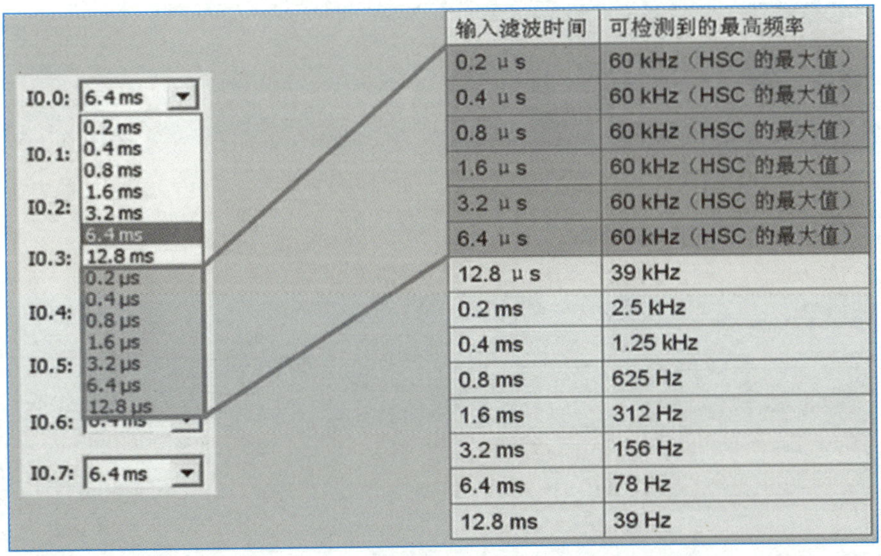

输入滤波时间	可检测到的最高频率
0.2 μs	60 kHz（HSC 的最大值）
0.4 μs	60 kHz（HSC 的最大值）
0.8 μs	60 kHz（HSC 的最大值）
1.6 μs	60 kHz（HSC 的最大值）
3.2 μs	60 kHz（HSC 的最大值）
6.4 μs	60 kHz（HSC 的最大值）
12.8 μs	39 kHz
0.2 ms	2.5 kHz
0.4 ms	1.25 kHz
0.8 ms	625 Hz
1.6 ms	312 Hz
3.2 ms	156 Hz
6.4 ms	78 Hz
12.8 ms	39 Hz

图 5-57　输入滤波时间与可检测到的最高频率对应关系

（2）向导组态。

1）在弹出的“高速计数器向导”对话框中选择要组态的计数器，如图 5-58 所示。

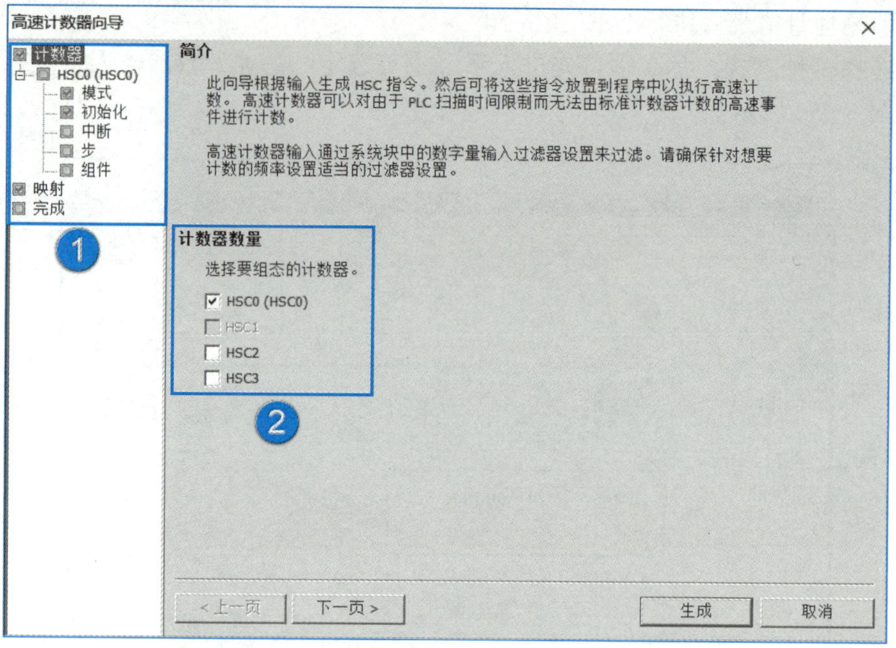

图 5-58　高速计数器向导—计数器

2）高速计数器的模式选择。

如图 5-59 所示，打开“模式”下拉菜单，选择模式 9。

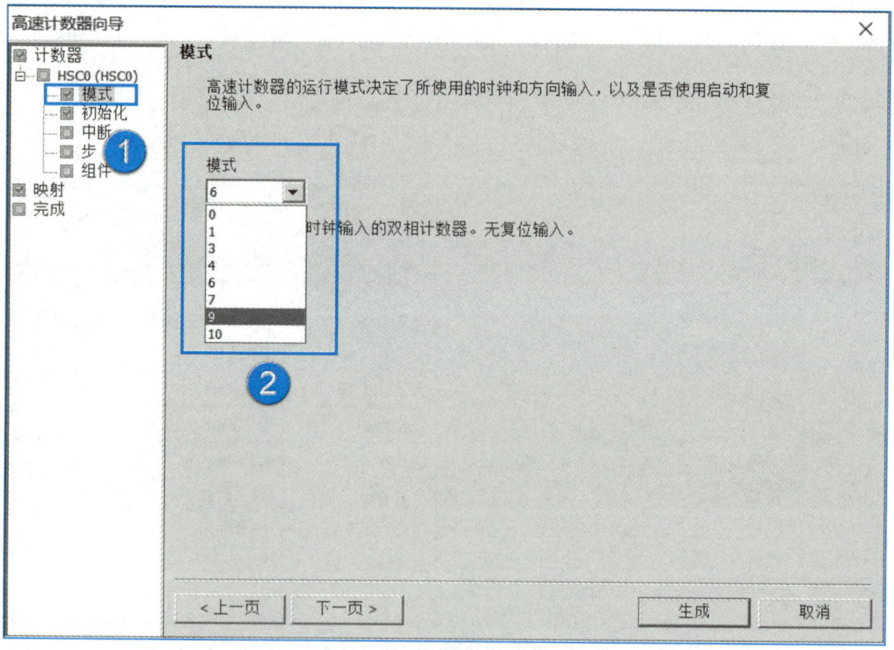

图 5-59　高速计数器向导—模式

3）高速计数器初始化组态。

①高速计数器初始化设置。

②初始化子程序名。

③预设值（PV），用于产生预设值（CV = PV）中断。

④当前值（CV），设置当前计数器的初始值，可用于初始化或复位高速计数器。

⑤初始计数方向选择，对于没有外部方向控制的计数器，需要在此定义计数器的计数方向。

⑥复位信号电平选择，若有外部复位信号，则需要选择复位的有效电平，上限为高电平有效，下限为低电平有效。

⑦ A/B 相计数时倍速选择，可选 1 倍速（1X）与 4 倍速（4X）。1 倍速时，相位相差 90° 的两个脉冲输入后，计数器值加 1。4 倍速时，相位相差 90° 的两个脉冲输入后，计数器值加 4。由于其对两个脉冲的上升沿、下降沿分别进行计数，因此可提升编码器的分辨率，如图 5-60 所示。

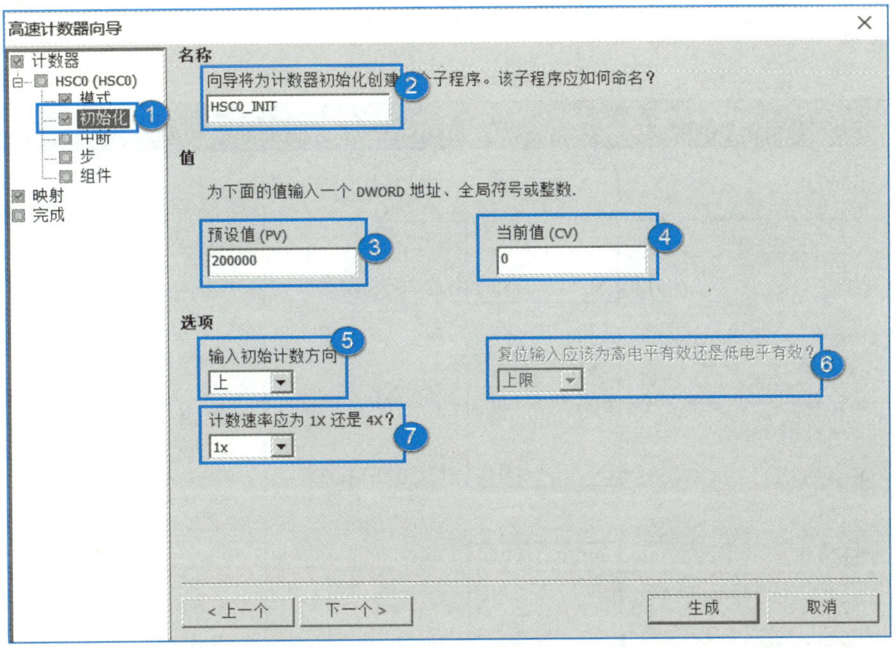

图 5-60　高速计数器向导—初始化

4）I/O 映射表。

如图 5-61 所示，I/O 映射表中显示了所使用的 HSC 资源以及占用的输入点，同时显示了组态的过滤器设置，当前计数器所能达到的最大理论计数率。由于 CPU 的 HSC 输入需要经过滤波器，因此在使用 HSC 之前一定要注意输入滤波时间。

5）生成代码。

在图 5-61 所示的对话框中选择“完成”，单击下方的“生成”按钮，项目中便生成了高速计数器的初始化子程序“HSC0_INIT”。在项目树的程序块中，右击生成的 HSC0_INIT 子程序，在弹出的快捷菜单中选择“打开”，即可在程序编辑器中打开对应的子程序，如表 5-27 所示。

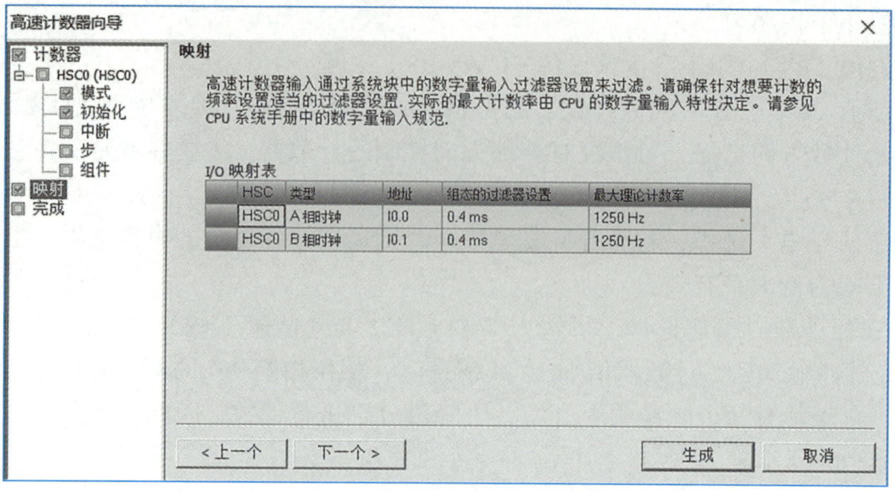

图 5-61　高速计数器向导—映射

表 5-27　初始化子程序“HSC0_INIT”

程序段	注释
1 Always~:SM0.0 — MOV_B (EN, ENO) 16#F8 - IN　OUT - HSC0~:SMB37	写控制字 16#F8 到 SMB37：启用计数器、写入当前值、写入新预设值、将方向设置为加计数
2 Always~:SM0.0 — MOV_DW (EN, ENO) +0 - IN　OUT - HSC0~:SMD38	设置当前值（起始值）CV = 0 到 SMD38
3 Always~:SM0.0 — MOV_DW (EN, ENO) +200 000 - IN　OUT - HSC0~:SMD42	设置预设值（目标值）PV = 200 000 到 SMD42
4 Always~:SM0.0 — HDEF (EN, ENO) 0 - HSC 9 - MODE	高速计数器定义指令 HDEF，定义使用 HSC0 和模式 9
5 Always~:SM0.0 — HSC (EN, ENO) 0 - N	HSC 指令：激活高速计数器 HSC0

任务实施

一、控制要求

（1）设备的工作目标是完成对白色芯的金属工件、白色芯的塑料工件和黑色芯的金属或塑料工件进行分拣。为了在分拣时准确推出工件，要求使用旋转编码器进行定位检测。工件材料和芯体颜色属性应在推料气缸前的适应位置被检测出来。

（2）设备上电和气源接通后，若工作单元的 3 个气缸均处于缩回位置，则“正常工作”指示灯 HL1 常亮，表示设备准备好；否则，该指示灯以 1Hz 频率闪烁。

（3）若设备准备好，按下起动按钮，系统起动，“设备运行”指示灯 HL2 常亮。在传送带入料口放置已装配的工件后，变频器起动，驱动传动电动机以 30Hz 固定频率把工件带往分拣区。

如果工件为白色芯的金属，则该工件到达 1 号滑槽中间时传送带停止，工件被推到 1 号槽中；如果工件为白色芯的塑料，则该工件到达 2 号滑槽中间时传送带停止，工件被推到 2 号槽中；如果工件为黑色芯，则该工件到达 3 号滑槽中间时传送带停止，工件被推到 3 号槽中。工件被推出滑槽后，该工作单元的一个工作周期结束。仅当工件被推出滑槽后，才能再次向传送带下料。

如果在运行期间按下停止按钮，该工作单元将在本工作周期结束后停止运行。

5-4　分拣站之变频调速控制 1

5-5　分拣站之变频调速控制 2

5-6　分拣站的功能实现

二、分拣单元的安装

分拣单元机械装配可按以下 4 个步骤进行：

（1）安装传送机构组件。装配传送带装置及其支座，然后将其安装到底板上，如图 5-62 所示。

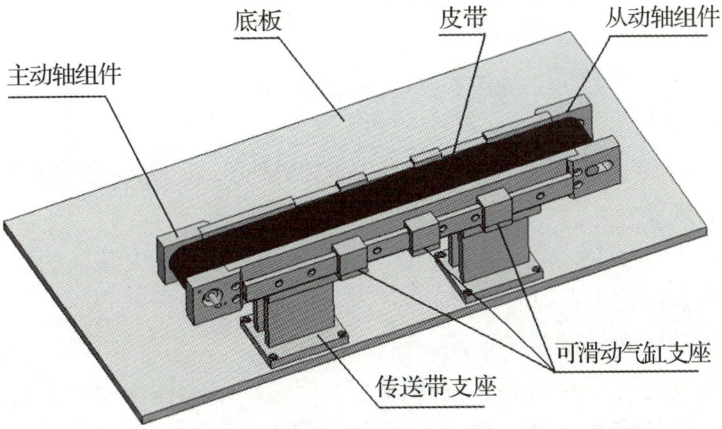

图 5-62　安装传送机构组件

（2）安装驱动电机组件。装配联轴器，连接驱动电动机组件与传送机构并固定在底板上，如图 5-63 所示。

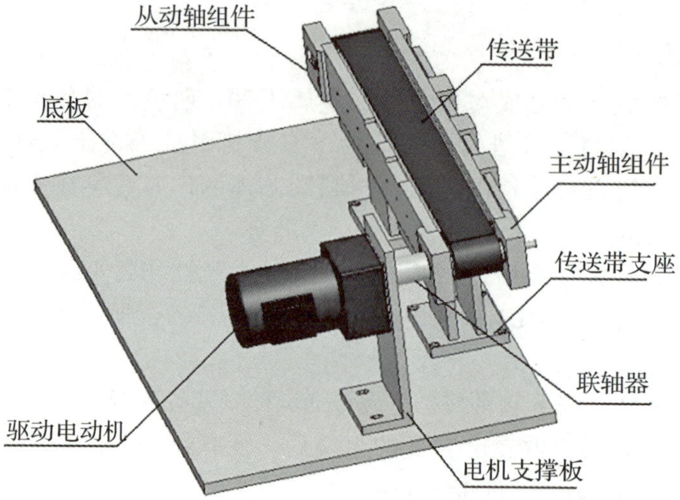

图 5-63　安装驱动电动机组件

（3）安装推料气缸支架、推料气缸、传感器支架、出料槽及支撑板等。

（4）安装单元机械。安装各传感器、电磁阀组件、装置侧接线端口等，如图 5-64 所示。

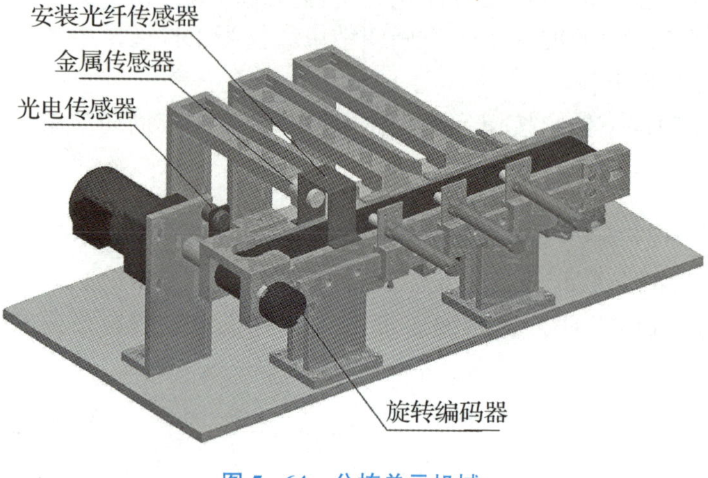

图 5-64　分拣单元机械

安装注意事项如下：

（1）皮带托板与传送带两侧板的固定位置应调整好，以免皮带安装后凹入侧板表面，造成推料被卡住的现象。

（2）主动轴和从动轴的安装位置不能错，主动轴和从动轴的安装板的位置不能相互调换。

（3）皮带的张紧度应调整适中。

（4）要保证主动轴和从动轴的平行。

（5）为了使传动部分平稳可靠，噪声减小，用滚动轴承作动力回转件，但滚动轴承及其安装配合零件均为精密结构件，建议不要自行拆卸。

三、PLC 的 I/O 接线

分拣单元装置侧的接线端口信号端子的分配如表 5-28 所示。由于用于判别工件材料和芯体颜色属性的传感器只须安装在传感器支架上的电感式传感器和一个光纤传感器，故光纤传感器 2 可不使用。

表 5-28　分拣单元装置侧的接线端口信号端子的分配

输入端口中间层			输出端口中间层		
端子号	设备符号	信号线	端子号	设备符号	信号线
2	DECODE	旋转编码器 B 相	2	1Y	推杆 1 电磁阀
3		旋转编码器 A 相	3	2Y	推杆 2 电磁阀
4	SC1	光纤传感器 1	4	3Y	推杆 3 电磁阀
5	SC2	光纤传感器 2			
6	SC3	进料口工件检测			
7	SC4	电感式传感器			
8					
9	1B	推杆 1 推出到位			
10	2B	推杆 2 推出到位			
11	3B	推杆 3 推出到位			
12# ～ 17# 端子没有连接			5# ～ 14# 端子没有连接		

分拣单元 PLC 选用 S7-200 SMART CPU SR40 AC/DC/RLY 主单元，本任务仅要求以 30Hz 的固定频率驱动电动机运转，只须用固定频率方式控制变频器即可。选用 MM440 的端子 “5”（DIN1）作电动机起动和频率控制，分拣单元 PLC 的 I/O 信号见表 5-29，I/O 接线原理图如图 5-65 所示。

表 5-29　分拣单元 PLC 的 I/O 信号

输入信号				输出信号			
序号	PLC 输入点	信号名称	信号来源	序号	PLC 输出点	信号名称	信号输出目标
1	I0.0	旋转编码器 B 相	装置侧	1	Q0.0	顶料电磁阀	装置侧
2	I0.1	旋转编码器 A 相		2	Q0.1	推料电磁阀	
3	I0.2	光纤传感器 1		3	Q0.2		
4	I0.3	光纤传感器 2		4	Q0.3		
5	I0.4	进料口工件检测		5	Q0.4		
6	I0.5	电感式传感器		6	Q0.5		
7	I0.6			7	Q0.6		
8	I0.7	推杆 1 推出到位		8	Q0.7		
9	I1.0	推杆 2 推出到位		9	Q1.0	正常工作指示	按钮 / 指示灯模块
10	I1.1	推杆 3 推出到位		10	Q1.1	运行指示	

续表

输入信号				输出信号			
序号	PLC 输入点	信号名称	信号来源	序号	PLC 输出点	信号名称	信号输出目标
11	I1.2	起动按钮	按钮 / 指示灯模块				
12	I1.3	停止按钮					
13	I1.4						
14	I1.5	单站 / 全线					

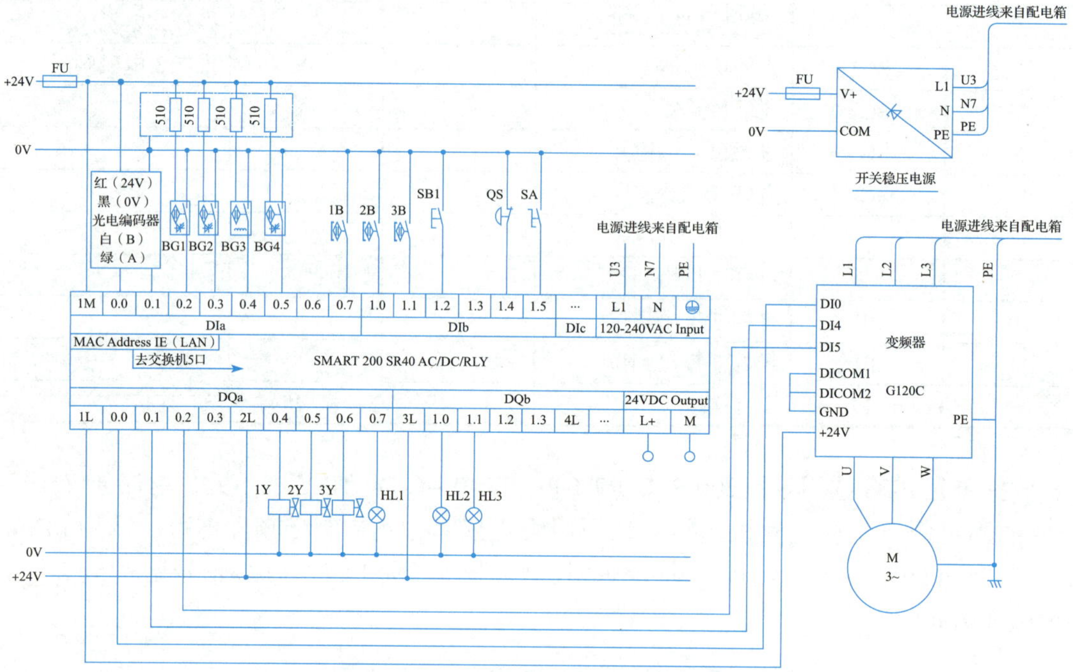

图 5-65　分拣单元 PLC 的 I/O 接线原理图

为了实现固定频率输出，变频器的参数应做如下设置：

- 命令源 P0700 = 2（外部 I/O），选择频率设定的信号源参数 P1000 = 3（固定频率）。
- DIN1 功能参数 P0701 = 16（直接选择 +ON 命令），P1001 = 30Hz。
- 斜坡上升时间参数 0 P1120 设定为 1 秒，斜坡下降时间参数 1 P1121 设定为 0.2 秒。

四、分拣单元的编程

1. 程序结构

（1）分拣单元的主要工作过程是分拣控制，可编写一个子程序供主程序调用，工作状态显示的要求比较简单，可直接在主程序中编写。

（2）主程序的流程与前面所述的供料、加工等单元是类似的。但由于用高速计数器编程，因此必须在上电第 1 个扫描周期调用 T HSC_INIT 子程序，以定义并使能高速计数器。主程序的编制，请读者自行完成。

（3）分拣控制程序也是一个步进顺控程序，编程思路如下：

初始步 S0.0 在 PLC 上电时被置位。当起动条件满足，系统运行状态标志为 ON 时，只要料口检测有料，便初始化高速计数器，同时给出变频器输出频率信号，延时时间到，起动电动机运行，进入工件检测步 1、工件检测步 2，当确认工件属性后，在流向分析步里分析工件去处。当推杆推出后，进入返回步，复位工件属性标志，然后返回初始步。图 5-66 所示为分拣控制程序流程图，图 5-67 所示为分拣控制子程序初始步梯形图，图 5-68 所示为在传感器位置判别工件属性的梯形图，仅供参考。

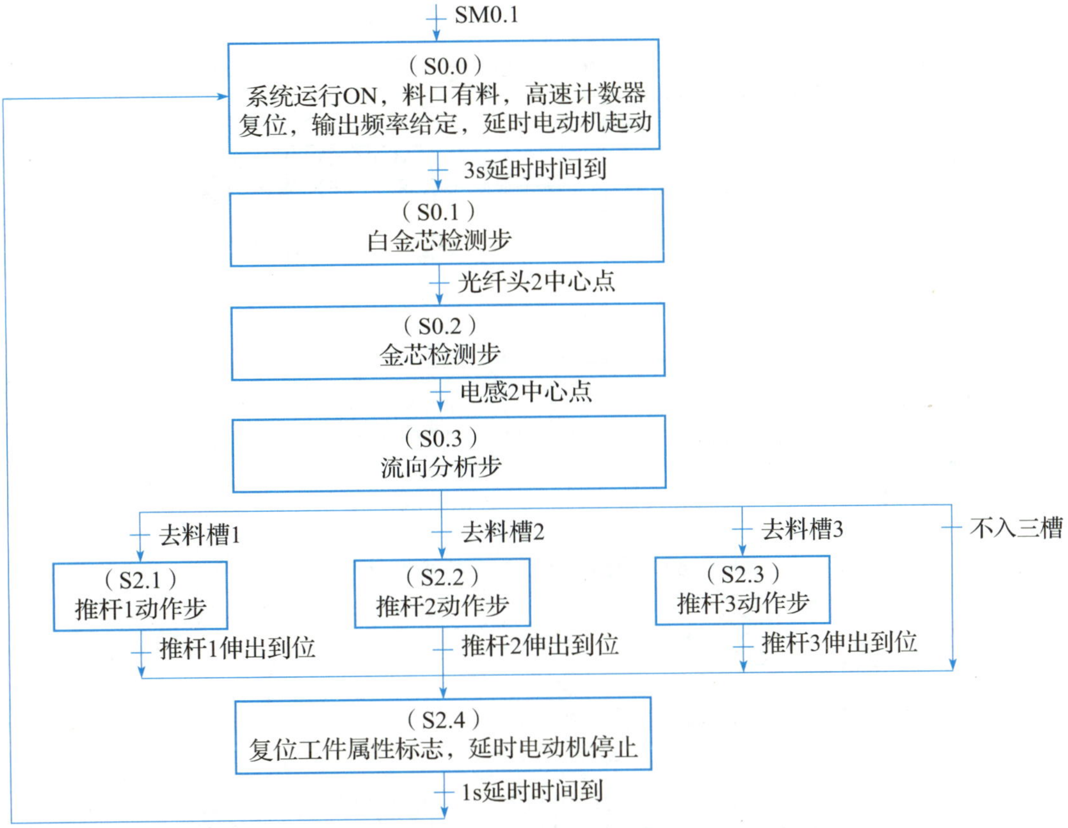

图 5-66　分拣控制程序流程图

2. 旋转编码器脉冲当量的现场测试

在主程序块中使用 SM0.1（上电首次扫描 ON）调用此子程序，即完成高速计数器定义并起动计数器。前面已经指出，根据传送带主动轴直径计算旋转编码器的脉冲当量，其结果只是一个估算值。在分拣单元安装调试时，除了要仔细调整尽量减少安装偏差外，尚须现场测试脉冲当量值。步骤如下：

（1）分拣单元安装调试时，必须仔细调整电动机与主动轴联轴的同心度和传送带的张紧度。调节张紧度的两个螺栓应平衡调节，避免传送带运行时跑偏。传送带张紧度以电动机在输入频率为 1Hz 时能顺利起动，低于 1Hz 时难以起动为宜。测试时可把变频器设置为在 BOP 操作（起动 / 停止和频率调节）的运行模式，即设定参数 P0700 = 1（使能 BOP 上的起动 / 停止按钮），P1000 = 1（使能电动电位计的设定值）。

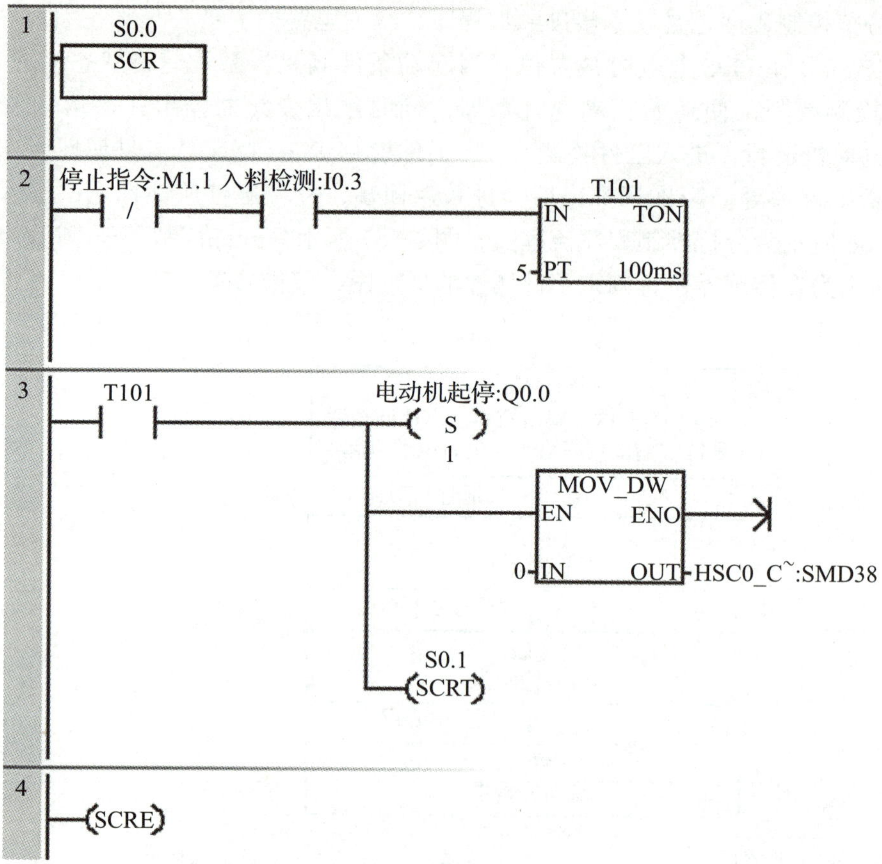

图 5-67　分拣控制子程序初始步梯形图

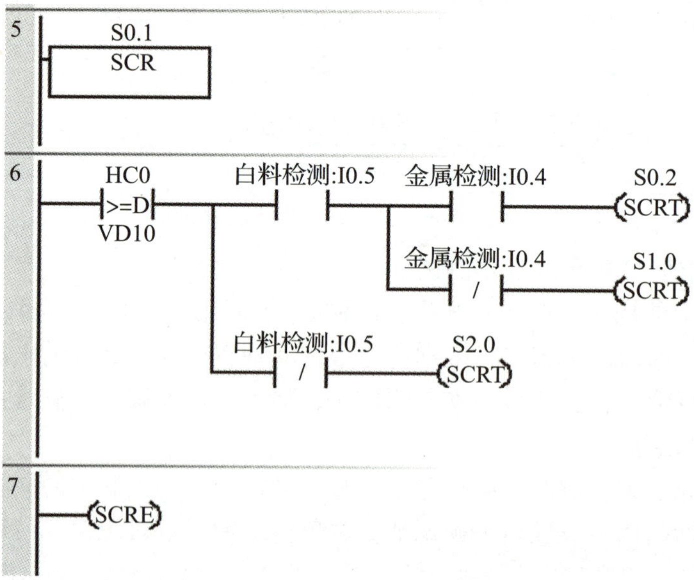

图 5-68　在传感器位置判别工件属性的梯形图

（2）安装调整结束后，变频器参数设置如下：

- P0700 = 2（指定命令源为“由端子排输入”）；
- P0701 = 16（确定数字输入 1 DIN1 为“直接选择 +ON”命令）；
- P1000 = 3（频率设定值的选择为固定频率）；
- P1001 = 25Hz（1 DIN1 的频率设定值）。

（3）在计算机上用 STEP7-Micro/WIN SMART 编程软件编写 PLC 程序，主程序如图 5-69 所示，编译后传送到 PLC。

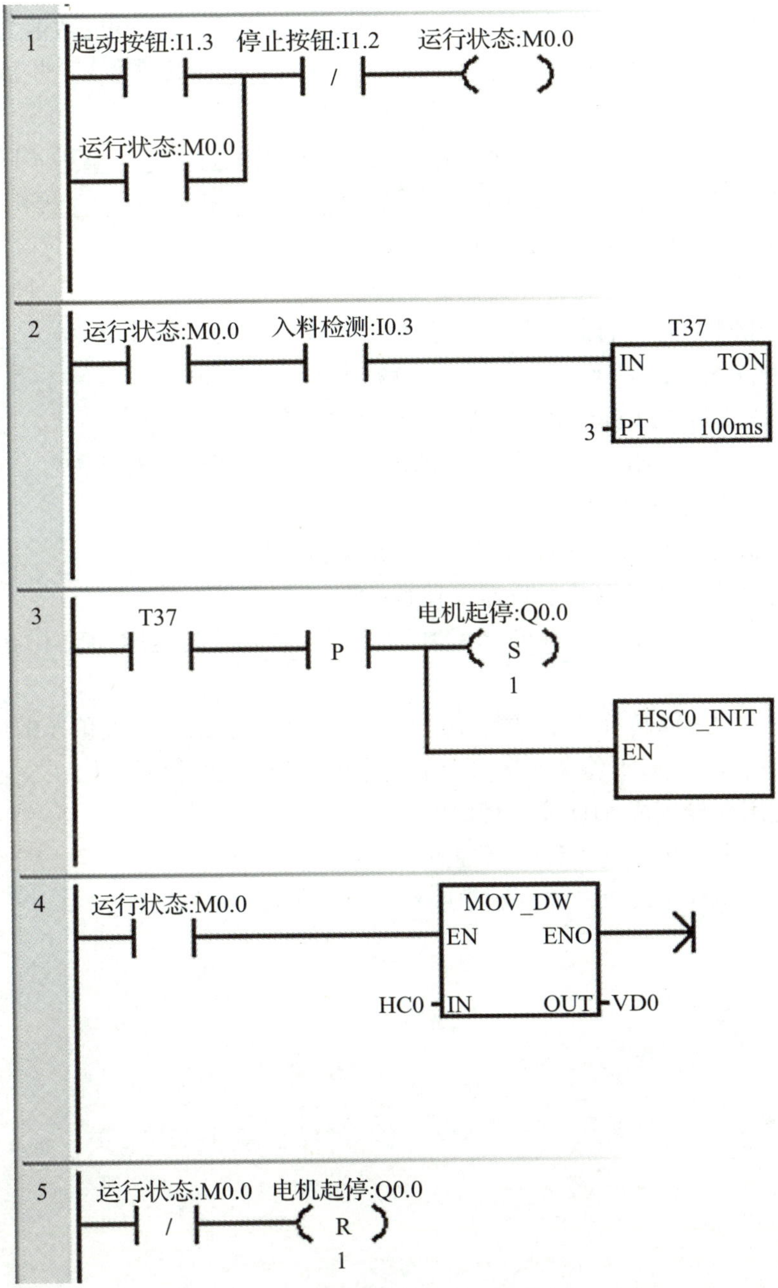

图 5-69 脉冲当量现场测试主程序

习 题

1. S7-200 SMART 模拟量扩展模块分别有________、________、________、________、和________。

2. S7-200 SMART 硬件系统中，第 2 个模拟量模块 EM AM06 放置在第 3 个信号模块上时，其模拟量输入和输出地址分别为________、________、________、________、________和________。

3. S7-200 SMART 单极性模拟量值 0 ～ 10V 经 A-D 转换得到的数值为________。

4. S7-200 SMART 使用特殊寄存器________和________识别第 1 个扩展信号模块。

5. S7-200 SMART 提供了________路 PID 控制。

6. S7-200 SMART 有________个高速计数器，可以设置________种不同的工作模式。

7. HSC0 的模式 6 的加、减时钟脉冲分别由 I________和 I________提供。

8. S7-200 SMART 中高速计数器最高计数频率为________。

9. S7-200 SMART 中高速脉冲输出分别提供________和________两种时间基准。

10. 在使用 PMW 时，若脉冲脉宽设置为等于周期值时，占空比为________，输出接通。若脉冲宽度为 0，占空比为________，输出断开。

11. 如何组态 S7-200 SMART 中数字量的滤波时间？

12. 对于模拟量热电阻输入模块 EM AR02，其外围接线分别有几种？

13. 编码器的作用是什么？

14. 如何组态 S7-200 SMART 中数字量的滤波时间？

15. 使用高速计数器产生的中断方式有哪些？

16. S7-200 SMART 的 ST 系列 PLC 中，分别提供几路高速脉冲输出端？支持的最高脉冲频率为多少？

17. AIW16 中 A-D 转换得到的数值（0 ～ 27 648）正比于温度值（0 ～ 500℃）。请编写程序，在 I0.0 的上升沿将 AIW16 的值转换为对应的温度值并存储在 VW20 中。

18. 如何使用向导生成 PID 控制程序？

19. 如何使用向导生成高速计数器控制程序？

20. 如何使用向导生成 PWM 控制程序？

模块六 网络通信的编程及应用

学习重点

学习 PLC 的工业网络通信，以及 PLC 与 PLC、PLC 与计算机、PLC 与人机界面（触摸屏）和变频器间信息交换的方法。

素质目标

能够分工合作，团结协作完成项目；能够分析问题并解决问题；培养文献检索能力；培养严谨绘图、规范接线的职业素养；培养安全意识、创新意识。

任务一 电动机异地起停的 PLC 控制

知识目标

（1）了解网络通信的分类；
（2）了解自由端口通信。

技能目标

（1）能够正确使用通信指令，实现两台 PLC 通信；
（2）能够根据实际的通信要求进行端口设置。

任务引入

用 PLC 实现两台电动机的异地控制。控制要求如下：按下本地的起动按钮和停止按钮，本地电动机起动和停止。按下本地控制远程电动机的起动按钮和停止按钮，控制远程电动机的起动和停止。

知识储备

一、通信简介

通信是指一地与另一地之间的信息传递。PLC 通信是指 PLC 与计算机、PLC 与 PLC、PLC 与人机界面（触摸屏）、PLC 与变频器、PLC 与其他智能设备之间的数据传送。

1. 通信方式

（1）有线通信和无线通信。

有线通信是指以导线、电缆、光缆及纳米材料等看得见的材料为传输媒质的通信。无线通信是指以看不见的材料（如电磁波）为传输媒质的通信，常见的无线通信有微波通信、恒波通信、移动通信和卫星通信等。

（2）并行通信和串行通信。

并行通信是指数据的各个位同时进行传输的通信方式，其特点是数据传输速度快。由于它需要的传输线多，故成本高，只适合近距离的数据通信。PLC 主机与扩展模块之间通常采用并行通信。

串行通信是指数据一位一位地进行传输的通信方式，其特点是数据传输速度慢，但由于只需要一条传输线，故成本低，适合远距离的数据通信。PLC 与计算机、PLC 与 PLC、PLC 与人机界面（触摸屏）、PLC 与变频器之间常采用串行通信。

1）异步通信和同步通信。

串行通信又可分异步通信和同步通信。PLC 与其他设备通信主要采用串行异步通信方式。在异步通信中，数据是一帧一帧传送的。一帧数据传送完成后，可以传送下一帧数据，也可以等待。串行通信时，数据是以帧为单位传送的，帧数据有一定的格式，它是由起始位、数据位、奇偶校验位和停止位组成。每帧数据发送前要用起始位、结束时要用停止位，这样会导致数据传输速度较慢。

为了提高数据传输速度，计算机与高速设备数据通信时，常采用同步通信。同步通信的数据后面取消了停止位，前面的起始位用同步信号代替，在同步信号后面可以跟很多数据，所以同步通信传输速度快。但由于同步通信要求发送端和接收端严格保持同步，需要用到复杂的电路，因此 PLC 不采用这种通信方式。

2）单工通信、半双工通信和双工通信。

在串行通信中，根据数据的传输方向不同，可分为 3 种通信方式：单工通信、半双工通信和全双工通信。

单工通信：数据只能往一个方向传送，即只能由发送端传输给接收端。

半双工通信：数据可以双向传送，但在同一时间内，只能往一个方向传送。只有一个方向的数据传送完成后，才能往另一个方向传送数据。

全双工通信：数据可以双向传送，通信双方都有发送器和接收器，因为有两条数据线，所以双方在发送数据的同时可以接收数据。

2. 通信传输介质

有线通信采用的传输介质主要有双绞线电缆、同轴电缆和光缆。

（1）双绞线电缆。

双绞线是将两根导线扭在一起，以减少电磁波的干扰，如果再加上屏蔽套层，则抗干扰能力更好。双绞线的成本低、安装简单。

（2）同轴电缆。

同轴电缆的结构从内到外依次为内导体（芯线）、绝缘线、屏蔽层及外保护层。由于从截面看这 4 层构成了 4 个同心圆，故称为同轴电缆。根据通频带不同，同轴电缆可分为基带和宽带两种，其中基带同轴电缆常用于以太网（Ethernet）中。同轴电缆的传输速度快、传输距离远，但价格比双绞线高。

（3）光缆。

光缆以光的形式传输信号，其优点是传输的是数字光脉冲信号，不会受电磁干扰，不怕雷击，不易被窃听，数据传输安全性好，传输距离长，带宽宽，传输速度快。但由于通信双方发送和接收的都是电信号，因此通信双方都需要价格昂贵的光纤设备进行光电转换。

3. RS485 标准串行接口

（1）RS485 接口。

RS485 接口是在 RS422 的基础上发展起来的一种 EIA 标准串行接口，采用“平衡差分驱动”方式。RS485 接口满足 RS422 的全部技术规范，可以用于 RS422 通信。RS485 接口常采用 9 针连接器。RS485 接口的针脚功能如表 6-1 所示。

表 6-1　RS485 接口的针脚功能

连接器	针脚	信号名称	信号功能
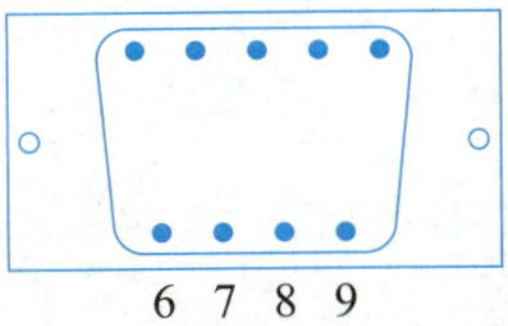 	1	SG 或 GND	机壳接地
	2	24V 返回	逻辑地
	3	RXD+ 或 TXD+	RS485 信号 B，数据发送 / 接收 + 端
	4	发送申请	RTS
	5	5V 返回	逻辑地
	6	+5V	+5V、100Ω 串联电阻
	7	+24V	+24V
	8	RXD- 或 TXD-	RS485 信号 A，数据发送 / 接收 - 端
	9	不用	10 位协议选择（输入）
	连接器外壳	屏蔽	机壳接地

（2）西门子 PLC 的连线。

西门子 PLC 的 PPI 通信、MPI 通信和 PROFIBUS-DP 现场总线通信的物理层都采用 RS485 通信，而且都是采用相同的通信线缆和专用网络接头。西门子提供两种网络接头，一种是标准网络接头（用于连接 PRO-PRIBUS 站和 PROFIBUS 电缆实现信号传输，一般带有内置的终端电阻。如果该站为通信网络节点的终端，则需将终端电阻连接上，即将开关拨至 ON 端）。另一种是编程端口接头，可方便地将多台设备与网络连接，编程端口允许将编程站或上位机 HMI 设备与网络连接，而不会干扰任何现有的网络。编程端口接头通过编程端口传送所有来自 S7-200 SMART CPU 的信号，这对于连接由 S7-200 SMART CPU 供电的设备特别有用。标准网络接头和编程端口接头均有两套终端螺钉，用于连接输入和输出网络电缆。

二、自由口通信

S7-200 SMART 的自由口通信是基于 RS485 通信基础的半双工通信，西门子 S7-200 SMART 系列 PLC 拥有自由口通信功能，即没有标准的通信协议，用户可以自己规定协议。第三方设备大多数支持 RS485 串口通信，西门子 S7-200 SMART 系列 PLC 可以通过自由口通信模式实现串口通信。

自由口通信的核心就是发送（XMT）和接收（RCV）两条指令，以及对相应的特殊寄存器的控制。由于 S7-200 SMART CPU 通信端口是 RS485 半双工通信口，因此发送和接收不能同时处于激活状态。RS485 半双工通信的串口通信格式可以包括 1 个起始位、7 位或 8 位字符（数据字节）、1 个奇偶校验位（或没有校验位）、1 个停止位。

标准的 S7-200 SMART 只有一个串口（为 RS485），为 Port0 口；还可以扩展一个信号板，这个信号板在组态时设定为 RS485 或 RS232，为 Port1 口。

自由口通信传输速率可以设置为 1 200bit/s、2 400bit/s、4 800bit/s、9 600bit/s、19 200bit/s、38 400bit/s、57 600bit/s 或 115 200bit/s。凡是符合这些格式的串口通信设备，理论上都可以和 S7-200 SMART CPU 通信。自由口模式可以灵活应用，STEP 7-Micro/WIN SMART 的两个指令库（USS 和 Modbus RTU）就是使用自由口模式编程实现的。

1. 口信协议

S7-200 SMART 正常的通信字符数据格式是 1 个起始位、8 个数据位、1 个停止位，即 10 位数据，或者再加上 1 个奇偶校验位。传输速率一般为 9 600 ～ 19 200bit/s。

S7-200 SMART CPU 使用 SMB30（Port0）和 SMB130（Port1）定义通信口的工作模式，控制字节的定义如图 6-1 所示。

	MSB 7							LSB 7
SMB30/SMB130	p	p	d	b	b	b	m	m

图 6-1　控制字节的定义

（1）通信模式由控制字节的最低两位“mm”决定。

mm = 00：PPI 从站模式（默认值）。

mm = 01：自由口模式。

mm = 10：保留（默认 PPI 从站模式）。

mm = 11：保留（默认 PPI 从站模式）。

（2）控制字节的“pp”是奇偶校验选择。

pp = 00：无奇偶校验。

pp = 01：偶校验。

pp = 10：无奇偶校验。

pp = 11：奇校验。

（3）控制字节的“d”是每个字符的位数。

d = 0：每个字符是 8 位。

d = 1：每个字符是 7 位。

（4）控制字节的“bbb”是传输速率的选择。

bbb = 000：38 400bit/s。

bbb = 001：19 200bit/s。

bbb = 010：9 600bit/s。

bbb = 011：4 800bit/s。

bbb = 100：2 400 bit/s。

bbb = 101：1 200bit/s。

bbb = 110：115 200bit/s。

bbb = 111：57 600bit/s。

2. 自由口通信时的中断事件

在 S7-200 SMART PLC 的中断事件中，与自由口通信有关的中断事件如下：

（1）中断事件 8：通信端口 0 单字符接收中断。

（2）中断事件 9：通信端口 0 发送完成中断。

（3）中断事件 23：通信端口 0 接收完成中断。

（4）中断事件 25：通信端口 1 单字符接收中断。

（5）中断事件 26：通信端口 1 发送完成中断。

（6）中断事件 24：通信端口 1 接收完成中断。

3. 自由口通信指令

在自由口通信模式下，可以用自由口通信指令接收和发送数据，其通信指令有两条：数据接收指令 RCV 和数据发送指令 XMT。其梯形图及语句表如表 6-2 所示。

表 6-2　自由口通信指令的梯形图及语句表

梯形图	语句表	指令名称
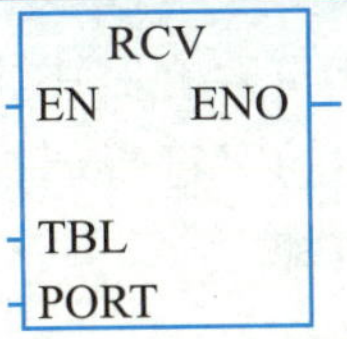	RCV TBL，PORT	数据接收指令

续表

梯形图	语句表	指令名称
XMT EN ENO TBL PORT	XMT TBL，PORT	数据发送指令

TBL：缓冲区首地址，操作数为字节。

PORT：操作端口，若通过 S7-200 SMART 本机上的串口进行通信，则操作端口号为 0；若通过扩展信号板进行通信，则操作端口号为 1。

数据接收指令通过端口接收远程设备的数据并保存到首地址为 TBL 的接收数据缓冲区中。接收数据缓冲区一次最多可接收 255 个字符的信息。

数据发送指令通过端口将数据表首地址为 TBL（发送数据缓冲区）的数据发送到远程设备上。发送数据缓冲区一次最多可发送 255 个字符的信息。数据缓冲区格式如表 6-3 所示。

表 6-3　数据缓冲区格式

字号	字节编号	发送内容	接收内容
1	T+0	发送字节的个数	接收字节的个数
2	T+1	数据字节	起始字符
3	T+2	数据字节	数据字节
— — —	— — —	数据字节	数据字节
256	T+255	数据字节	结束字符（如果有）

（1）发送。

发送完成后，会产生一个中断事件，对于端口 0 为中断事件 9，而对于端口 1 为中断事件 26。当然，也可以不通过中断，而通过监视 SM4.5（端口 0）或 SM4.6（端口 1）的状态来判断是否完成，如果状态为 1，说明发送完成。

（2）接收。

可以通过中断的方式接收数据。在接收字符数据时，有以下两种中断事件产生：

1）利用字符中断控制接收数据。

每接收完成一个字符，就产生一个中断事件 8（通信端口 0）或中断事件 25（通信端口 1）。特殊继电器 SMB2 作为自由口通信接收缓冲区，接收到的字符存在其中，以便用户程序访问。奇偶校验状态存放在特殊继电器 SMB3 中，如果收到的字符奇偶校验出现错误，SM3.0 为 1，可利用 SM3.0 为 1 的信号，将出现错误的字符去掉。

2）利用接收结束中断控制接收数据。

当指定的多个字符接收结束后，产生中断事件 23（通信端口 0）和中断事件 24（通信端口 1）。如果有一个中断服务程序连接到接收结束中断事件上，就可以实现相应的操作；也可以不通过中断，而通过监视 SMB86（端口 0）或 SMB186（端口 1）的状态来判断接收是否完成，如果状态非零，说明完成。SMB86 和 SMB186 的含义如表 6-4 所示。

表 6-4　SMB86 和 SMB186 的含义

端口 0	端口 1	控制字节各位的含义
SM86.0	SM186.0	为 1 说明奇偶校验错误而终止接收
SM86.1	SM186.1	为 1 说明接收字符超长而终止接收
SM86.2	SM186.2	为 1 说明接收超时而终止接收
SM86.3	SM186.3	默认为 0
SM86.4	SM186.4	默认为 0
SM86.5	SM186.5	为 1 说明接收正常，接收到结束字符
SM86.6	SM186.6	为 1 说明输入参数错误或缺少起始和终止条件而结束接收
SM86.7	SM186.7	为 1 说明用户通过禁止命令结束接收

S7-200 SMART 在接收信息字符时还要用到一些特殊寄存器，对通信端口 0 要用到 SMB87 ～ SMB94，对通信端口 1 要用到 SMB187 ～ SMB194，如表 6-5、表 6-6 所示。

表 6-5　SMB87 和 SMB187 的含义

端口 0	端口 1	控制字节各位的含义
SM87.0	SM187.0	0
SM87.1	SM187.1	1 表示使用中断条件，0 表示不使用中断条件
SM87.2	SM187.2	1 表示使用 SM92 或者 SM192 时间段结束接收 0 表示不使用 SM92 或者 SM192 时间段结束接收
SM87.3	SM187.3	1 表示定时器是消息定时器，0 表示定时器是内部字符定时器
SM87.4	SM187.4	1 表示使用 SM90 或者 SM190 检测空闲状态 0 表示不使用 SM90 或者 SM190 检测空闲状态
SM87.5	SM187.5	1 表示使用 SM89 或者 SM189 终止符检测终止信息 0 表示不使用 SM89 或者 SM189 终止符检测终止信息
SM87.6	SM187.6	1 表示使用 SM88 或者 SM188 起始符检测终止信息 0 表示不使用 SM88 或者 SM188 起始符检测终止信息
SM87.7	SM187.7	0 表示禁止接收，1 表示允许接收

表 6-6　SMB88 ～ SMB94 和 SMB188 ～ SMB194 的含义

端口 0	端口 1	控制字节各位的含义
SMB88	SMB188	消息字符的开始
SMB89	SMB189	消息字符的结束
SMW90	SMW190	空闲线时间段，按毫秒设定。空闲线时间用完后接收的第一个字符是新消息的开始
SMW92	SMW192	中间字符 / 消息定时器溢出值，按毫秒设定。如果超出这个时间段，则终止接收信息
SMW94	SMW194	要接收的最大字符数（1 ～ 255B），此范围必须设置为期望的最大缓冲区，即是否使用字符计数消息终端

（3）数据发送和接收指令示例。

【例 6-1】数据发送和接收指令示例如图 6-2 ～图 6-4 所示。

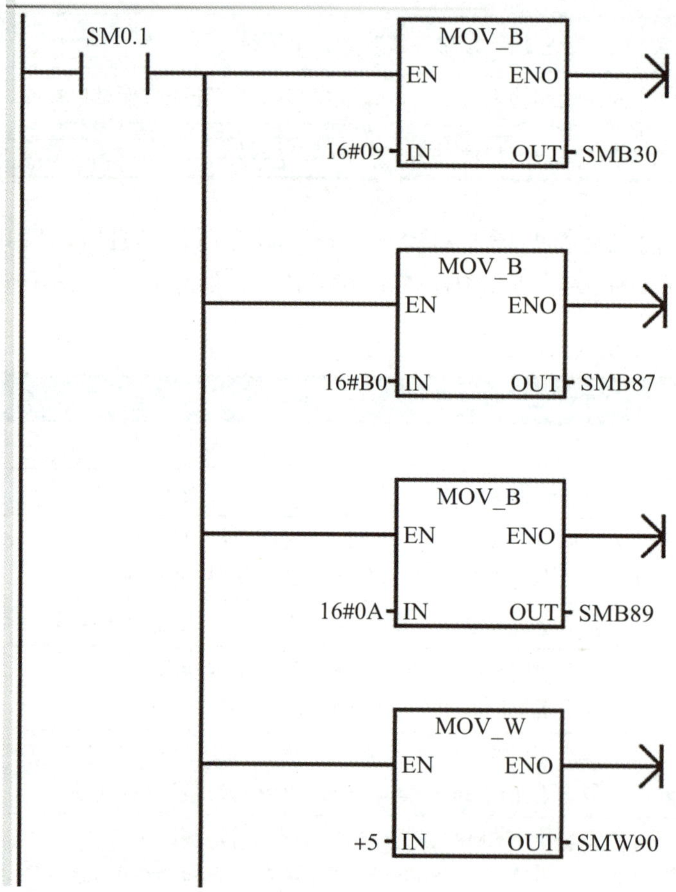

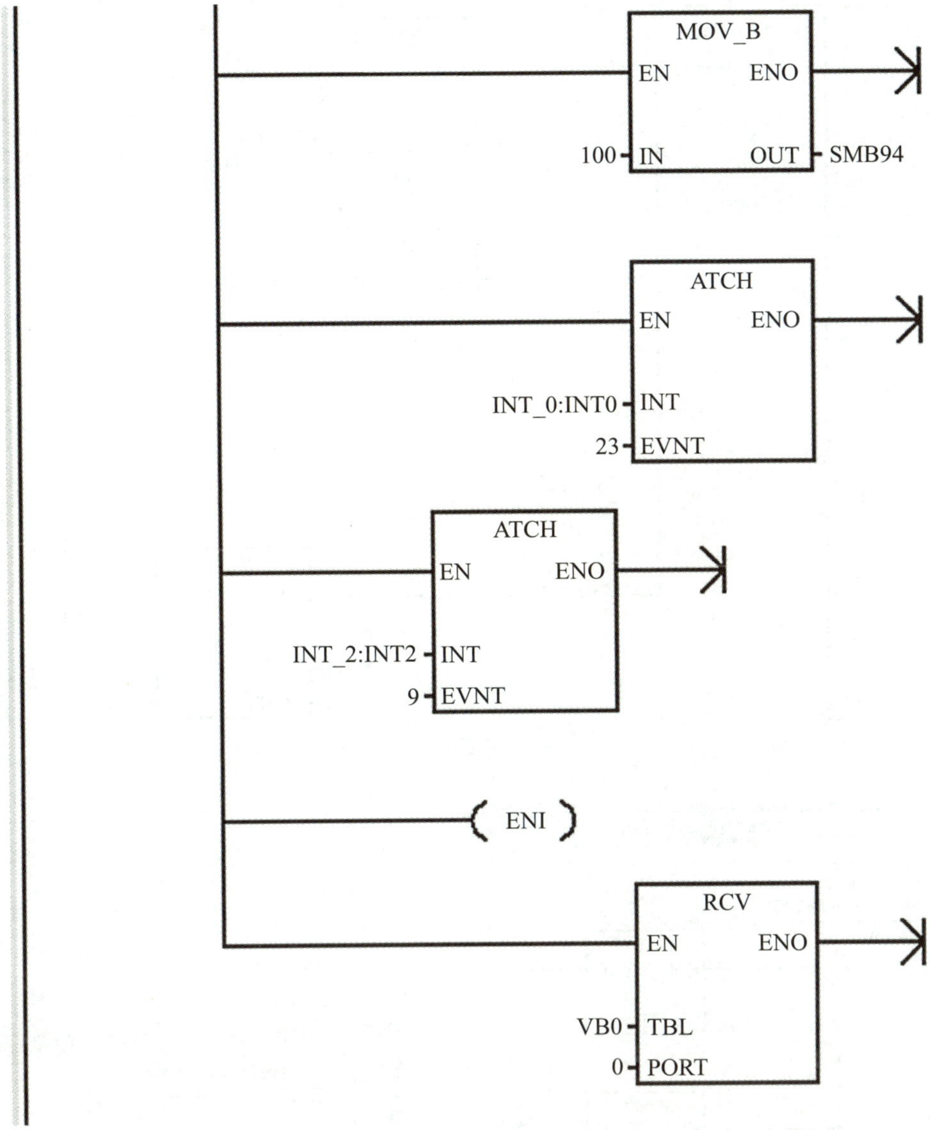

图 6-2　示例主程序

本程序接收字符串，直至接收到换行字符，然后消息会被送至发送方。

首次扫描时：

1）初始化自由端口：选择 9 600bps，选择 8 位数据位，选择无奇偶校验。

2）初始化 RCV 消息控制字节：启用 RCV，检测消息结束字符，检测是否以线路空闲条件作为消息起始条件。

3）将消息结束字符设为十六进制 0A（换行）。

4）将线路空闲超时设为 5ms。

5）将最大字符数设为 100。

6）将中断 0 连接到接收完成事件。

7）将中断 2 连接到接收完成事件。

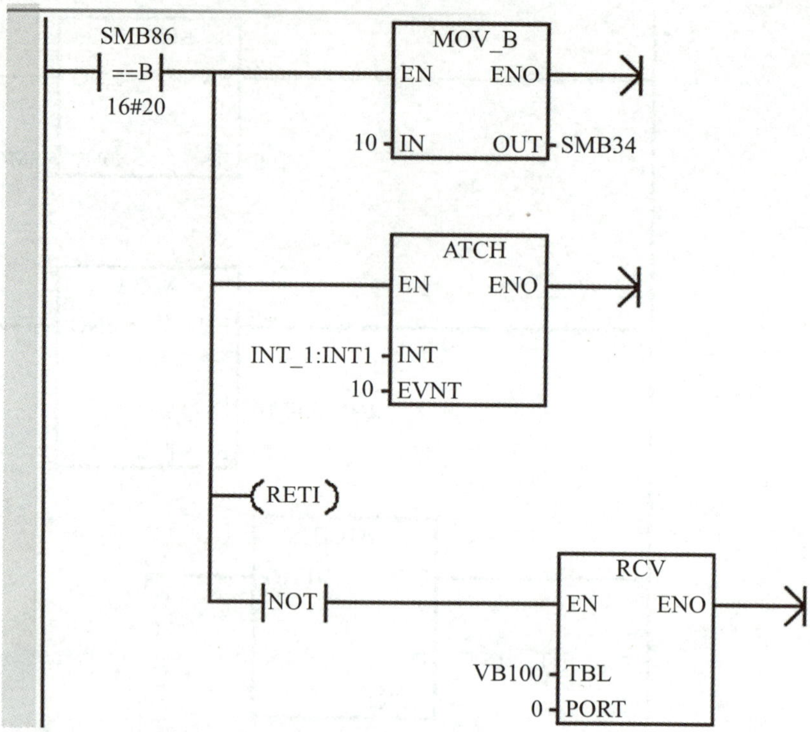

图 6-3　示例中断程序 0

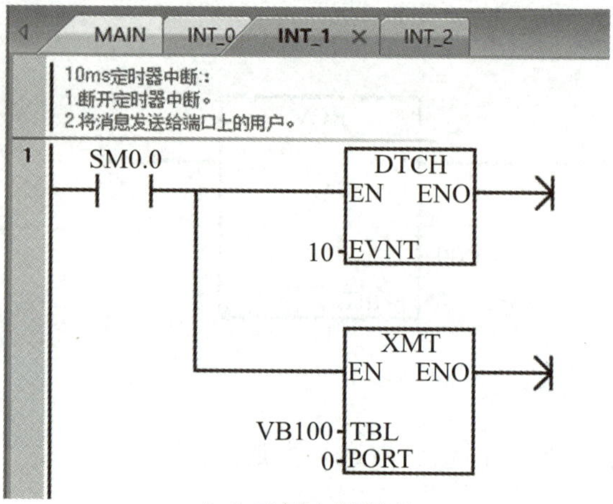

（a）示例中断程序1

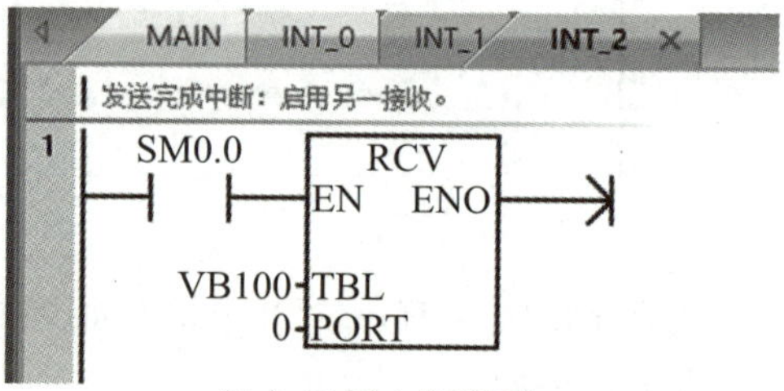

（b）示例中断程序2

图 6-4　示例中断程序 1

8）启用用户中断。

9）启用具有 VB100 缓冲区的接收功能框。

接收完成中断：

1）如果接收状态显示接收结束字符，则连接 10ms 定时器，触发发送指令并返回。

2）如果因其他原因完成接收，则起动新的接收。

10ms 定时器中断：

1）断开定时器中断。

2）将消息发送给端口上的用户。

任务实施

一、I/O 分配

根据项目分析可知，异地起停控制本地站地址 I/O 分配如表 6-7 所示。本地站和远程站 PLC 输入输出地址相同。

表 6-7　异地起停控制本地站地址 I/O 分配

输入		输出	
输入继电器	元件	输出继电器	元件
I0.0	本地起动 SB1	Q0.0	交流接触器 KM
I0.1	本地停止 SB2		
I0.2	远程起动 SB3		
I0.3	远程停止 SB4		
I0.4	本地过载 FR		

二、PLC 硬件原理图

根据控制要求及表 6-7 的 I/O 分配，异地起停控制本地站电路硬件原理图如图 6-5 所示（远程站的主电路及控制电路同本地站）。

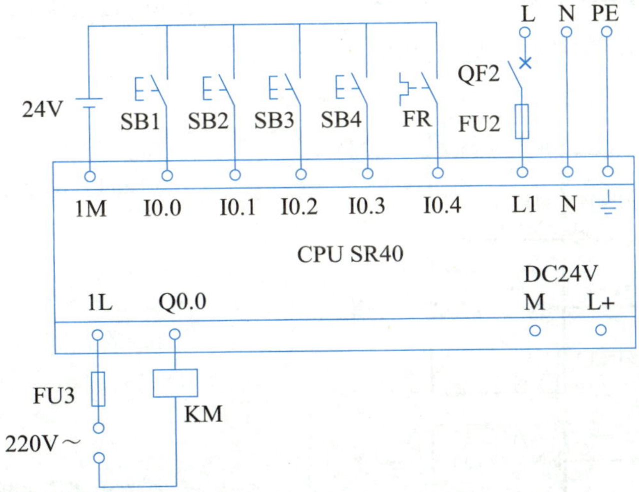

图 6-5　异地起停控制本地站电路硬件原理图

三、创建工程项目

创建一个工程项目，并命名为“异地起停控制”。

四、编辑符号表

符号表如图 6-6 所示。

	符号	地址	注释
1	交流接触器KM	Q0.0	
2	本地过载FR	I0.4	
3	远程停止SB4	I0.3	
4	远程起动SB3	I0.2	
5	本地停止SB2	I0.1	
6	本地起动SB1	I0.0	

图 6-6　符号表

五、编写程序

根据要求，使用自由口通信指令编写的异地起停控制梯形图如图 6-7～图 6-10 所示。

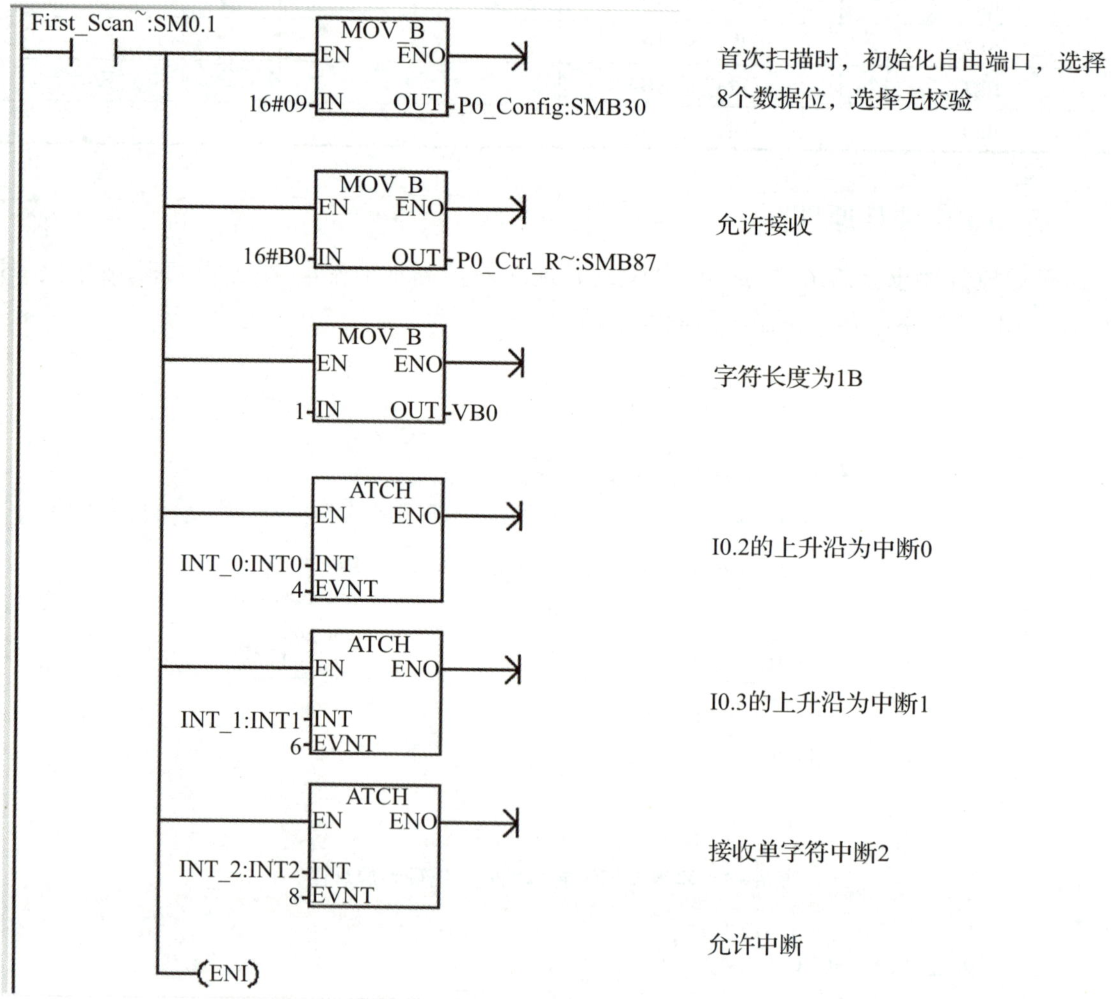

图 6-7　异地起停控制梯形图—主程序

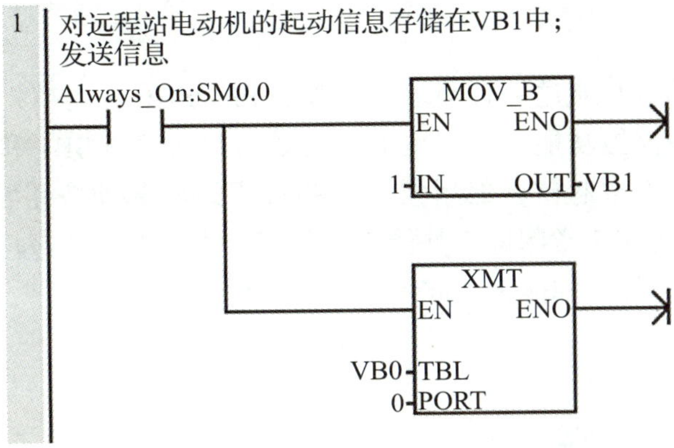

图 6-8　异地起停控制梯形图—中断程序 0

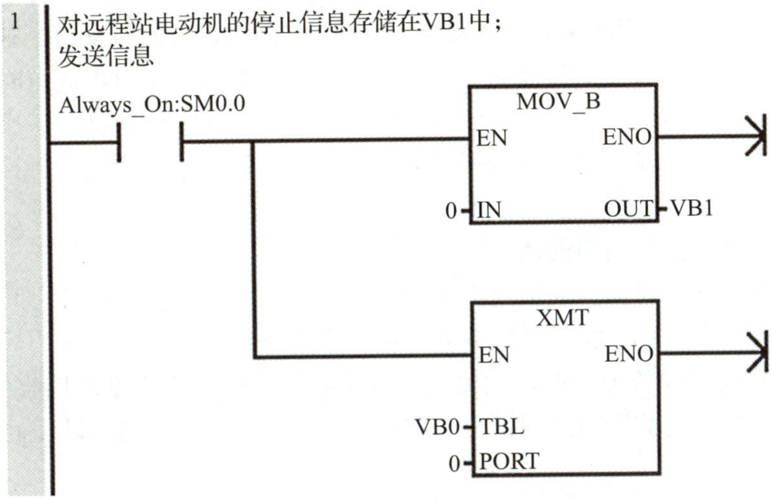

图 6-9　异地起停控制梯形图—中断程序 1

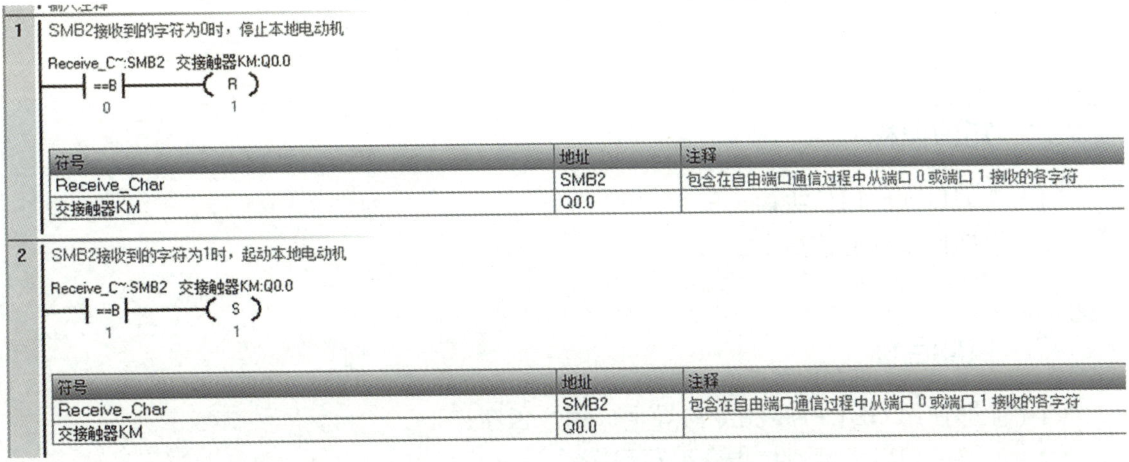

图 6-10　异地起停控制梯形图—中断程序 2

六、调试程序

将两台 PLC 的端口 0 通过带有网络连接头的 PROFIBUS 电缆相连，再将程序块下载到 PLC 中，开启程序监控功能。首先按下本地站的起动按钮 SB1 和停止按钮 SB2，观察本地站电动机是否能正常起停；然后按下控制远程站的起动按钮 SB3 和停止按钮 SB4，观察远程站电动机是否能正常起停；如能正常起停，则在远程站进行同样的操作，观察两站电动机是否能正常起停，如能正常起停，则说明程序编写正确。

七、拓展训练

1. 超长数据的发送和接收

使用自由口通信指令每次只能发送和接收 255B 数据，那么，超过 255B 的数据如何使用自由口通信指令传输呢？发送超过 255B 的数据时，可将数据每 255B 使用发送指令 XMT 发送一次。这样在程序中会出现多条发送指令 XMT，若同时发送，则发送完成后会产生同事件号的中断事件，这样极易出现错误，因此最好使用定时器或定时器中断分别执行相应的发送指令 XMT。接收超过 255B 的数据时，也可每 255B 接收一次，但必须将对方发送的数据的第 1 字节作为发送数据区的标识符，然后通过比较指令将接收到的数据存储到相应的存储区中。

2. 多台设备之间的自由口通信

在总线网络上使用自由口通信时不要求对方站地址，那么多台设备之间如何使用自由口通信呢？其实也很简单，将发送数据区的第 1 个数据作为发送数据区的标识符即可，虽然其他站也会收到同样数据，但通过比较便可确定此数据是否为本站接收的数据。若是，则将接收缓冲数据区的数据传送到指定的数据接收区；若不是，则不做任何处理。

任务二　以太网通信

知识目标

（1）掌握以太网通信协议；

（2）掌握以太网通信指令。

技能目标

（1）能够使用 GET/PUT 指令向导生成用户程序；

（2）能够使用以太网通信指令编写程序；

（3）能够根据实际的通信要求进行端口设置。

任务引入

用 PLC 实现两台电动机的同向运行控制。控制要求如下：用本地按钮控制本地电动机的起动和停止。若本地电动机正向起动运行，则远程电动机只能正向起动运行；若本地电动机反向起动运行，则远程电动机只能反向起动运行。同样，若先起动远程电动机，则本地电动机也要与远程电动机的运行方向一致。

知识储备

一、S7 协议

S7 协议是专门为西门子优化产品控制而设计的通信协议，它是面向连接的协议，在进行数据交换之前，必须与通信伙伴建立连接。连接是指两个通信伙伴之间为了执行通信服务建立的逻辑链路，而不是指两个站之间用物理媒介实现的连接。S7 连接是需要组态的静态连接，静态连接要占用 CPU 的连接资源。

基于连接的通信分为单向连接和双向连接，S7-200 SMART 只有单向连接功能。单向连接中的客户机是向服务器请求服务的设备，客户机调用 GET/PUT 指令读写服务器的存储区。服务器是通信中的被动方，用户不用编写服务器的 S7 通信程序，S7 通信是由服务器的操作系统完成的。

S7-200 SMART 的以太网端口有很强的通信功能，除了 1 个用于编程计算机的连接，还有 8 个用于 HMI（人机界面）的连接、8 个用于以太网设备主动的 GET/PUT 连接和 8 个被动的 GET/PUT 连接，上述的 25 个连接可以同时使用。

GET/PUT 连接可以用于 S7-200 SMART 之间的以太网通信，也可以用于 S7-200 SMART 与 S7-300/400/1200 之间的以太网通信。

二、GET 和 PUT 指令

GET 和 PUT 指令适用于通过以太网进行的 S7-200 SMART CPU 之间的通信，以太网通信指令的梯形图及语句表如表 6-8 所示。GET 和 PUT 指令用它唯一的输入参数 TABLE（数据类型为 BYTE，如 IB、QB、VB、MB、SMB、SB、*VD、*LD、*AC）定义 16B 的表格，如表 6-9 所示。

表 6-8　以太网通信指令的梯形图及语句表

梯形图	语句表	指令名称
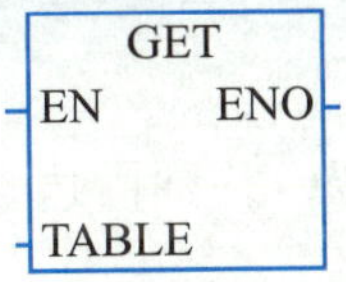	GET TABLE	网络读指令

续表

梯形图	语句表	指令名称
PUT EN ENO TABLE	PUT TABLE	网络写指令

表 6-9 GET 和 PUT 指令 TABLE 参数定义的数据表格式

字节偏移地址	名称	描述							
0	状态字节	D	A	E	0	E1	E2	E3	E4
1	远程站 IP 地址	被访问的 PLC 远程站 IP 地址（将要访问的数据在 CPU 中所处的 IP 地址）							
2									
3									
4									
5	保留 = 0	必须设置为零							
6	保留 = 0	必须设置为零							
7	指向远程站（此 CPU）中数据区的指针	存放被访问数据区（I、Q、M、V 或 DB1）的首地址							
8									
9									
10									
11	数据长度	读写的字节数，远程站中将要访问的数据字节数（PUT 为 1～212B，GET 为 1～222B）							
12	指向本地站（此 CPU）中数据区的指针	存放从远程站接收的数据或要向远程站发送的数据（I、Q、M、V 或 DB1）的首地址							
13									
14									
15									

状态字说明：

数据表的第 1 字节为状态字节，各个位的意义如下：

（1）D 位：操作完成位。0 为未完成；1 为已完成。

（2）A 位：有效位，操作已被排队。0 为无效；1 为有效。

（3）E 位：错误标志位。0 为无错误；1 为有错误。

（4）E1、E2、E3、E4 位：错误码。如果执行读写指令后 E 位为 1，则由这 4 位返回一个错误码，这 4 位构成的错误码及其含义如表 6-10 所示。

表 6-10 错误码及其含义

E1、E2、E3、E4	错误码	含义
0000	0	无错误
0001	1	GET/PUT 表中存在非法参数： • 本地区域不包括 I、Q、M 或 V； • 本地区域的大小不足以提供请求的数据长度； • 对于 GET，数据长度为 0 或大于 222B；对于 PUT，数据长度大于 212B；远程区域不包括 I、Q、M 或 V； • 远程 IP 地址是非法的（0.0.0.0）； • 远程 IP 地址为广播地址或组播地址； • 远程 IP 地址与本地 IP 地址相同； • 远程 IP 地址位于不同的子网
0010	2	当前处于活动状态的 GET/PUT 指令过多（仅允许 16 个）
0011	3	无可用连接。当前所有连接都在处理未完成的请求
0100	4	从远程 CPU 返回的错误： • 请求或发送的数据过多； • STOP 模式下不允许对 Q 存储器执行写入操作； • 存储区处于写保护状态
0101	5	与远程 CPU 之间无可用连接： • 远程 CPU 无可用的服务器连接； • 与远程 CPU 之间的连接丢失（CPU 断电、物理断开）
0110 ~ 1001	6 ~ 9	未使用（保留以供将来使用）
1010 ~ 1111	A ~ F	

GET 指令起动以太网端口的通信操作，按 TABLE 表的定义从远程设备读取最多 222B 的数据。PUT 指令起动以太网端口的通信操作，按 TABLE 表的定义将最多 212B 的数据写入远程设备。

执行 GET 和 PUT 指令时，CPU 与 TABLE 表中的远程 IP 地址建立起以太网连接，该连接将一直保持到 CPU 进入 STOP 模式为止。

程序中可以使用任意条数的 GET/PUT 指令，但是同时最多只能激活 8 条，例如，在给定 CPU 中，可同时激活 4 条 GET 指令和 4 条 PUT 指令，或者同时激活 2 条 GET 指令和 6 条 PUT 指令。所有与同一 IP 地址直接相连的 GET/PUT 指令采用同一个连接。比如，对远程 IP 地址 192.168.2.10 同时启用 3 条 GET 指令时，将在一个 IP 地址为 192.168.2.10 的以太网连接上按顺序执行这些 GET 指令。

如果尝试创建第 9 个连接（第 9 个 IP 地址），CPU 将搜索所有的连接，查找处于未激活状态时间最长的一个连接。CPU 将断开该连接，然后再与新的 IP 地址创建连接。

【例 6-2】PUT 指令应用示例，如图 6-11 所示。

在接收完成时，即 V200.7 为“1”时，开启 PUT 写指令，远程 CPU 的 IP 地址为 192.168.50.2，

将偏移地址 T+5 和 T+6 清零，设置远程站存放数据的指针（即将本地数据发送到远程站后存放这些数据的初始位置 VB101），写入数据长度为 2，置本地站发送教据的首地址 VB500，开启写指令。

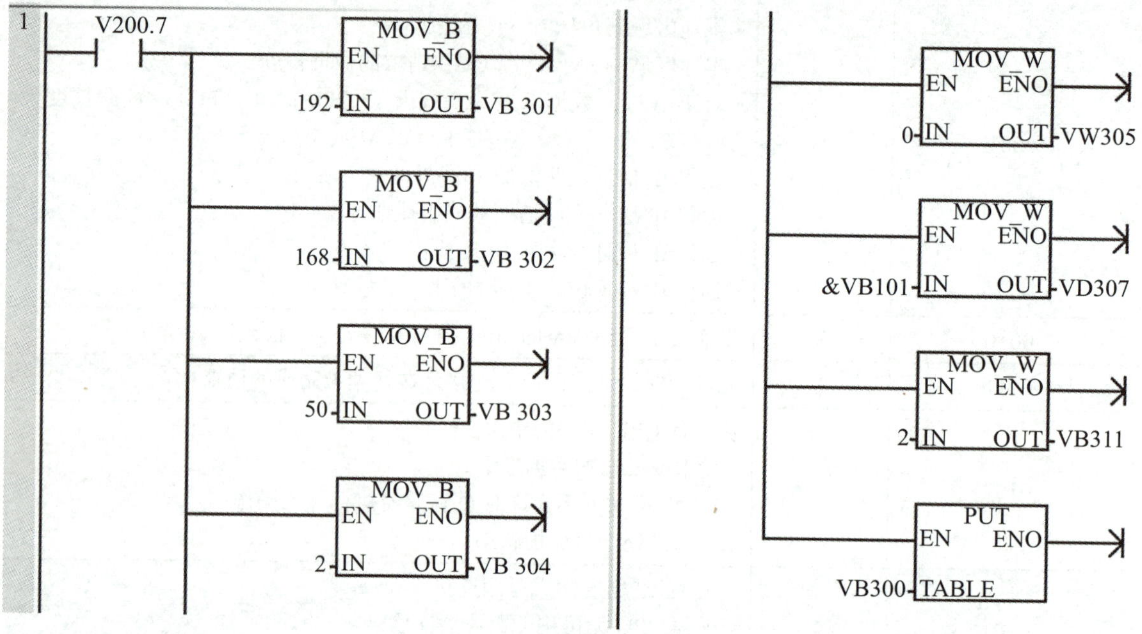

图 6-11　PUT 指令应用示例

任务实施

一、I/O 分配

同向运行控制本地站 I/O 分配如表 6-11 所示（远程站和本地站输入 / 输出地址分配一样）。

表 6-11　同向运行控制本地站 I/O 分配

输入		输出	
输入元件	输入地址	输出元件	输出地址
正向起动 SB1	I0.0	正向接触器 KM1	Q0.0
反向起动 SB2	I0.1	反向接触器 KM2	Q0.1
停止 SB3	I0.2		
热继电器 FR	I0.3		

二、PLC 硬件原理图

根据控制要求及 I/O 分配表，同向运行控制本地站电路硬件原理图如图 6-12 所示（远程站的主电路及控制电路同本地站）。

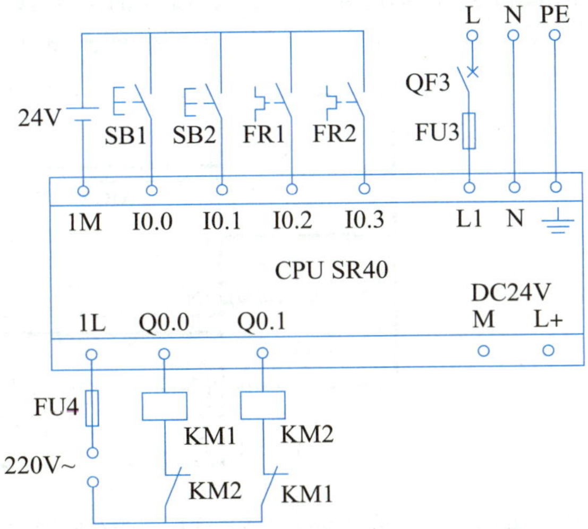

图 6-12　同向运行控制本地站电路硬件原理图

三、创建工程项目

创建一个工程项目，并命名为“同向运行控制”。

四、编辑符号表

符号表如图 6-13 所示。

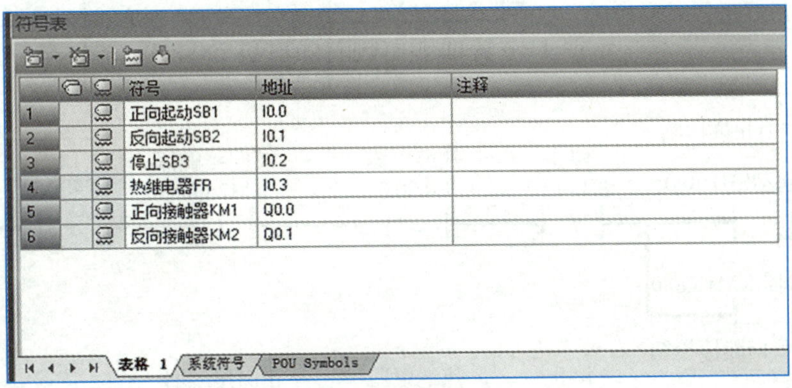

符号表

		符号	地址	注释
1		正向起动SB1	I0.0	
2		反向起动SB2	I0.1	
3		停止SB3	I0.2	
4		热继电器FR	I0.3	
5		正向接触器KM1	Q0.0	
6		反向接触器KM2	Q0.1	

表格 1　系统符号　POU Symbols

图 6-13　符号表

五、编写程序

使用以太网通信指令编写的同向运行控制梯形图如图 6-14 和图 6-15 所示。

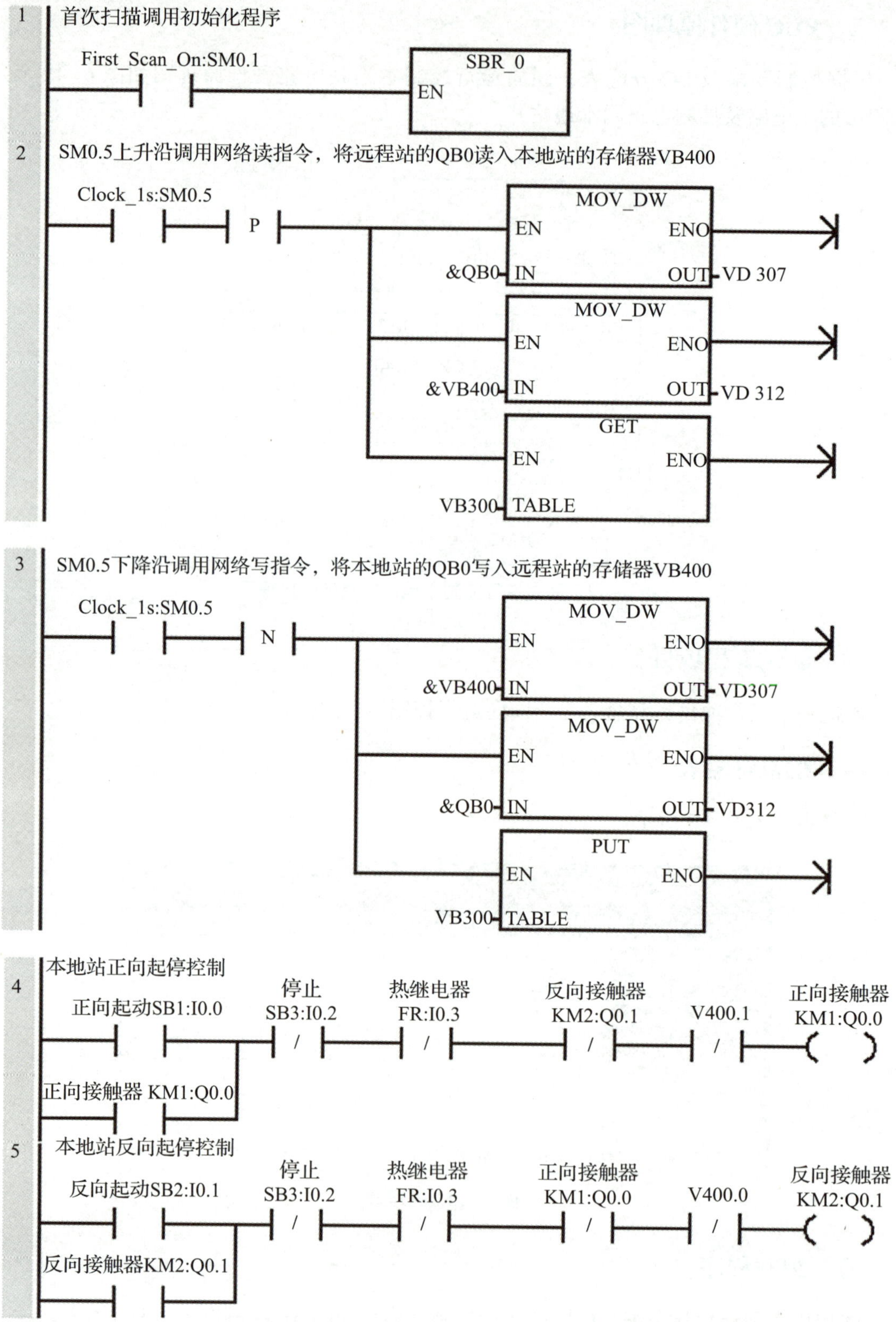

图 6-14　同向运行控制梯形图—主程序

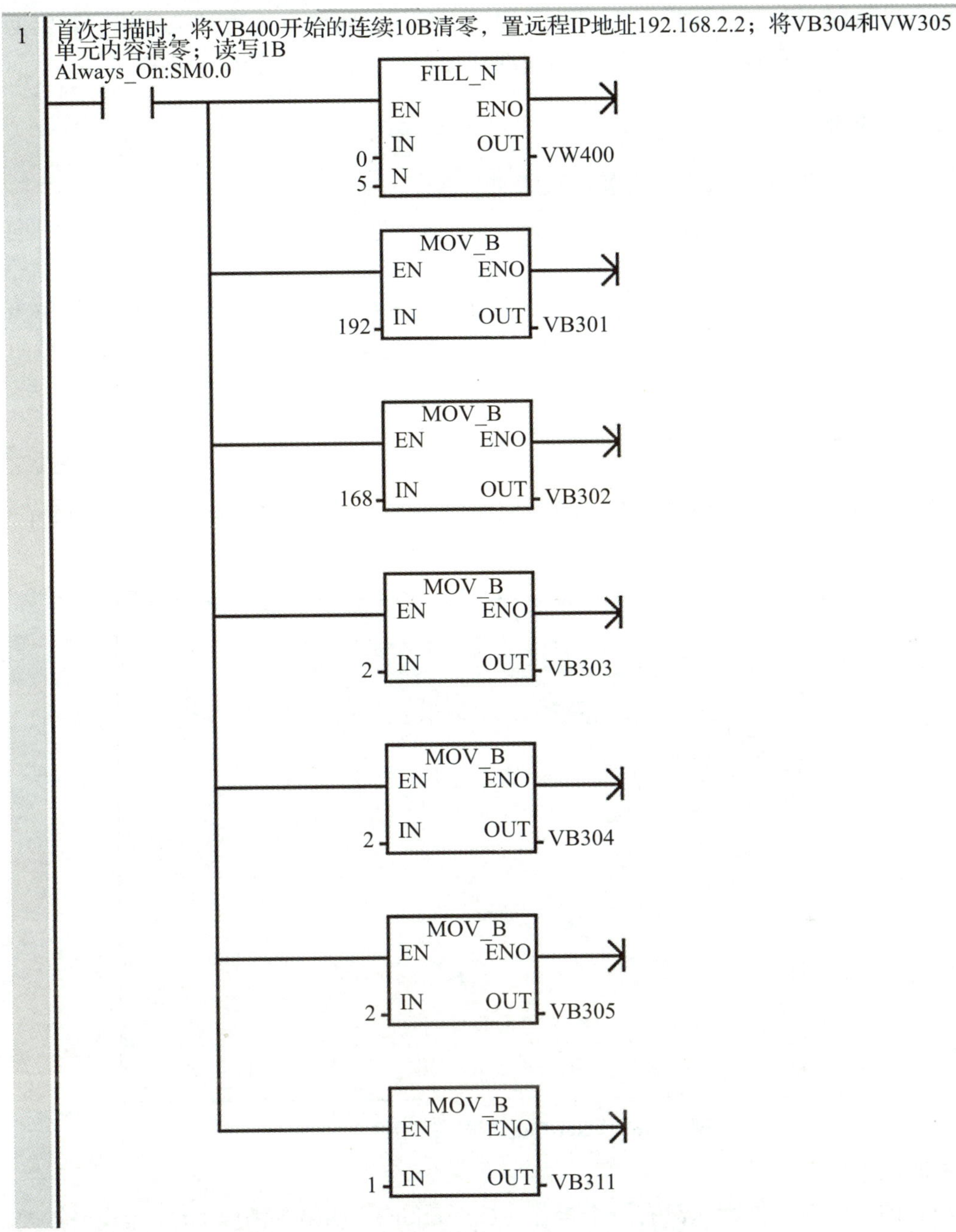

图 6-15　同向运行控制梯形图—初始化子程序

六、调试程序

将两台 PLC 的以太网端口通过带有水晶头的以太网网线相连，再将程序块下载到 PLC 中，开启程序监控功能。按下本地站的正向起动按钮 SB1，正向起动本地站电动机，再按下远程站的反向起动按钮 SB2，观察电动机能否起动；按下远程站的正向起动按钮 SB1，观察电动机能否起动；按下本地站的反向起动按钮 SB2，反向起动本地站电动机，按下远程站的正向起动按钮 SB1，观察电动机能否起动；按下远程站的反向起动按钮

SB2，观察电动机能否起动。同样，先起动远程站电动机，再起动本地站电动机，观察两站点的电动机是否只能同向起动。如能同向起动和运行，则说明程序编写正确。

七、拓展训练

【例 6-3】用 GET/PUT 向导生成客户机的通信程序。

直接用 GET/PUT 指令编程既烦琐又容易出错，S7-200 SMART 提供了 GET/PUT 向导，可方便用户快速完成以太网通信程序。

用 GET/PUT 向导建立的连接为主动连接，CPU 是 S7 通信的客户机。通信伙伴作为 S7 通信的客户机时，S7-200 SMART 是 S7 通信的服务器，不需要用 GET/PUT 向导组态，建立的连接是被动连接。

使用向导创建通信程序的步骤如下：

（1）打开向导。

双击项目树的“向导”文件夹的“GET/PUT”，或双击“工具”中的“GET/PUT”图标打开“Get/Put 向导”对话框，如图 6-16 所示。

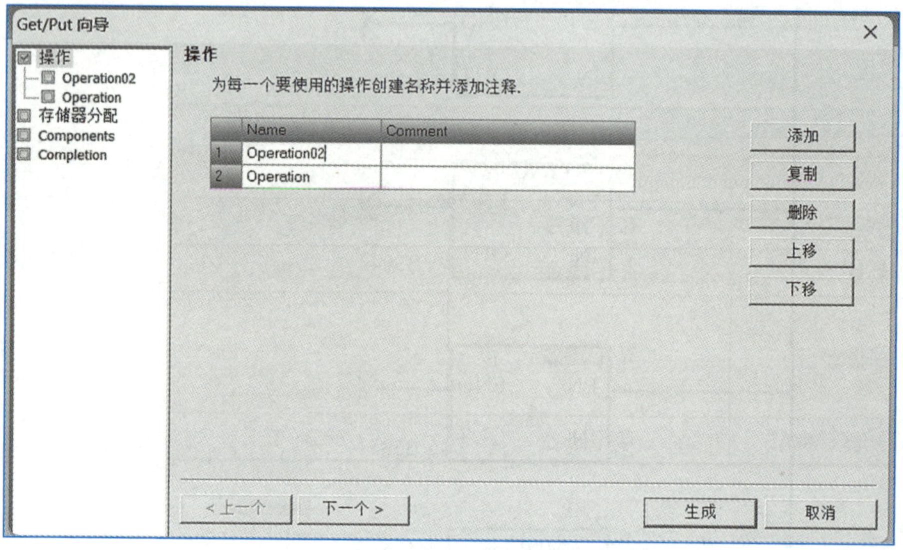

图 6-16 “Get/Put 向导”对话框

（2）添加操作。

“Get/Put 向导”对话框默认只有一个操作（Operation），如果既需要 GET 操作又需要 PUT 操作，或需要多次 GET 操作或 PUT 操作时，可单击“添加”按钮，添加相应的操作次数。可以为每一条操作添加注释，该向导最多允许组态 24 项独立的网络操作。可以组态对具有不同 IP 地址的多个通信伙伴的读、写操作。设置好后单击“下一个”按钮。

（3）组态读操作。

在图 6-17 所示的对话框中设置组态读操作。在“类型”选项中选择“Get”，即读操作，在“传送大小（字节）”栏中输入需要读的字节，在此设为“2”；远程 CPU 的 IP 地址设为“192.168.2.10”；本地站和远程站保存数据的起始地址分别为“VB100”和“VB300”。

设置好后单击“下一个”按钮。

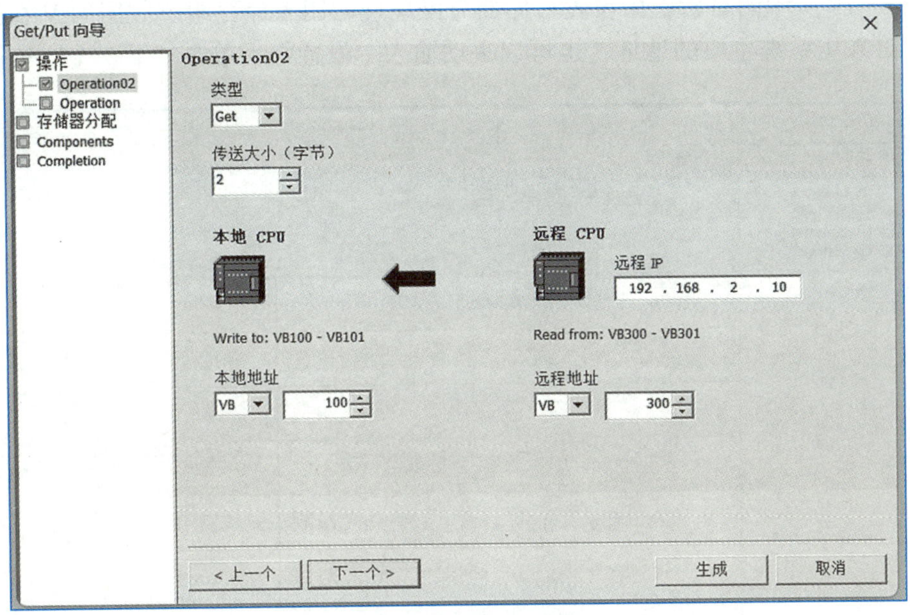

图 6-17　组态读操作

（4）组态写操作。

在图 6-18 所示的对话框中设置组态写操作。在“类型”选项中选择“Put”，即写操作，在“传送大小（字节）”栏中输入需要写的字节，在此设为“2”；远程 CPU 的 IP 地址与读操作一致，即“192.168.2.10”；本地站和远程站保存数据的起始地址分别为“VB300”和“VB100”。设置好后单击“下一个”按钮。

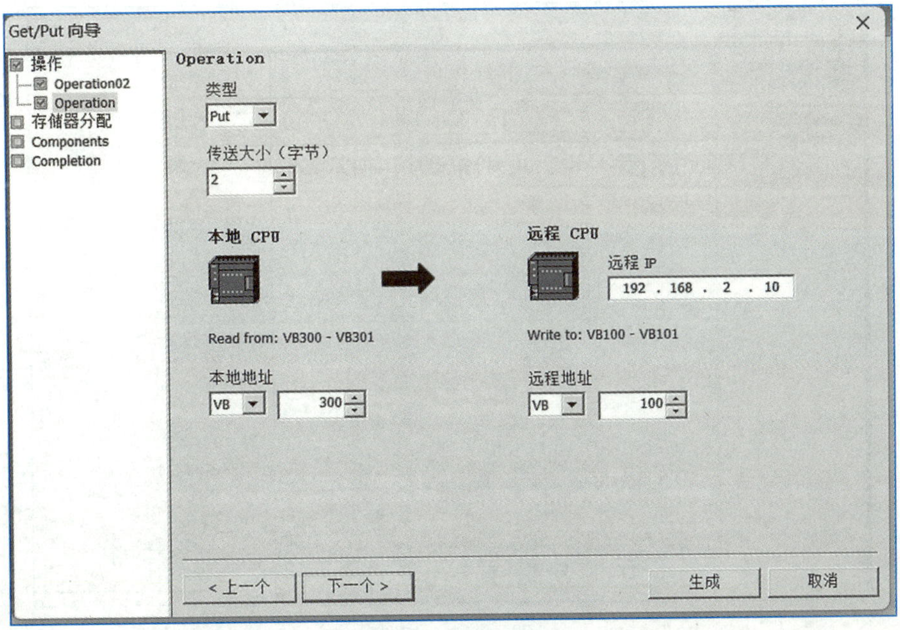

图 6-18　组态写操作

（5）存储器分配。

在图 6-19 所示的对话框中设置存储器分配地址，用来保存组态数据的 V 存储区的起始地址，可采用系统生成的地址，也可以手动输入。设置好后单击“下一个”按钮。

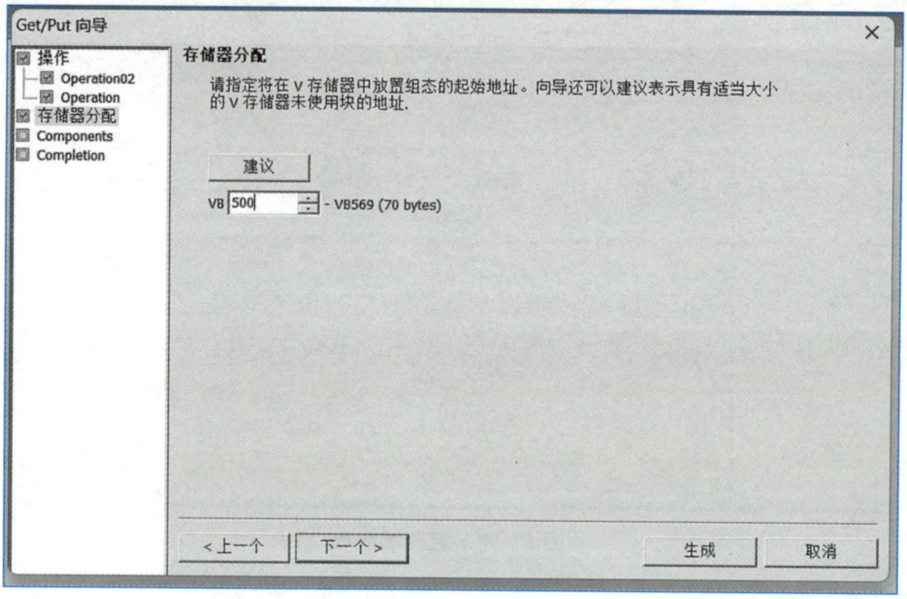

图 6-19　存储器分配

（6）组件。

在图 6-20 所示的对话框中可以看到要求的组态的项目组件的默认名称。确认后单击“下一个”按钮。

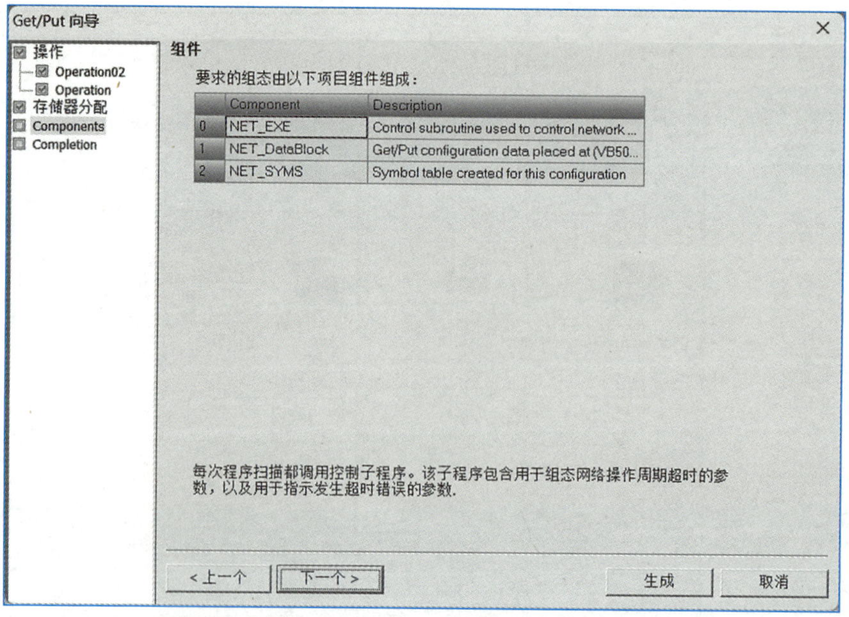

图 6-20　组件

（7）生成代码。

在图 6-21 所示的对话框中单击“生成”按钮，系统自动生成子程序 NET_EXT、保存组态数据的数据页 NET_DataBlock 和符号表 NET_SYMS。

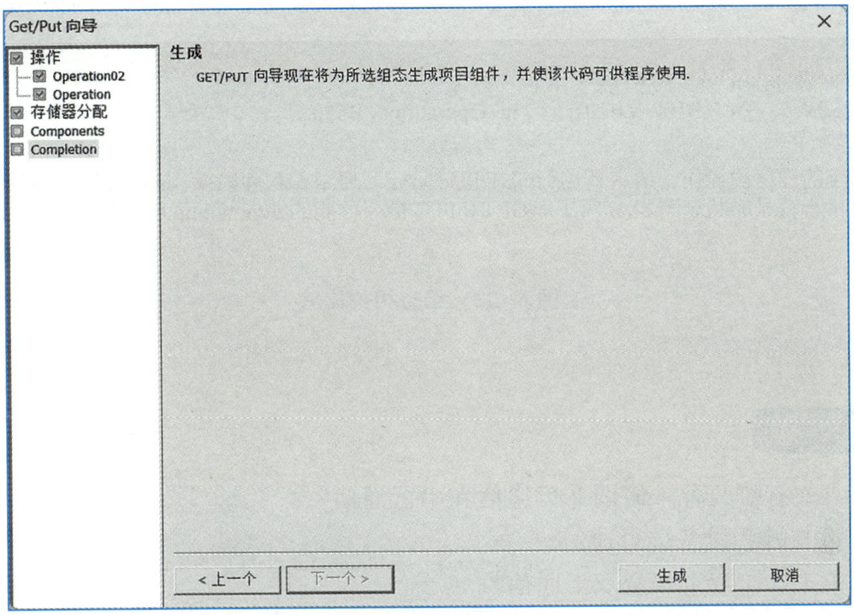

图 6-21　生成代码

（8）调用子程序 NET_EXE。

在主程序 MAIN 中需使用 SM0.0 的常开触点，调用指令树的文件夹“程序块 \ 向导”中的 NET_EXE 子程序（见图 6-22），该子程序执行用 GET/PUT 向导配置的网络读 / 写功能。INT 型参数“超时”为 0 表示不设置超时定时器，为 1（1 ～ 32 767）表示以秒为单位的超时时间。每次完成所有的网络操作后，都会切换 BOOL 变量“周期”的状态。BOOL 变量“错误”为 0 时表示没有错误，为 1 时表示有错误，错误代码在 GET/PUT 指令定义的表格状态字中。

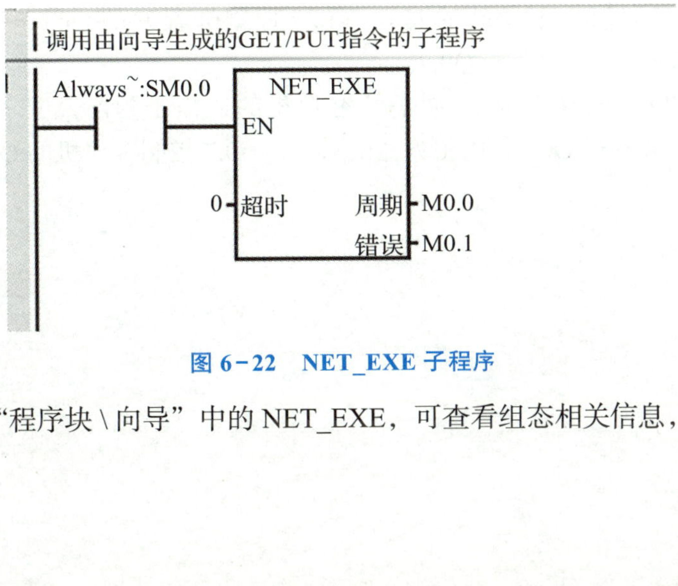

图 6-22　NET_EXE 子程序

双击文件夹“程序块 \ 向导”中的 NET_EXE，可查看组态相关信息，如图 6-23 所示。

此POU由S7-200指令向导的GET/PUT公式创建
要在程序中启用此组态，请在每个扫描周期使用SM0.0从MAIN程序块中调用此子例程
Get 操作1,2
本地CPU数据表 远程CPU=192.168.2.10 操作状态
VB100-VB101 <– VB300-VB301 Get_Operation02:VB530
数据长度：2字节
Put 操作2,2
本地CPU数据表 远程CPU=192.168.2.10 操作状态
VB300-VB301 –> VB100-VB101 Put_Operation:VB550
数据长度：2字节
要修改该组态的程序段操作，请重新运行GET/PUT向导。要跟踪程序段操作的状态，请创建一个包含如上所示操作状态符号的状态图表.如需了解GET和PUT指令可能的错误情况说明，请查询在线帮助。

图 6–23　组态相关信息

习　题

1. 通信方式有哪几种？何谓并行通信和串行通信？
2. PLC 可与哪些设备进行通信？
3. 何谓单工、半双工和全双工通信？
4. 西门子 PLC 与其他设备通信的传输介质有哪些？
5. 通信端口 RS485 接口每个针脚的作用是什么？
6. RS485 半双工通信串行字符通信的格式可以包括哪几位？
7. 西门子 PLC 的常见通信方式有哪几种？
8. 自由口通信涉及哪些特殊寄存器？
9. 自由口通信涉及哪些中断事件？
10. 西门子 PLC 通信的常用传输速率有哪些？
11. S7–200 SMART 的 S7 单向通信中何为客户机？何为服务器？
12. GET 和 PUT 指令 TABLE 参数数据表格式是什么？
13. 使用自由口通信使本地站的 I0.0 ～ I0.7 控制远程站的 Q0.0 ～ Q0.7，远程站的 I0. 0 ～ I0.7 控制本地站的 Q0.0 ～ Q0.7。
14. 使用 GET/PUT 向导生成 S7 通信的客户机的通信子程序，要求客户机的 I0.0 ～ I0.7 控制服务器的 Q0.0 ～ Q0.7，用服务器的 I0.0 ～ I0.7 控制客户机的 Q0.0 ～ Q0.7。